普通高等教育机械加工工艺（高职高专）"十三五"规划教材

机械制造工艺

主　编　张玉贤　李东方
副主编　顾怡红　毛　方

中国水利水电出版社
www.waterpub.com.cn
·北京·

内 容 提 要

本书通过项目教学模式，讲述轴类、盘套类、箱体类、圆柱齿轮类等典型零件的机械加工工艺及夹具的结构和应用，着重阐述了机械加工工艺规程的编制组成、定位基准的选择、工艺尺寸链的计算、拟定加工工艺路线等方面的基础知识。

本书可作为高等院校、高等专科学校、高等职业学院、成人教育学院机械类专业教材，也可作为开设本课程的其他专业的选用教材，还可供电大、职大、函大等同类专业作为选用教材。此外，还可作为相关教学改革试点专业的参考书。

图书在版编目（CIP）数据

机械制造工艺 / 张玉贤，李东方主编. — 北京：中国水利水电出版社，2017.8

普通高等教育机械加工工艺（高职高专）“十三五”规划教材

ISBN 978-7-5170-5543-3

Ⅰ. ①机… Ⅱ. ①张… ②李… Ⅲ. ①机械制造工艺—高等职业教育—教材 Ⅳ. ①TH16

中国版本图书馆CIP数据核字(2017)第225603号

	普通高等教育机械加工工艺（高职高专）“十三五”规划教材
书　　名	**机械制造工艺** JIXIE ZHIZAO GONGYI
作　　者	主编　张玉贤　李东方　副主编　顾怡红　毛方
出版发行	中国水利水电出版社 （北京市海淀区玉渊潭南路1号D座　100038） 网址：www.waterpub.com.cn E-mail：sales@waterpub.com.cn 电话：(010) 68367658（营销中心）
经　　售	北京科水图书销售中心（零售） 电话：(010) 88383994、63202643、68545874 全国各地新华书店和相关出版物销售网点
排　　版	中国水利水电出版社微机排版中心
印　　刷	北京瑞斯通印务发展有限公司
规　　格	184mm×260mm　16开本　14.25印张　338千字
版　　次	2017年8月第1版　2017年8月第1次印刷
印　　数	0001—3000册
定　　价	**38.00**元

凡购买我社图书，如有缺页、倒页、脱页的，本社营销中心负责调换

前言

本书是按照高职高专机械类"十三五"规划教材需求编写的。

本书内容共分5个项目，包括轴类、盘套类、箱体类、圆柱齿轮类等典型零件的机械加工工艺及夹具的结构和应用。参考学时为64学时。

本书编写特点如下：

（1）根据校企合作需求，注重企业实际项目，培养学生工作实践能力。

（2）本教材项目引领，以节的形式，以典型零件加工作为任务展开教学内容。

（3）侧重应用理论和应用技术，强调知识的应用性、针对性。

本书由衢州技术学院张玉贤教授、李东方老师任主编，顾怡红老师、毛方老师任副主编，在整个编写过程中，我们参阅了各种版本的同类教材及有关资料、技术标准等，在此恕不一一列举，谨致以衷心的感谢。

由于编者水平有限，书中不足之处在所难免，恳请读者批评指正。

编　者

2017 年 4 月

目录 MULU

项目1 机床夹具基础知识

【教学目标】
　　1. 终极目标
　　根据工件加工工序要求，会选择合适的定位元件、夹紧元件、分度元件及导向元件等。
　　2. 项目目标
　　(1) 会分析工件定位需求，并选定定位元件。
　　(2) 会选用夹具的夹紧方式，并确定夹紧方案。
　　(3) 会确定夹具的分度、导向等装置。

1.1 机床夹具概述

1.1.1 机床夹具的分类

　　在机械加工中，为了迅速、准确地确定工件在机床上的位置，从而正确地确定工件与机床、刀具的相对位置关系，并在加工中始终保持这个正确位置的工艺装备称为机床夹具。其作用是能较容易、较稳定地保证加工精度，提高劳动生产率，同时扩大机床的使用范围，并改善劳动条件、保证生产安全。

　　机床夹具的种类很多，通常有3种分类方法，即按通用特性、夹紧动力源和使用机床来分类。

　　1. 按机床夹具的通用特性分类

　　(1) 通用夹具。通用夹具是指夹具的结构、尺寸已标准化、系列化，具有一定通用性的夹具。如三爪自定心卡盘、四爪单动卡盘、万能分度头、机用虎钳、顶尖、中心架、跟刀架、回转工作台、电磁吸盘等。其优点是：适应性强，不需调整或稍加调整即可用来装夹一定形状和尺寸范围内的多种工件。其缺点是：装夹时常需辅以人工找正工件位置，因而加工精度不高、生产效率低，适用于单件小批量生产。这类夹具大多作为机床附件生产。

　　(2) 专用夹具。专用夹具是针对某一工件某一道工序的加工要求而专门设计和制造的机床夹具。其优点是：在产品相对稳定、批量较大的生产中可以获得较高的加工精度和生产率，对工人的技术水平要求也相对较低。其缺点是：夹具的设计制造周期长、费用较高。这类夹具专用性强、操作迅速方便，适用于大批量生产中。

　　(3) 可调夹具。可调夹具是针对通用夹具和专用夹具的缺陷而发展起来的一类新型夹具。对于不同类型和尺寸的工件，只需调整或更换原来夹具上的个别定位元件和夹紧元件便可使用。其中在通用夹具上设置可调或可换元件构成通用可调夹具，其通用范围比通用夹具更大。

（4）组合夹具。组合夹具是用预先制造好的和系列化的一套标准零件和部件根据加工工序的需要拼装而成的，组装后可完成某工件的某一道工序的加工，加工完一批工件后再拆开、清洗和储存，以便多次重复使用的机床专用夹具。

组合夹具拼装周期短，可拼装成钻床、车床、铣床等机床夹具。由于可重复使用，所以装备成本降低。但需储备大量标准的零部件，而且夹具刚性一般也较机床专用夹具低。主要应用于单件、小批量生产中。

（5）成组夹具。这类夹具可使用于一组同类（或结构相似）零件的加工。当从加工工件组中的某一种工件转为加工另一种工件时，只要调整（或更换）夹具中的个别元件（或专用调整件）即可进行装夹和加工。在多品种、中小批量生产中采用成组加工时，大多采用成组夹具。

（6）自动线夹具。自动线夹具一般分为两种：一种为固定式夹具，它与专用夹具相似；另一种为随行夹具，使用中夹具随工件一起在自动线上运动，将工件沿着自动线从一个工位移至下一个工位加工。

2．按夹紧动力源分类

按夹具夹紧时使用的动力源，可将夹具分为手动夹具和机动夹具，机动夹具又可分为气动夹具、液动夹具、气液动夹具、电动夹具、电磁夹具、真空夹具和其他夹具。其选择应根据工件的生产批量、所需夹紧力的大小和企业现有的生产条件等综合考虑。

3．按夹具使用机床分类

按夹具在何种机床上使用，可分为车床夹具、铣床夹具、钻床夹具、镗床夹具、磨床夹具和其他机床夹具等。

1.1.2 机床夹具的组成

机床夹具的种类虽然很多，但它们的组成均可概括为以下几部分。

（1）定位元件。定位元件的作用是确定工件在夹具中的正确位置。图 1.1 所示为连杆铣槽夹具，工件在其上第一工位加工完毕后，旋转 90°进行第二次装夹，完成第二工位的加工。图中圆柱销和菱形销均为定位元件。

（2）夹紧装置。夹紧装置的作用是将工件夹紧夹牢，保证工件在加工过程中的正确位置不变。如图 1.1 中的螺栓、螺母和压板组成了夹紧装置。

（3）夹具体。夹具体是机床夹具的基础件，也是夹具的骨架，既要有足够的刚度，又要有足够的强度，还要有高的加工精度。如图 1.1 中的夹具底板，通过它将夹具的所有部分连接成一个整体。

（4）对刀、导向元件。使用专用夹具装夹工件进行加工时，基本上都采用调整法加工。为便于快速、准确地调整刀具的正确位置，根据不同加工情况，可在夹具上设置确定刀具（铣、刨刀等）位置或引导刀具（孔加工所用刀具）方向的对刀、导向元件。如钻床夹具上的钻套就是引导刀具方向的导向元件。如图 1.1 中的对刀块就是确定铣槽刀位置的对刀元件。

（5）夹具连接元件。机床夹具工作时应安装在机床上，为保证工序尺寸和位置公差要

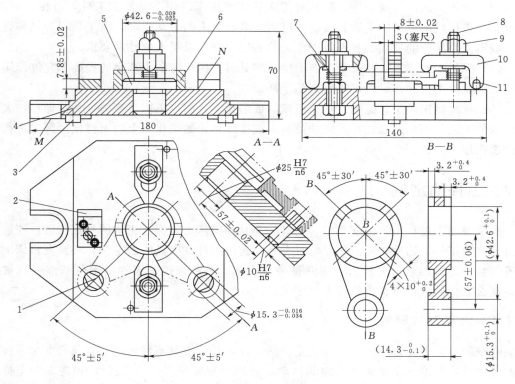

图 1.1 连杆铣槽夹具

1—菱形销；2—对刀块；3—定位键；4—夹具底板；5—圆柱销；6—工件；7—弹簧；
8—螺栓；9—螺母；10—压板；11—止动销

求，夹具相对于机床也必须保持正确位置。因此，在夹具上一般设置有定位和固定用的连接元件，以便可靠保持夹具在机床上的正确位置。如图 1.1 中的定位键就是夹具与铣床工作台保持一定位置关系的连接元件。

（6）其他装置或元件。根据工序的加工要求不同，有些夹具上还设有分度装置、靠模装置、工件顶出器、上下料装置以及标准化了的其他连接元件。

以上各组成部分，并不是每个夹具都必须完全具备的。一般来说，定位元件、夹紧装置和夹具这三部分是夹具的基本组成部分。

1.1.3 机床夹具的作用

（1）提高劳动生产率。使用夹具后，工件的定位、夹紧能在很短的时间内完成，缩短辅助时间；如果夹具上采用高效的多件、多工位、快速或联动夹紧方式，则更能够显著地缩短辅助时间和基本时间，从而提高劳动生产率。

（2）保证加工精度，稳定加工质量。工件经过在夹具上装夹，使得工件与机床、刀具之间获得了稳定且正确的相对位置和几何关系，因此可以较容易地保证工件的加工精度。另外，采用夹具装夹工件后，工件的定位不再受划线、找正等主观和客观因素的影响，减少对其他生产条件的依赖，所以能稳定地保证一批工件的加工质量。

（3）改善工人的劳动条件，降低对工人的技术要求。用夹具装夹工件，方便、省力、安全。当采用机动夹紧的夹紧装置时，可明显减轻工人的劳动强度。由于采用夹具装夹工件一般不需要复杂的划线、找正等工作，故可适当降低对工人的技术要求。

（4）降低生产成本。在批量生产中使用夹具时，由于劳动生产率的提高和允许使用技术等级较低的工人操作，故可明显降低生产成本。

（5）扩大机床的工艺范围。根据机床的成型运动，附以不同类型的夹具，即可扩大原有机床的工艺范围。例如，在车床的溜板上或摇臂钻床的工作台上装上镗模，即可进行箱体的镗孔加工。

1.2 工件的定位

在机械加工过程中，应使工件、夹具、刀具和机床之间保持正确的相互位置，才能加工出合格的零件。这种正确的相互位置关系是通过工件在夹具中的定位，夹具在机床上的正确安装，刀具相对于夹具的合理调整来实现的。一般来说，工件的定位基准一旦被选定，那么工件的定位方案也就基本确定了。

1.2.1 六点定位原则

在空间直角坐标系中的一个尚未定位的工件，其位置是不确定的，它具有 6 个方向活动的可能性，即沿 3 个坐标轴方向的移动，分别用符号 $\vec{x}$、$\vec{y}$、$\vec{z}$ 表示，和绕 3 个坐标轴方向的转动，分别用符号 $\hat{x}$、$\hat{y}$、$\hat{z}$ 表示。习惯上，把工件在空间坐标系中某个方向活动的可能性称为一个自由度，那么该工件共有 6 个自由度，如图 1.2 所示。工件要正确定位就要限制工件的自由度，在夹具中通常用一个支承点限制工件的一个自由度，如图 1.3 所示，设置 6 个支承点，长方体工件的 3 个面分别与这些点保持接触，它的 6 个自由度均被限制了。其中 XOY 平面上呈三角形分布的 1、2、3 三点限制了 $\vec{z}$、$\hat{x}$、$\hat{y}$ 这 3 个自由度；YOZ 平面内水平放置的 4 和 5 两个点限制了 $\vec{x}$、$\hat{z}$ 两个自由度；XOZ 平面内的点 6 限制了 $\vec{y}$ 一个移动自由度。这种用合理布置的 6 个支承点限制工件的 6 个自由度，从而使工件的位置完全确定的原则称为六点定位原则。

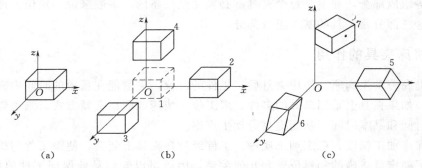

图 1.2 工件在空间的 6 个自由度

工件定位时，影响加工精度要求的自由度必须限制，不影响加工精度要求的自由度可

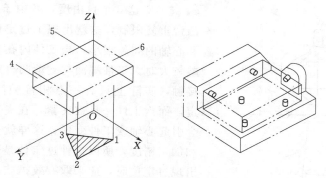

图 1.3　长方体工件的六点定位

以限制也可以不限制。加工时工件的定位需要限制多少个自由度，完全由工件的加工精度要求所决定。例如，如图 1.4 所示，在工件上铣槽，为保证槽底面与 A 面的距离尺寸和平行度要求，必须限制 $\vec{z}$、$\hat{x}$、$\hat{y}$ 3 个自由度；为确保槽侧面与 B 面的距离尺寸和平行度要求，必须限制工件 $\vec{x}$、$\hat{z}$ 两个自由度。这时根据工件的加工要求，工件在定位时必须限制 $\vec{x}$、$\vec{z}$、$\hat{x}$、$\hat{y}$、$\hat{z}$ 这 5 个自由度。

工件定位中的 4 种情况如下。

（1）完全定位工件的 6 个自由度都被限制的定位称为完全定位。如图 1.3 中的长方体工件的定位为完全定位。当工件在 X、Y、Z 这 3 个坐标轴方向上均有尺寸要求或位置精度要求时，一般采用这种定位方式。

（2）不完全定位工件被限制的自由度少于 6 个，但能满足加工要求的定位称为不完全定位。如图 1.4 中工件铣槽工序的定位只需限制 5 个自由度即可，为不完全定位。

（3）欠定位根据工件的加工要求，应该限制的自由度没有完全被限制的定位，称为欠定位。欠定位无法保证加工要求，是绝对不允许的。如图 1.4 在工件上铣槽，如果 $\vec{z}$ 没有被限制，就不能保证槽底面与 A 面的距离尺寸要求；如果 $\hat{x}$、$\hat{y}$ 没有被限制，就不能保证槽底面与 A 面的平行度要求。

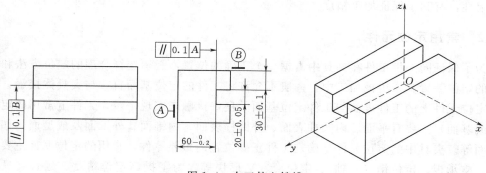

图 1.4　在工件上铣槽

（4）过定位夹具上的两个或两个以上的定位元件，重复限制工件的同一个自由度，称为过定位，又称重复定位。图 1.5 所示为插齿时工件的定位，工件 4 以内孔在心轴 1 上定位，限制了工件 $\vec{x}$、$\vec{y}$、$\hat{x}$、$\hat{y}$ 这 4 个自由度，又以端面在支承凸台 3 上定位，限制了工件

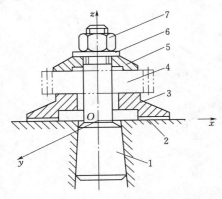

图 1.5　插齿时工件的定位

1—心轴；2—工作台；3—支承凸台；4—工件；
5—压垫；6—垫圈；7—压紧螺母

$\bar{z}$、$\bar{x}$、$\bar{y}$ 这 3 个自由度，其中 $\bar{x}$、$\bar{y}$ 被心轴和支承凸台重复限制，这就出现了过定位。由于工件内孔和心轴的间隙很小，当工件内孔与端面的垂直度误差较大时，工件端面与支承凸台定位面将不会良好接触，实际上只有一点相接触，会造成定位不稳定，而当工件一旦被夹紧，在夹紧力的作用下，还会引起心轴或工件变形，这样就会影响工件的安装和加工精度，所以这种过定位是不允许的。因此当出现过定位时，应采取有效措施消除或减小过定位的不良影响，一般有以下两种措施。

1）改变定位元件的结构，使定位元件重复限制自由度的部分不起定位作用。如在图 1.5 中的工件与支承凸台之间增设球面垫圈，以消除 $\bar{x}$、$\bar{y}$ 两个自由度的重复限制，避免了过定位的不良影响，如图 1.6 所示。

2）提高工件定位基准面之间以及定位元件工作表面之间的位置精度。这样也可消除因过定位而引起的不良后果，仍能保证工件的加工精度，而且有时还可以使夹具制造简单，使工件定位稳定、刚性增强。如图 1.5 中插齿时齿坯的定位出现了过定位，如果在齿坯加工时工艺上保证了作为定位基准用的内孔和端面具有很高的垂直度，夹具制造时定位心轴与支承凸台之间也保证了很高的垂直度，即使存在极小的垂直度误差，还可以利用心轴和工件内孔间的配合间隙来补偿，那么此时的过定位便可合理应用，而且还能提高齿坯在加工中的刚性和稳定性，有利于保证加工精度。

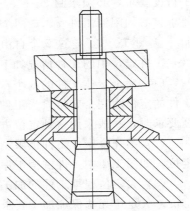

图 1.6　通过改变定位元件结构避免过定位

1.2.2　常用定位元件

为了保证同一批工件在夹具中占据一个正确的位置，必须选择合理的定位方法和设计相应的定位装置。在机械加工中，一般不允许将工件的定位基面直接与夹具体接触，而是通过定位元件上的工件表面与工件定位基面的良好接触来实现定位。工件上常用的定位基准（或基面）主要有平面、内圆柱表面、外圆柱表面、内锥面、外锥面及成型面，如渐开线表面等。夹具中的定位元件是确定工件正确位置的重要零件，常用的定位元件主要有支承钉、支承板、定位销（心轴）、定位套、V 形块等。为了提高定位精度、延长夹具的使用寿命，对夹具的定位元件提出以下基本要求。

（1）足够的精度。定位元件的制造精度直接影响被定位工件的加工精度。因此，对定位元件的尺寸及形位公差都提出了严格的要求。一般定位元件的尺寸及位置公差应当控制在被定位工件相应尺寸及位置公差的 1/20～1/5。

（2）足够的强度和刚度。定位元件不仅限制工件的自由度，还有支承工件、承受夹紧力和切削力的作用。因此，还应有足够的强度和刚度，以免使用中变形和损坏。

（3）较高的耐磨性。工件的装卸会磨损定位元件工作表面，导致定位元件工作表面精度下降，引起定位精度的下降。当定位精度下降至不能保证加工精度时，则应更换定位元件。为延长定位元件更换周期，提高夹具使用寿命，定位元件工作表面应有较高的耐磨性。

（4）良好的工艺性。定位元件的结构应力求简单、合理，便于加工、装配和更换。对于工件不同定位基面的形式，定位元件的结构、形状、尺寸和布置方式也不同。

1. 工件以平面定位时的定位元件

工件以平面作为定位基准时常用的定位元件如下。

（1）主要支承。主要支承用来限制工件自由度，起定位作用。

1）固定支承。固定支承有支承钉和支承板两种形式，如图 1.7 所示，在使用过程中它们都是固定不动的。当工件以粗糙不平的毛坯面定位时，采用球头支承钉［图1.7（b）］；齿纹头支承钉［图1.7（c）］用在工件侧面，以增大摩擦因数，防止工件滑动；当工件以加工过的平面定位时，可采用平头支承钉［图1.7（a）］或支承板。图1.7（d）所示的支承板结构简单，制造方便，但孔边切屑不易清除干净，故适用于侧面和顶面定位；图1.7（e）所示的支承板便于清除切屑，适用于底面定位。

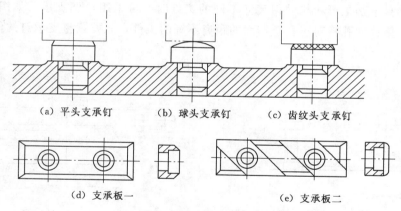

（a）平头支承钉　　（b）球头支承钉　　（c）齿纹头支承钉

（d）支承板一　　　　　　（e）支承板二

图 1.7　支承钉和支承板

需要经常更换的支承钉应加衬套，如图 1.8 所示。支承钉、支承板均已标准化，其公差配合、材料、热处理等可查阅国家标准《机床夹具零件及部件》。一般支承钉与夹具体孔的配合可取 H7/n6 或 H7/r6，如用衬套则支承钉与衬套内孔的配合可取 H7/js6。

当要求几个支承钉或支承板装配后等高时，可采用装配后一次磨削法，以保证它们的工作面在同一平面内。

2）可调支承。可调支承就是支承高度可以调节的支承，其结构形式很多，如图 1.9 所示。它多用来支承工件的粗基准面。可调支承的可调性完全是为了弥补粗基准面的制造误差。一般每加工一批毛坯时，根据粗基准的误差变化情况，应加以相应的调整。

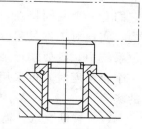

图 1.8　衬套的应用

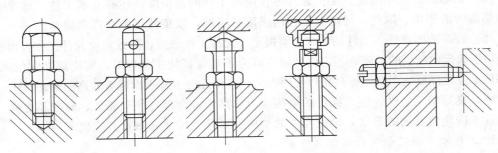

图 1.9　可调支承

在图 1.10（a）中，工件为砂型铸件，先以 A 面定位铣 B 面，再以 B 面定位镗双孔。铣 B 面时若用固定支承，由于定位基面 A 的尺寸和形状误差较大，铣完后的 B 面与两毛坯孔［图 1.10（a）中的点画线］的距离尺寸 H_1、H_2 变化也大，使镗孔时余量很不均匀，甚至可能导致余量不够。因此图 1.10（a）中应采用可调支承，定位时适当调整支承钉的高度，便可避免出现上述情况。对于中小型零件，一般每批调整一次，调整好后，用锁紧螺母拧紧固定，此时其作用与固定支承完全相同。若工件较大且毛坯精度较低时，也可能每件都要调整。

在同一夹具上加工形状相同但尺寸不同的工件时，可采用可调支承，如图 1.10（b）所示，在轴上钻径向孔，对于孔至端面的距离不等的工件，只要调整支承钉的伸出长度便可进行加工。

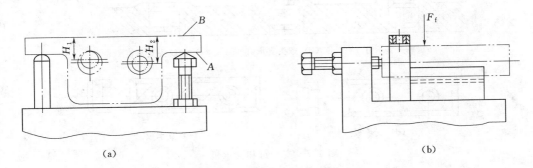

| （a） | （b） |

图 1.10　可调支承的应用

3）自位支承（浮动支承）。在工件定位过程中，能自动调整位置的支承称为自位支承，或称浮动支承。自位支承的结构类型很多。如图 1.11 所示为 5 种结构的自位支承。它们有一个共同特点，即与工件是多点接触（两点或三点），通过它们自身的浮动机构，实现对工件只起一个支承点的作用。所以自位支承只限制一个自由度。在有些定位系统中，既要求增加支承点数目，以减少工件变形或减小接触应力，又要求只限制一个自由度时，可采用自位支承。自位支承适用于工件以毛坯面定位或定位刚性较差的场合。

（2）辅助支承。辅助支承用来提高装夹刚度和稳定性，不起定位作用。如图 1.12 所示，被加工工件是轴承座，在加工其底平面时，以它的顶部剖分面为定位基准面，此时工

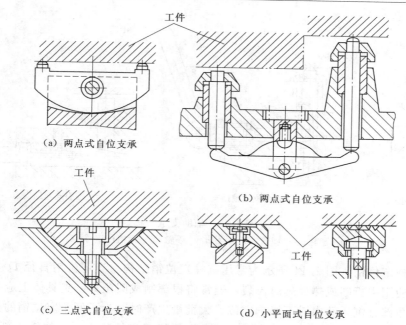

（a）两点式自位支承

（b）两点式自位支承

（c）三点式自位支承

（d）小平面式自位支承

图 1.11　自位支承结构

件将有部分要悬空，显然刚性很差，加工时易产生变形和振动。因此，应该在它的悬空一端增加辅助支承，这样就提高了工件的刚性和稳定性。辅助支承一定要在工件装夹好以后再与工件接触起到辅助支承作用；否则，有可能破坏工件的正常定位。

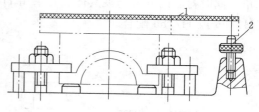

图 1.12　辅助支承的应用
1—加工面；2—辅助支承

　　从工作过程来看，辅助支承与可调支承有点类似。但实际上是不相同的。首先，可调支承是起定位作用的，而辅助支承不起定位作用。其次，可调支承是加工一批工件调整一次，所以其上有高度锁定机构（锁紧螺母）；而辅助支承的高低位置必须每次都按工件已确定好的位置进行调节，其上有用于方便、快速调整和锁定高度的机构。

　　辅助支承的实际结构尽管很多，但按工作原理可分为以下 3 种类型。

　　1）螺旋式辅助支承。如图 1.13（a）所示，螺旋式辅助支承的结构与可调式支承相近，但操作过程不同，前者不起定位作用，而后者起定位作用。

　　2）自位式辅助支承。如图 1.13（b）所示，弹簧推动滑柱与工件接触，用顶柱锁紧，弹簧力应能推动滑柱，但不可推动工件。

　　3）推引式辅助支承。如图 1.13（c）所示，工件定位后，推动手轮使滑销与工件接触，然后转动手轮使斜楔开槽部分胀开锁紧。

　　2. 工件以内孔定位时的定位元件

　　工件以内孔表面作为定位基面时常用的定位元件有圆柱定位销、定位心轴和圆锥定位销等，现介绍如下。

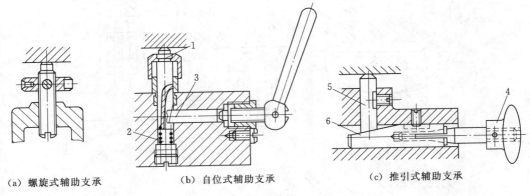

|(a) 螺旋式辅助支承|(b) 自位式辅助支承|(c) 推引式辅助支承|

图 1.13 辅助支承

1—滑柱；2—弹簧；3—顶柱；4—手轮；5—滑销；6—斜楔

（1）圆柱定位销。图 1.14 所示为常用圆柱定位销结构。当定位销直径 $D < 3 \sim 10\text{mm}$ 时，为避免使用中折断或热处理时淬裂，通常将根部制成圆角 R。夹具体上应有沉孔，使定位销的圆角部分沉入孔内而不影响定位。大批量生产时，为了便于定位销的更换，可采用图 1.14（d）所示的带有衬套的结构形式。为了便于工件装入，定位销头部有 15° 的倒角。此时衬套的外径与夹具体底孔采用 H7/h6 或 H7/r6 配合，而内径与定位销外径采用 H7/h6 或 H7/h5 配合。

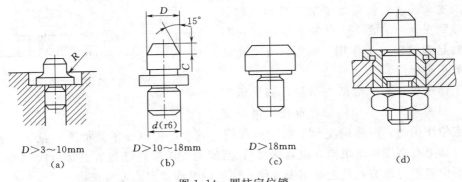

|$D > 3 \sim 10\text{mm}$
(a)|$D > 10 \sim 18\text{mm}$
(b)|$D > 18\text{mm}$
(c)|(d)|

图 1.14 圆柱定位销

圆柱定位销与工件内圆柱面配合定位时，定位元件所能限制的自由度可根据定位面与定位元件的有效接触长度 L 与定位孔直径 D 之比而定。当 $L/D \geqslant 1$ 时，可认为是长圆柱定位销与圆孔配合，它们限制 4 个自由度，即限制除沿轴线的移动和转动以外的 4 个自由度；当 $L/D < 1$ 时，可认为是短圆柱定位销与圆孔配合，它限制两个自由度。

（2）定位心轴。实际应用中的心轴结构形式很多，但按其与孔的配合性质，主要有下列 3 种典型结构。

1）圆锥心轴。如图 1.15（a）所示，圆锥心轴的锥度一般为 $1/5000 \sim 1/1000$，属于小锥度心轴。工件定位时，是依靠心轴的锥体定心和胀紧。圆锥心轴能限制 5 个自由度。小锥度既可以防止工件在轴上倾斜，又可以提高定位精度。

2）过盈配合圆柱心轴。如图 1.15（b）所示，其由导向部分、定位部分和传动部分组成。

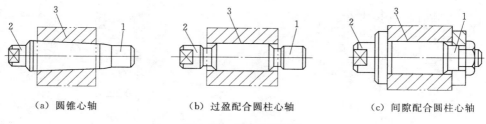

（a）圆锥心轴 　　　　（b）过盈配合圆柱心轴 　　　　（c）间隙配合圆柱心轴

图 1.15　定位心轴结构

1—导向部分；2—传动部分；3—定位部分

心轴的定位部分与工件的定位孔是过盈配合，工件须经压力机将其压入心轴的定位部分。一般最大过盈量不超过 H7/r6，以免压入工件的压力过大使工件变形而损坏。导向部分的作用是使工件方便、迅速而准确地装配。心轴末端的传动部分，起带动心轴运动的作用。这种心轴定心精度较高，能传递一定扭矩，常用于车床精车盘套类零件。

3）间隙配合圆柱心轴。如图 1.15（c）所示，心轴定位部分与工件定位孔是间隙配合，其配合间隙可按 H7/h6 或 H7/g6 或 H7/f6 制造。装卸工件方便，但定心精度不高。为减少因配合间隙而造成的工件倾斜，工件常以孔和端面联合定位，因而要求工件定位孔与定位端面之间、心轴定位圆柱面与定位平面之间都有较高的垂直度要求，最好能在一次装夹中加工出来。工件是靠心轴右端的螺母夹紧的。为装卸工件迅速，采用了开口垫圈。

当工件以圆锥孔作为定位基准面时，相应的定位元件为圆锥心轴［图 1.15（a）］和顶尖等。在加工轴类或某些要求准确定心的工件时，在工件上专为定位加工出工艺定位面——中心孔，中心孔即为圆锥孔，中心孔与顶尖配合，即工件左端中心孔用轴向固定的前顶尖定位，右端中心孔用活动顶尖定位。中心孔定位的优点是定心精度高，还可实现定位基准统一。

定位心轴在机床上的安装如图 1.16 所示。

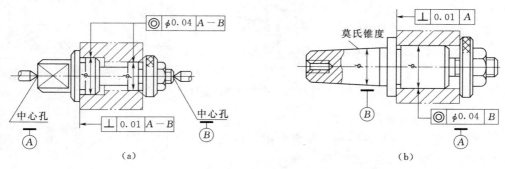

（a） 　　　　　　　　　　　　　（b）

图 1.16（一）　定位心轴在机床上的安装方式

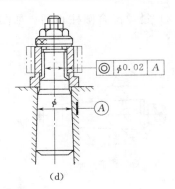

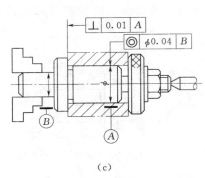

（c）　　　　　　　　　　　　　　　　（d）

图 1.16（二）　定位心轴在机床上的安装方式

为了保证工件的同轴度要求，设计心轴时，夹具总图上应标注心轴各工作面、工作圆柱面与中心孔轴线或锥柄间的位置精度要求，其同轴度可取工件相应同轴度的 $1/3\sim1/2$。

（3）圆锥定位销。图 1.17 所示为工件以圆孔在圆锥销上定位，它限制了工件的 x、y、z 这 3 个方向的移动自由度。其中图 1.17（a）所示为用于未加工过的孔；图 1.17（b）所示为用于已加工过的孔。

工件在单个圆锥定位销上定位容易倾斜，为此圆锥定位销一般与其他定位元件组合定位。图 1.18（a）所示为圆锥—圆柱组合心轴，锥度部分使工件准确定位，

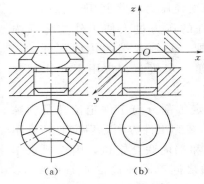

（a）　　　　　　（b）

图 1.17　圆锥定位销

圆柱部分可减小工件的倾斜，图 1.18（b）所示为工件以底面和活动圆锥销组合定位，限制工件 5 个自由度，图 1.18（c）所示为工件在双圆锥销上定位，限制工件的 5 个自由度。

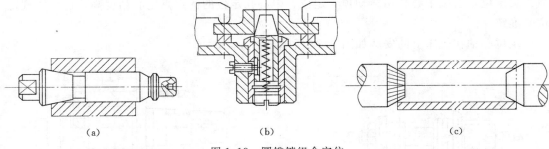

（a）　　　　　　　　　　　（b）　　　　　　　　　　　（c）

图 1.18　圆锥销组合定位

3. 工件以外圆柱面定位时的定位元件

工件以外圆柱面定位是一种非常普遍的定位方式。常用的定位元件有 V 形块、定位套、半圆孔定位套、圆锥定位套等，现介绍如下。

（1）V 形块。如图 1.19 所示，V 形块主要参数如下。

d——V 形块的标准心轴直径，即工件定位基面外圆直径的平均值。

α——V 形块两工作面间的夹角，有 60°、90°、120°等 3 种，其中 90°V 形块应用最广。

H——V 形块高度。

T——V 形块的定位高度，即 V 形块的定位基准至 V 形块底面的距离。

N——V 形块的开口尺寸。

设计 V 形块时，工件直径 d 是已知的，而 H 和 N 等参数均从《机床夹具设计手册》中查得，但 T 必须计算。由图 1.19 可知

$$T = H + OC = H + (OE - CE)$$

因

$$OE = \frac{d}{2\sin\dfrac{\alpha}{2}}$$

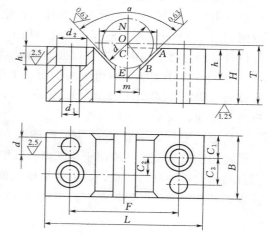

图 1.19　V 形块的结构尺寸

$$CE = \frac{N}{2\tan\dfrac{\alpha}{2}}$$

所以

$$T = H + \frac{1}{2}\left(\frac{d}{2\sin\dfrac{\alpha}{2}} - \frac{N}{2\tan\dfrac{\alpha}{2}}\right)$$

当 $\alpha = 60°$ 时，有

$$T = H + d - 0.867N$$

当 $\alpha = 90°$ 时，有

$$T = H + 0.707d - 0.5N$$

当 $\alpha = 120°$ 时，有

$$T = H + 0.578d - 0.289N$$

常用 V 形块的结构形式如图 1.20 所示，其中图 1.20（a）用于短的精定位基面；图 1.20（b）用于粗基面和阶梯定位面；图 1.20（c）用于较长的精基面和相距较远的两个定位基准面。V 形块不一定采用整体结构的钢，可在铸铁底座上镶淬硬支承板或硬质合金板，如图 1.20（d）所示。

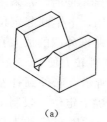
（a）

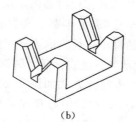
（b）

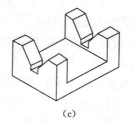
（c）

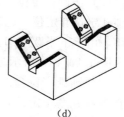
（d）

图 1.20　V 形块的结构形式

V形块既可做成固定式的，也可做成活动式的。活动式 V 形块除起定位作用、限制一个自由度外，还兼起夹紧工件的作用，也可以补偿毛坯尺寸变化对定位的影响。其典型应用如图 1.21 所示，为连杆类零件，加工内容是钻工件两端的孔，且保持两孔轴线在工件杆身纵向对称平面内。工件以底面和两端弧面为定位基准，定位元件是两个支承环和两个 V 形块。两个支承环所组成的平面与工件底面接触定位，限制 3 个自由度；工件左端圆弧面与固定 V 形块 1 接触（短 V 形块），限制两个自由度；工件右端圆弧面与活动 V 形块 3 接触，限制一个自由度。

V形块的材料一般用 20 钢，渗碳深 0.8～1.2mm，淬火硬度为 60～64 HRC。V 形块既能用于精基面，又能用于粗基面；既能用于完整的圆柱面，也能用于局部的圆柱面；而且具有对中性好的特点，对中性指使工件的定位基准总处于 V 形块两工作面的对称平面内的特性。当工件以外圆柱面定位时，V 形块是应用最广泛的定位元件。

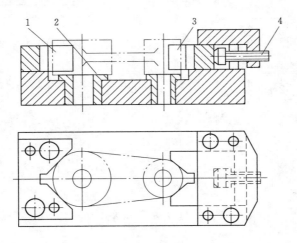

图 1.21 活动式 V 形块的应用
1—固定 V 形块；2—支承环；3—活动 V 形块；4—夹紧螺杆

（2）定位套。图 1.22 所示为常用的定位套，其内孔表面是定位工作面。通常，定位套的圆柱面与端面结合定位，限制工件 5 个自由度。当用端面作为主要定位基面时，应控制长度，以免产生过定位而在夹紧时导致工件产生不允许的变形。这种定位方式对定位基面的精度要求较严格，通常取轴颈精度 IT7 或 IT8，表面粗糙度 Ra 值小于 0.8μm。定位套结构简单，制造容易，但定心精度不高，常用于小型、形状简单零件的定位。

（3）半圆孔定位套。当工件尺寸较大，或在整体式定位衬套内定位装卸不便时，常采用半圆孔定位套定位。此时基准的精度不低于 IT9～IT8。上半圆起夹紧作用，下半圆起定位作用，由于下半圆可卸去或掀开，所以下半圆孔的最小直径应取工件定位基准外圆的最大直径。图 1.23（a）所示为可卸式，图 1.23（b）所示为铰链式，后者装卸工件较方便。

（4）圆锥定位套。圆锥定位套又叫反顶尖，其定位方式如图 1.24 所示。工件圆柱左端在齿纹锥套中定位，限制工件的 3 个移动自由度；右端中心孔在后顶尖上定位，限制工件两个转动自由度。夹具体锥柄插入机床主轴孔中，通过传动螺钉和齿纹锥套拨动工件转动。

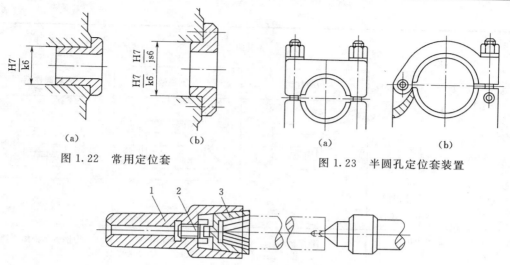

（a）　　　　　　（b）

图 1.22　常用定位套

（a）　　　　　　（b）

图 1.23　半圆孔定位套装置

图 1.24　工件在圆锥定位套中定位

1—夹具体锥柄；2—传动螺钉；3—齿纹锥套

常用定位元件及其组合所能限制的自由度见表 1.1，供设计定位系统时参考。

表 1.1　　　　　　　　　常用定位元件及其组合所能限制的自由度

工件的定位面		夹具的定位元件			
平面	支承钉	定位元件	1 个支承钉	2 个支承钉	3 个支承钉
		图示	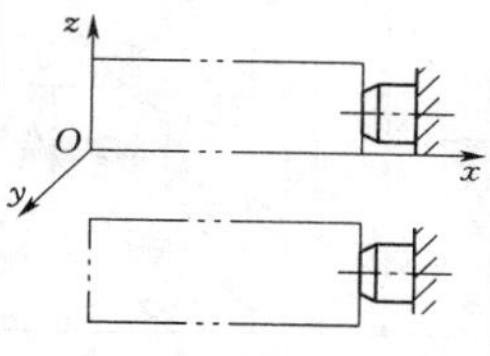	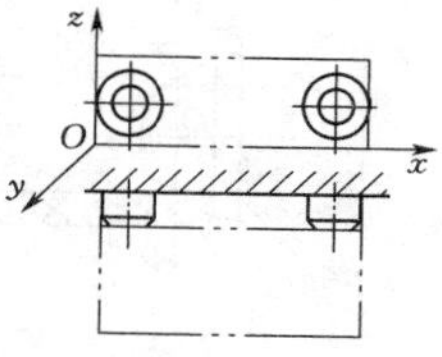	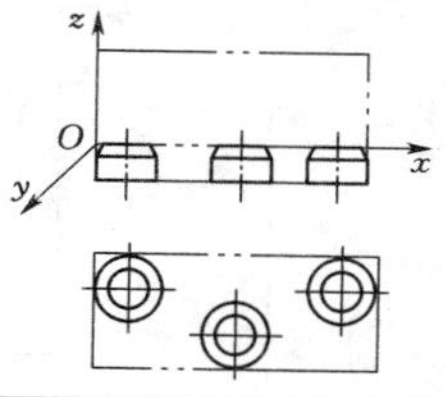
		限制的自由度	$\vec{x}$	$\vec{y}$、$\vec{z}$	$\vec{z}$、$\hat{x}$、$\hat{y}$
		定位元件	1 块支承板	2 块支承板	3 块支承板（大平面）
		图示	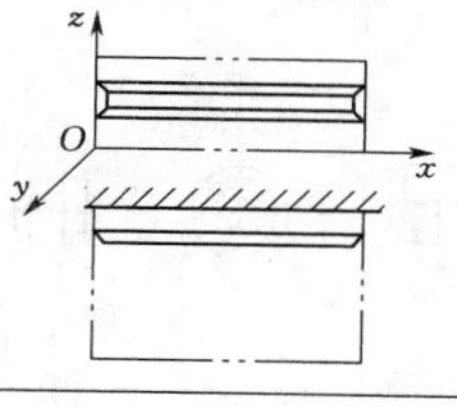	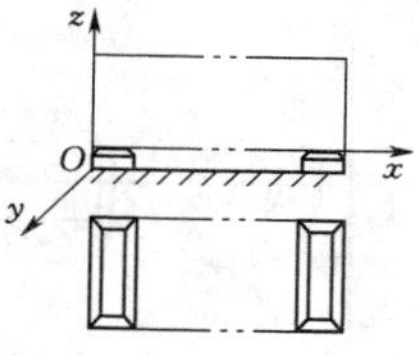	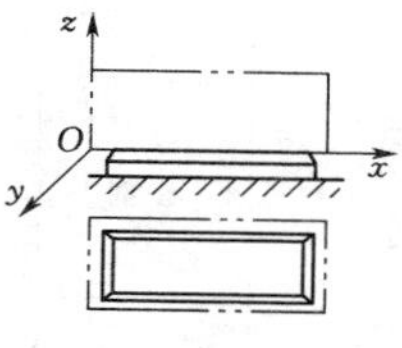
		限制的自由度	$\vec{y}$、$\vec{z}$	$\vec{z}$、$\hat{x}$、$\hat{y}$	$\vec{z}$、$\hat{x}$、$\hat{y}$

续表

工件的定位面	夹具的定位元件				
圆孔内圆锥面	圆柱销	定位元件	短圆柱销	长圆柱销	两段圆柱销
		图示	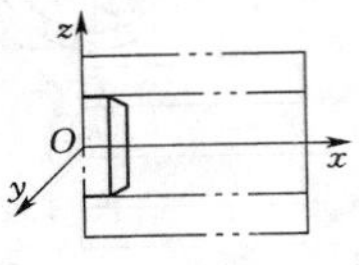	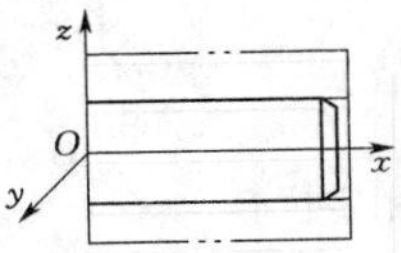	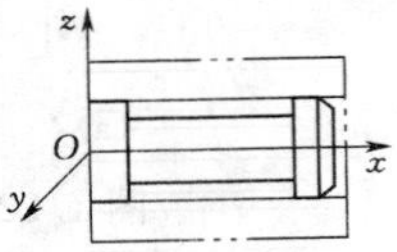
		限制的自由度	$\vec{y}$、$\vec{z}$	$\vec{y}$、$\vec{z}$、$\overset{\frown}{y}$、$\overset{\frown}{z}$	$\vec{y}$、$\vec{z}$、$\overset{\frown}{y}$、$\overset{\frown}{z}$
		定位元件	菱形销	长销小平面组合	短销大平面组合
		图示	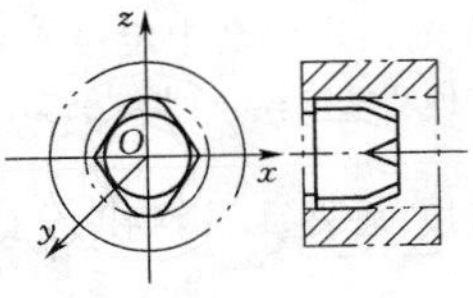	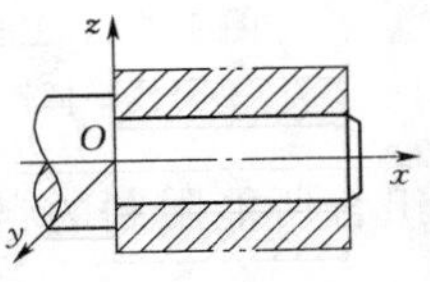	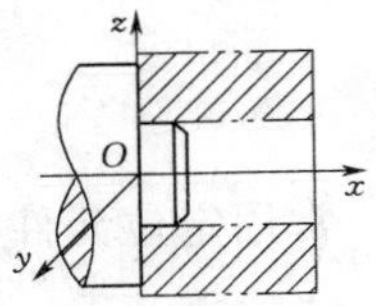
		限制的自由度	$\vec{z}$	$\vec{x}$、$\vec{y}$、$\vec{z}$、$\overset{\frown}{y}$、$\overset{\frown}{z}$	$\vec{x}$、$\vec{y}$、$\vec{z}$、$\overset{\frown}{y}$、$\overset{\frown}{z}$
		定位元件	固定圆锥销	浮动圆锥销	固定浮动圆锥销组合
		图示	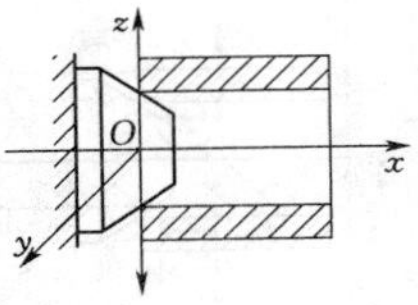	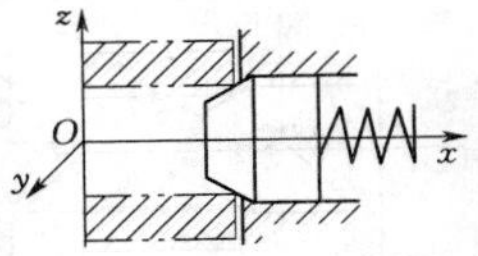	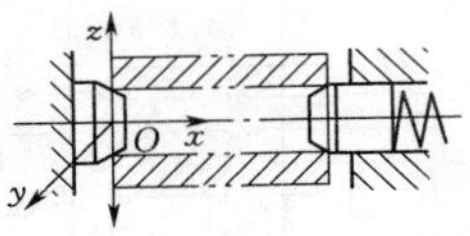
		限制的自由度	$\vec{x}$、$\vec{y}$、$\vec{z}$	$\vec{y}$、$\vec{z}$	$\vec{x}$、$\vec{y}$、$\vec{z}$、$\overset{\frown}{y}$、$\overset{\frown}{z}$
	心轴	定位元件	长圆柱心轴	短圆柱心轴	小锥度心轴
		图示	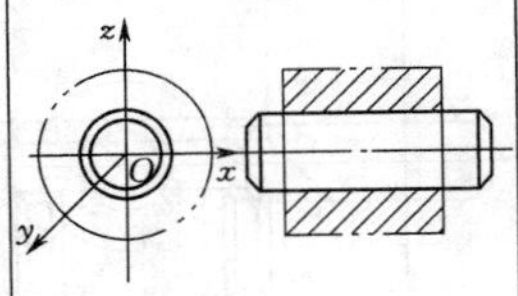	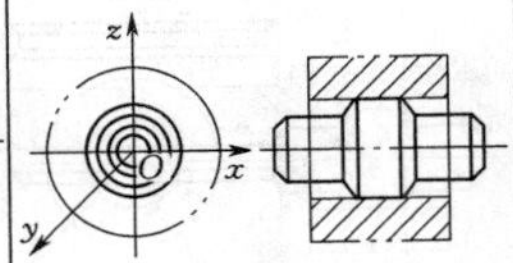	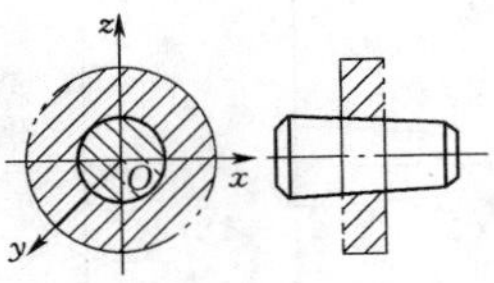
		限制的自由度	$\vec{x}$、$\vec{z}$、$\overset{\frown}{z}$、$\overset{\frown}{x}$	$\vec{x}$、$\vec{z}$	$\vec{x}$、$\vec{y}$、$\vec{z}$

续表

工件的定位面		夹具的定位元件		
外圆柱面	V形块套	定位元件	1块短V形块	2块短V形块	1块长V形块
		图示	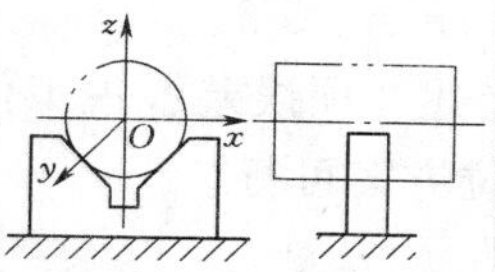	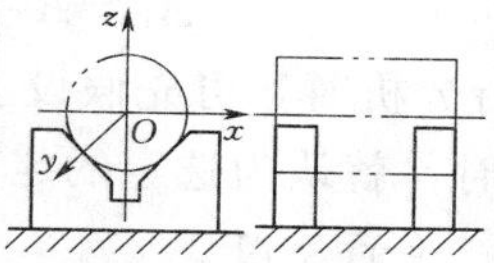	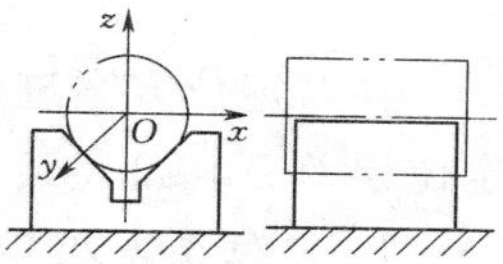
		限制的自由度	$\vec{x}$、$\vec{z}$	$\vec{x}$、$\vec{z}$、$\widehat{x}$	$\vec{x}$、$\vec{z}$、$\widehat{z}$、$\widehat{x}$
	定位套	定位元件	1个短定位套	2个短定位套	1个长定位套
		图示	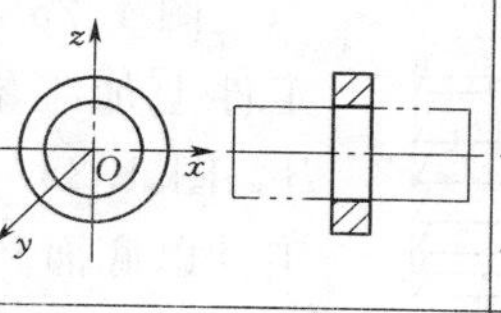	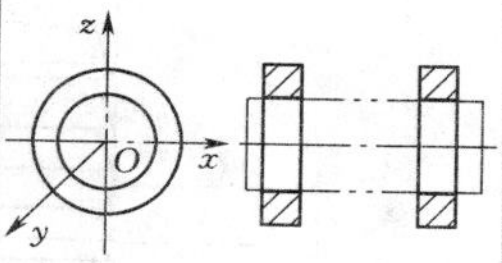	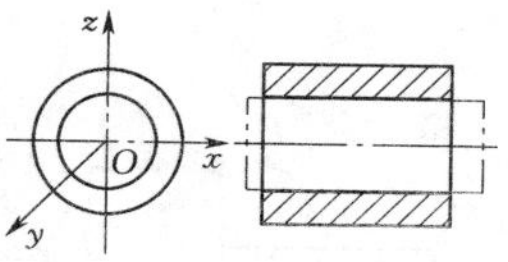
		限制的自由度	$\vec{x}$、$\vec{z}$	$\vec{x}$、$\vec{z}$、$\widehat{z}$、$\widehat{x}$	$\vec{x}$、$\vec{z}$、$\widehat{z}$、$\widehat{x}$
圆锥孔	锥顶尖和锥度心轴	定位元件	前后顶尖	浮动前顶尖和后顶尖	锥形心轴
		图示	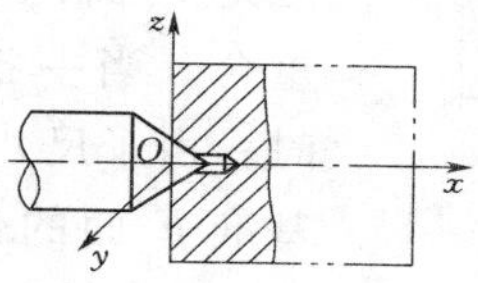	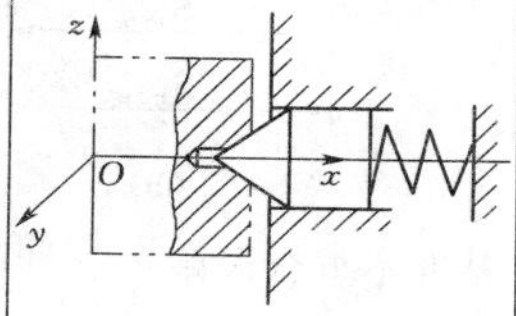	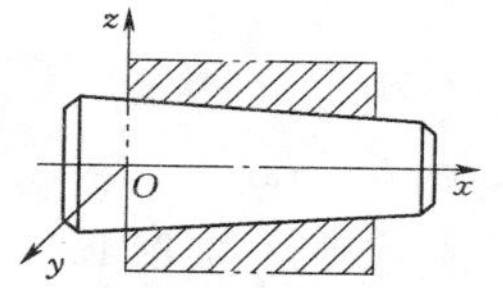
		限制的自由度	$\vec{x}$、$\vec{z}$、$\vec{z}$	$\vec{y}$、$\vec{z}$	$\vec{x}$、$\vec{y}$、$\vec{z}$、$\widehat{y}$、$\widehat{z}$

1.2.3 定位误差的分析与计算

在机械加工中，为保证工件的加工精度，工件加工前必须正确定位。要正确定位，除应限制必要的自由度、正确选择定位基准和定位元件之外，还应使所选择的定位方式所产生的误差在工件允许的误差范围内。

机械加工中使用夹具时造成工件加工误差的因素包括以下几个。

（1）定位误差。它是指一批工件在夹具中的位置不一致而引起的误差，即由定位引起的加工尺寸的最大变动范围。如由于工序基准与定位基准不重合而引起的位置不一致，或是由于定位副的制造误差而引起的位置不一致，都属于定位误差，以 Δ_D 表示。

（2）安装误差和调整误差。安装误差是指夹具在机床上安装时，引起定位元件与机床上安装夹具的装卡面之间位置不准确的误差，以 Δ_A 表示；调整误差是指夹具上的对刀元件或导向元件与定位元件之间的位置不准确所引起的误差，以 Δ_T 表示。通常把安装误差和调整误差统称为调安误差，以 Δ_{T-A} 表示。

（3）加工过程误差。此项误差是由机床运动精度和工艺系统的变形等因素引起的误差，以 Δ_G 表示。

为了保证加工要求，上述 3 项误差合成后应小于或等于工件公差 δ_K，即

$$\Delta_D - \Delta_{T-A} + \Delta_G \leqslant \delta_K$$

在对定位方案进行分析时，可先假设上述 3 项误差各占工件公差的 1/3。一般地，当定位误差 $\Delta_D \leqslant 1/3\delta_K$ 时，就认为选定的定位方案可行。

1. 定位误差及其产生的原因

（1）基准不重合误差 Δ_B。

由于定位基准与工序基准（通常工序基准与设计基准重合）不重合而造成的加工误差，称为基准不重合误差，用 Δ_B 表示。

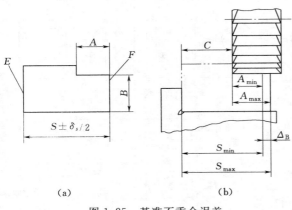

（a）　　　　　　（b）

图 1.25　基准不重合误差

图 1.25（a）所示为工序简图，在工件上加工缺口，保证工序尺寸 A 和 B。图 1.25（b）所示为加工示意图，工件以底面和 E 面定位，C 是确定夹具与刀具相互位置的对刀尺寸，在以调整法加工一批工件的过程中，C 的大小是不变的。对于工序尺寸 A 而言，工序基准是 F 面，定位基准是 E 面，两者不重合。当一批工件逐个在夹具上定位时，由于尺寸 $S \pm (\delta_s/2)$ 的影响，工序基准 F 面的位置是变动的，而 F 面的变动引起了尺寸 A 的变化，给尺寸 A 造成误差，这就是基准不重合误差。

显然，基准不重合误差的大小等于因定位基准与工序基准不重合而造成的加工尺寸的最大变动量，即

$$\Delta_B = A_{max} - A_{min} = S_{max} - S_{min} = \delta_s$$

S 是定位基准 E 与工序基准 F 之间的联系尺寸，常称为定位尺寸。当工序基准的变动方向与加工尺寸的方向相同时，基准不重合误差等于定位尺寸的公差，即

$$\Delta_B = \delta_s$$

而当定位尺寸与工序尺寸方向不一致时，则定位误差就等于定位尺寸公差在工序尺寸方向上的投影。若定位尺寸有两个或两个以上，那么基准不重合误差就等于定位尺寸各组成环的尺寸公差在加工尺寸方向上的投影和，即

$$\Delta_B = \sum_{i=1}^{n} \delta_i \cos\beta_i$$

式中　δ_i——定位基准与工序基准之间各相关尺寸的公差，mm；

　　　β_i——各定位尺寸的方向与工序尺寸方向之间的夹角。

如图 1.26（a）所示，要求保证加工尺寸 $h \pm \delta_h$。工件以平面 A 和 B 定位，而工序

基准为孔的中心 O，定位基准和工序基准不重合，且两个定位尺寸和工序尺寸方向都不一致。要计算定位误差，就要分别求出这两个定位尺寸的公差在工序尺寸方向上的投影。如图 1.26（b）所示，若不考虑 α 的角度误差，则基准不重合误差为

$$\Delta_B = O_1M + O_2N$$

$$= 2\delta_b\cos\alpha + 2\delta_a\cos(90° - \alpha)$$

上述公式中，若 α 为零，则定位尺寸与工序尺寸方向一致。

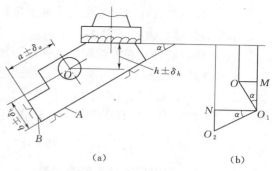

图 1.26 基准不重合误差计算

（2）基准位移误差 Δ_Y。对于有些定位方式，即使基准重合，工序尺寸也不能保持一致。图 1.27 所示为工件以圆孔在心轴上定位铣键槽。要求保证工序尺寸 $b^{+\delta_b}_0$ 和 $a^{0}_{-\delta_b}$，其中 $b^{+\delta_b}_0$ 尺寸用铣刀保证，而尺寸 $a^{0}_{-\delta_b}$ 则是按心轴中心调整好铣刀的高度位置来保证的。对于工件来说，孔中心线是工序基准，内孔表面是定位基准。如果工件圆孔直径和心轴外圆直径做得完全一样，则内孔表面与心轴表面重合，即无间隙配合，这时两者的中心线也重合，因此可看作是以内孔中心线为定位基准，如图 1.27（b）所示，此时工序尺寸 a 保持不变，即不存在基准位置误差。然而，实际上定位副不可能制造得十分准确，有时为了工件易于安装，须使定位副间有一最小配合间隙。于是当心轴水平放置时，工件圆孔将因本身重力等因素的影响会单边搁在心轴的上母线上，如图 1.27（c）所示。此时刀具在一批工件的加工中位置不变，而同批工件的定位基准位置却在 O_1 和 O_2 之间变动，导致工序基准的位置也发生变化，使一批工件中所测得的尺寸 a 有了误差。这一误差是由于定位副的制造误差或定位副的配合间隙所导致的。

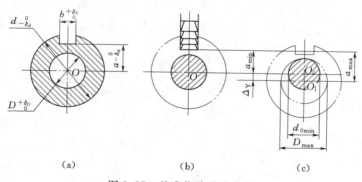

（a）   （b）   （c）

图 1.27 基准位移误差分析

这种由于定位副有制造误差或定位副间的配合间隙而引起的定位基准在工序尺寸方向上的最大位置变动范围就称为基准位移误差，以 Δ_Y 表示。

下面分析几种常见的定位方式产生的基准位移误差的计算方法。

第一种是工件以圆柱孔定位。工件以圆柱孔在圆柱销、圆柱心轴上定位时，其定位基准为孔的中心线，定位基面为内孔表面。根据孔与心轴配合性质的不同，分以下两种情况。

1）工件以圆柱孔在过盈配合心轴上定位。因为过盈配合时，定位副间无间隙，所以定位基准的位移量为零，即 $\Delta_Y = 0$。

2）工件以圆柱孔在间隙配合的圆柱心轴或圆柱销上定位。

如前所述，在图 1.27 中，孔与心轴或定位销固定单边接触，如工件在水平放置的心轴上定位，由于工件的自重作用，使工件孔与心轴的上母线单边接触，此时定位基准的偏移是单方向的，基准位移误差是由圆孔和心轴在半径方向上的最大间隙所决定的，即

$$\Delta_Y = \left(\frac{1}{2}\right) X_{\max} = \left(\frac{1}{2}\right)(D_{\max} - d_{0\min}) = \left(\frac{1}{2}\right)(\delta_D + \delta_{d_0} + X_{\min})$$

式中　　$X_{\max}$ ——定位副最大配合间隙，mm；

　　　　$D_{\max}$ ——工件定位孔最大直径，mm；

　　　　$d_{0\min}$ ——圆柱销或圆柱心轴的最小直径，mm；

　　　　δ_D ——工件定位孔的直径公差，mm；

　　　　δ_{d_0} ——圆柱销或圆柱心轴的直径公差，mm；

　　　　$X_{\min}$ ——定位所需最小间隙（设计时确定），mm。

另一种情形是定位基准可以在任意方向偏移，如定位心轴垂直放置时，其基准位移误差为定位副直径方向的最大间隙，即

$$\Delta_Y = X_{\max} = D_{\max} - d_{0\min} = \delta_D + \delta_{d_0} + X_{\min}$$

如果定位基准偏移的方向与工件工序尺寸的方向不一致时，应将基准的偏移量向工序尺寸方向上投影，投影后的值才是此工序尺寸的基准位移误差。

第二种是工件以外圆柱面在 V 形块上定位时，其定位基准为工件外圆柱面的轴心线，定位基面为外圆柱面。

若不计 V 形块本身的制造误差，而仅有工件基准面的形状和尺寸误差时，工件的定位基准会产生偏移，如图 1.28 所示。由图 1.28（b）可知，仅由于工件的尺寸公差 δ_d 的影响，使工件中心沿 z 轴方向从点 O_1 移至点 O_2，即在 z 轴方向的基准位移量可由下式计算，即

$$O_1O_2 = \frac{\delta_d}{2\sin\dfrac{\alpha}{2}}$$

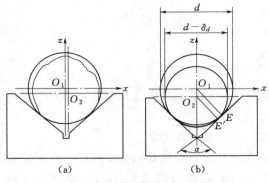

（a）　　　　　（b）

图 1.28　V 形块定位的基准位移误差

式中　　δ_d ——工件定位基面的直径公差，mm；

　　　　α ——V 形块两工作面间的夹角。

由于 V 形块的对中性好，所以沿 x 方向的位移为 0。

当用 $\alpha = 90°$ 的 V 形块时，定位基准在 z 轴方向的位移量可由下式计算，即

$$O_1O_2 = 0.707\delta_d$$

如果工件的工序尺寸方向与 z 轴方向相同，则在工序尺寸方向上的基准位移误差为

$$\Delta_Y = O_1 O_2 = 0.707\delta_d$$

若工件的工序尺寸方向与 z 轴方向有一夹角 β，则在工序尺寸方向上的基准位移误差为

$$\Delta_Y = O_1 O_2 \cos\beta = \frac{\delta_d}{2\sin\frac{\alpha}{2}}\cos\beta = 0.707\delta_d\cos\beta$$

第三种是工件以平面定位时，定位基面的位置可以看成是不变的，因此基准位移误差为 0，即工件以平面定位时，基准位移误差为 $\Delta_Y = 0$。

2. 定位误差的计算方法

综合上述定位误差产生原因分析，无论是基准不重合误差，还是基准位移误差，皆是由定位不准引起的，因此统称为定位误差，用 Δ_D 表示。定位误差是基准不重合误差和基准位移误差的综合结果，在计算定位误差时，先分别计算出 Δ_D 和 Δ_Y，然后将两者组合而得 Δ_D。组合时可有以下情况。

$\Delta_Y \neq 0$，$\Delta_B = 0$ 时，$\Delta_D = \Delta_Y$。

$\Delta_Y = 0$，$\Delta_B \neq 0$ 时，$\Delta_D = \Delta_B$。

$\Delta_Y \neq 0$，$\Delta_B \neq 0$ 时，又分为以下两种情形。

1）如果工序基准不在定位基面上，则 $\Delta_D = \Delta_B + \Delta_Y$。

2）如果工序基准在定位基面上，则 $\Delta_D = \Delta_B \pm \Delta_Y$。

"＋"和"－"的判别方法为：①先分析定位基面尺寸由大变小（或由小变大）时定位基准的变动方向；②当定位基面尺寸作同样变化时，设定位基准不动，分析工序基准的变动方向；③若两者变动方向相同即取"＋"，若两者变动方向相反即取"－"。

3. 定位误差的计算举例

例 1.1 在图 1.25 中，设 $S = 4.0\text{mm}$，$\delta_s = 0.15\text{mm}$，$A = 18\text{mm} \pm 0.10\text{mm}$，求保证工序尺寸 A 的定位误差，并分析定位质量。

解 由于尺寸 A 的工序基准为 F 面，而定位基准为 E 面，存在基准不重合误差，其大小为定位尺寸 S 的公差 δ_s，即 $\Delta_B = \delta_s = 0.15\text{mm}$。而以平面 E 定位加工 A 时，不会产生基准位移误差，即 $\Delta_Y = 0$。所以有

$$\Delta_D = \Delta_B = 0.15\text{mm}$$

工序尺寸 A 的公差为 $\delta_K = 0.2\text{mm}$。

此时 $\Delta_D = 0.15\text{mm} > \dfrac{1}{3} \times 0.2\text{mm} = 0.067\text{mm}$。

由以上分析计算可知，定位误差太大，实际加工中容易出现废品，应改变定位方式。

例 1.2 图 1.29 所示为在金刚镗床上加工活塞销孔的定位方式，活塞的裙部内孔与定位销的尺寸配合为 $\phi95\text{H7/g6}$，对称度要求不大于 0.2mm。试计算其定位误差，并分析定位方案的可行性。

解 镗孔的对称度要求，是指被镗孔的轴心线要与定位孔的轴线正交，若有偏移不得大于 0.2mm。图中工件采用的定位方式，属于基准重合，则基准不重合误差为 0。定位时孔与定位销为任意边接触。按题意，工件定位孔为 $\phi95^{+0.035}_{0}\text{mm}$。定位销为 $\phi95^{-0.012}_{-0.034}\text{mm}$。

故 $\Delta_D = \Delta_Y = \delta_D + \delta_{d_0} + X_{\min} = (0.035 + 0.022 + 0.012)\,\mathrm{mm} = 0.069\,\mathrm{mm}$

由于计算所得定位误差与工件公差的 1/3，即 $\dfrac{1}{3} \times 0.2\,\mathrm{mm} = 0.067\,\mathrm{mm}$ 相接近，所以此方案尚可行。

例 1.3　如图 1.30 所示，工件以外圆柱面在 V 形块上定位加工键槽，保证键槽深度 $\phi 34.8_{-0.17}^{0}\,\mathrm{mm}$。试计算其定位误差。

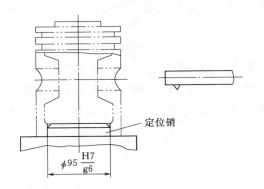

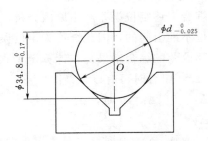

图 1.29　镗活塞销孔的定位误差计算　　　　图 1.30　V 形块定位误差的计算

解　工件以外圆柱面在 V 形块上定位铣键槽，定位基准为工件轴线，对于工序尺寸 $34.8_{-0.17}^{0}\,\mathrm{mm}$ 来说，工序基准为工件外圆的最下母线，则基准不重合误差为

$$\Delta_B = \frac{1}{2}\delta_d = \frac{1}{2} \times 0.025\,\mathrm{mm} = 0.0125\,\mathrm{mm}$$

基准位移误差为 $\Delta_Y = 0.707\delta_d = 0.0707 \times 0.025\,\mathrm{mm} = 0.0177\,\mathrm{mm}$。

由于工序基准在定位基面上，所以 $\Delta_D = \Delta_B \pm \Delta_Y$，经分析判断，工序基准变动的方向与定位基准变动的方向相反，取"—"。

故所求的定位误差为 $\Delta_D = \Delta_B - \Delta_Y = (0.0177 - 0.0125)\,\mathrm{mm} = 0.0052\,\mathrm{mm}$。

例 1.4　如图 1.31 所示，工件以 d_1 外圆定位，加工 $\phi 10H8$ 的孔。已知：$d_1 = \phi 30_{-0.01}^{0}\,\mathrm{mm}$，$d_2 = \phi 55_{-0.056}^{-0.010}\,\mathrm{mm}$，$H = (40 \pm 0.015)\,\mathrm{mm}$，$t = 0.03\,\mathrm{mm}$。求工序尺寸 $(40 \pm 0.015)\,\mathrm{mm}$ 的定位误差。

解　由题意，定位基准是 d_1 的轴线 A，工序基准为外圆 d_2 的下母线，由此可知，工序基准不在定位基面上，故分别计算出 Δ_B 和 Δ_Y 后，按式 $\Delta_D = \Delta_B + \Delta_Y$ 合成。

$$\Delta_B = \sum_{i=1}^{n} \delta_i \cos\beta_i = \left(\frac{\delta_{d_2}}{2} + t\right)\cos\beta = \left(\frac{0.046}{2} + 0.03\right)\,\mathrm{mm} = 0.053\,\mathrm{mm}.$$

$\Delta_Y = 0.707\delta_{d_1} = 0.707 \times 0.01\,\mathrm{mm} = 0.007\,\mathrm{mm}$。

$\Delta_D = \Delta_B + \Delta_Y = (0.053 + 0.007)\,\mathrm{mm} = 0.06\,\mathrm{mm}$。

4. 工件以组合表面定位时的定位误差计算

以上所述均为工件以单一表面定位的情况，但在实际生产中，通常都是以工件上的两个或两个以上的表面作为定位基准，即采用组合定位方式。组合定位方式很多，生产中最常用的就是"一面两孔"定位，如加工箱体、支架、杠杆、盖板等。采用一面两孔定位，

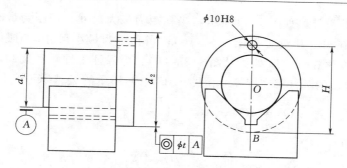

图 1.31　定位误差计算

易于使工艺过程中的基准统一，保证工件的相互位置精度。这种定位方式所采用的定位元件为支承板、圆柱销和菱形销。

（1）定位方式。工件以平面作为主要定位基准，限制 3 个自由度，圆柱销限制两个自由度，菱形销限制一个自由度。菱形销作为防转支承，其长轴方向应与两销中心连线相垂直，并应正确地选择菱形销直径的基本尺寸和经削边后圆柱部分的宽度。图 1.32 为菱形销的结构，表 1.2 所示为菱形销的尺寸。

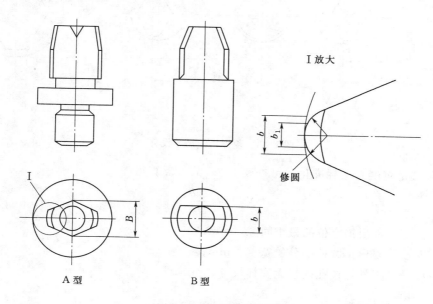

图 1.32　菱形销的结构

表 1. 2   菱 形 销 的 尺 寸   单位：mm

d	>3～6	>6～8	>8～20	>20～24	>24～30	>30～40	>40～50
B	$d-0.5$	$d-1$	$d-2$	$d-3$	$d-4$	$d-5$	$d-6$
b_1	1	2	3	3	3	4	5
b	2	3	4	5	5	6	8

注　d 为菱形销限位基面直径。

（2）菱形销的设计。如图 1.33 所示，当孔距为最大尺寸、销距为最小尺寸时，菱形销的干涉点发生在 A、B 处，见图 1.33（a）；当孔距为最小尺寸、销距为最大尺寸时，菱形销的干涉点发生在 C、D 处，见图 1.33（b）。为保证工件顺利装卸，需控制菱形销的直径 d_2 和削边后的圆柱部宽度 b。由图 1.33（c）所示的 $\triangle AOC$ 中可知

$$CO^2 = AO^2 - AC^2 = \left(\frac{D_2}{2}\right)^2 - \left(\frac{b}{2} + a\right)^2$$

在 $\triangle BOC$ 中有

$$CO^2 = BO^2 - BC^2 = \left(\frac{D_2 - X_{2min}}{2}\right)^2 - \left(\frac{b}{2}\right)^2$$

联立两式并化简可得

$$b = \frac{D_2 X_{2min}}{2a}$$

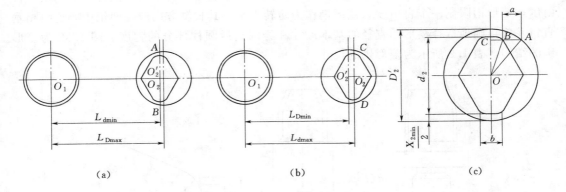

图 1.33　菱形销的尺寸设计

由于菱形销宽度 b 已标准化，可查表 1.2，故可反算得

$$X_{2min} = \frac{2ab}{D_2}$$

式中　　X_{2min} ——菱形销定位的最小间隙，mm；

　　　　b ——菱形销圆柱部分的宽度，mm；

　　　　D_2 ——工件定位孔的最大实体尺寸，mm；

　　　　a ——补偿量，$a = \dfrac{\delta_{LD} + \delta_{Ld}}{2}$ ；

　　　　δ_{LD} ——孔距公差；

　　　　δ_{Ld} ——销距公差。

那么，菱形销直径可按下式计算，即

$$d_2 = D_2 - X_{2min}$$

（3）工件以一面两孔定位时的设计步骤和误差计算实例。

例 1.5　泵前盖简图如图 1.34 所示，以泵前盖底及 $2 \times \phi 10_{-0.028}^{-0.012}$ mm 定位即为一面两孔定位方式，加工内容为：①镗孔 $\phi 41_{0}^{+0.023}$ mm；②铣尺寸为 $107.5_{0}^{+0.3}$ mm 的两侧面。试

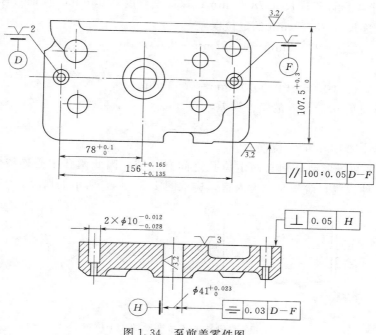

图 1.34 泵前盖零件图

设计零件加工时的定位方案及计算定位误差。

解 （1）确定两销中心距及尺寸公差。两销中心距的基本尺寸应等于两孔中心距的平均尺寸，其公差为两孔中心距公差的 $1/5\sim1/3$，即

$$\delta_{L_d}=\left(\frac{1}{3}\sim\frac{1}{5}\right)\delta_{L_D}$$

此处因 $L_D=156^{+0.165}_{+0.135}\,\text{mm}=(156.15\pm0.015)\,\text{mm}$，故取

$$L_d=156^{+0.165}_{+0.135}\,\text{mm}=(156.15\pm0.005)\,\text{mm}$$

（2）确定圆柱销的尺寸及公差。圆柱销直径的基本尺寸（最大尺寸）是该定位孔的最小极限尺寸，公差一般取 g6 或 h7，故

$$d_1=\phi 9.972\text{h7}\,\left(^{\ 0}_{-0.015}\right)\,\text{mm}=\phi 10^{-0.028}_{-0.043}\,\text{mm}$$

（3）确定菱形销直径及公差。

1）按表 1.2 选取菱形销宽度 $b=4\text{mm}$。

2）计算补偿量 a，即

$$a=\frac{\delta_{L_D}+\delta_{L_d}}{2}=\frac{0.03+0.01}{2}\,\text{mm}=0.02\text{mm}$$

3）确定菱形销的最小配合间隙 $X_{2\min}$，即

$$X_{2\min}=\frac{2ab}{D_2}=\frac{2\times0.02\times4}{9.972}\,\text{mm}=0.016\text{mm}$$

4）确定菱形销的直径，其公差一般取 h6，即

$$d_2=D_2-X_{2\min}=(9.972-0.016)\,\text{mm}=9.956\text{mm}$$

（4）计算镗孔 $\phi 41^{+0.023}_{0}\,\text{mm}$ 时的定位误差。由零件图可知，镗孔 $\phi 41^{+0.023}_{0}\,\text{mm}$ 时应保

25

证以下工序要求：保证工序尺寸 $78^{+0.1}_{0}$ mm；保证垂直度 0.05mm；保证对称度 0.03mm。

1）对于工序尺寸 $78^{+0.1}_{0}$ mm 的定位误差。

$$\Delta_Y = D_{max} - d_{1min} = 9.988mm - 9.957mm = 0.031mm$$

$$\Delta_B = 0$$

故，$\Delta_D = \Delta_Y = (0.053 + 0.007)\ mm = 0.031mm$

2）对于垂直度 0.05mm 的定位误差，有

$$\Delta_D = \Delta_Y = \Delta_B = 0$$

3）对称度 0.03mm 的定位误差。

由于圆柱销和菱形销分别与两定位孔之间有间隙，因此两孔中心连线的变动可有图 1.35 所示的 4 种位置。对于对称度而言，应取图 1.35（a）所示的情况。

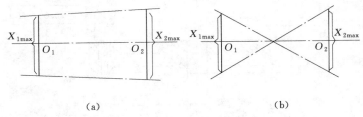

（a）   （b）

图 1.35 两孔中心连线变动的 4 个位置

$$X_{1max} = D_{max} - d_{1min} = 9.988mm - 9.957mm = 0.031mm$$

$$X_{2max} = D_{max} - d_{2min} = 9.988mm - 9.947mm = 0.041mm$$

因为孔 $\phi 41^{+0.023}_{0}$ mm 在 O_1O_2 中心，即

$$\Delta_Y = \frac{X_{1max} + X_{2max}}{2} = \frac{0.031mm + 0.041mm}{2} = 0.036mm$$

$$\Delta_B = 0$$

$$\Delta_D = \Delta_Y = 0.036mm$$

1.3 工件的夹紧

工件在定位元件上正确定位后，还需要采用一些装置将其牢固地夹紧，并保证工件在加工过程中不受外力（切削力、重力、离心力或惯性力等）作用而发生位移或振动。夹具上用来将工件压紧夹牢的机构叫夹紧装置。

1.3.1 夹紧装置的组成和基本要求

1. 夹紧装置的组成

图 1.36 所示为机动夹紧装置的组成示意图。一般地，夹紧装置由动力装置（动力源）、中间传动机构和夹紧元件 3 部分组成。

（1）动力装置。动力装置是产生夹紧原始作用力的装置，对机动夹紧机构来说，有气动、液压、电力等动力装置。

（2）中间传动机构。把动力装置产生的力传给夹紧元件的中间机构。其作用是：①改

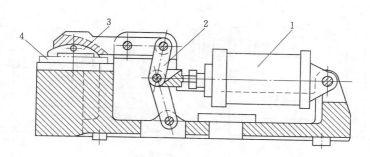

图 1.36　夹紧装置组成示意图
1—液压缸；2—杠杆；3—压块；4—工件

变力的作用方向，图 1.36 中汽缸作用力的方向通过铰链杠杆机构后改变为垂直方向的夹紧力；②改变作用力的大小，为了把工件夹紧，有时往往需要较大的夹紧力，这时可利用中间传动机构如斜楔、杠杆等将原始力增大，以满足夹紧工件的需要；③起自锁作用，对于手动夹紧装置，当力源消失后，工件仍能得到可靠的夹紧。

（3）夹紧元件。夹紧元件是夹紧装置的最终执行元件，它与工件直接接触，把工件夹紧。

2. 夹紧装置的基本要求

夹紧装置的设计和选用是否合理，对保证工件的加工质量、提高劳动生产率、降低加工成本和确保工人的生产安全都有很大的影响。对夹紧装置的基本要求如下。

（1）夹紧时不能破坏工件在夹具中占有的正确位置。

（2）夹紧力要适当，既要保证在加工过程中工件不移动、不转动、不振动，同时又要在夹紧时不能损伤工件表面，也不能产生明显的夹紧变形。

（3）夹紧机构要操作方便，夹压迅速、省力。大批大量生产中应尽可能采用气动、液压夹紧装置，以减轻工人的劳动强度和提高生产率。

（4）结构要紧凑，有良好的结构工艺性，尽量使用标准件。手动夹紧机构还须具有良好的自锁性。

1.3.2　夹紧力的确定

在设计夹紧机构时，为了达到上述对夹紧机构的要求，夹紧力的三要素（大小、方向和作用点）必须首先给予合理的确定。

1. 夹紧力作用点的选择

夹紧时，夹紧元件与工件表面的接触位置即为夹紧力作用点。它的选择对工件夹紧的稳定性和变形有很大影响。选择时，应考虑下述几点原则。

（1）夹紧力应落在支承元件上或几个支承元件所形成的支承平面内，这样夹紧力才不会使工件倾斜而破坏定位。若夹紧力作用在支承面之外，如图 1.37 所示，均不合理。

（2）夹紧力应落在工件刚性较好的部位上，这对刚性差的工件尤为重要。如图 1.38

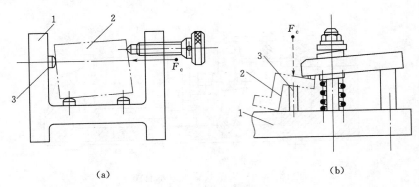

（a）   （b）

图 1.37 夹紧力的作用点

1—夹具体；2—工件；3—支承钉

所示，图 1.38（a）作用在中间的单点就不图 1.38（b）作用在两侧的两点，前者工件易变形，且夹紧可靠性差。

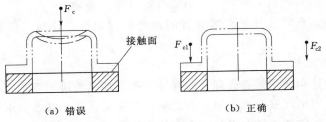

（a）错误   （b）正确

图 1.38 夹紧力的作用点应落在工件刚性强的部位上

（3）为提高夹紧的可靠性，防止和减少工件的振动，夹紧力应尽可能靠近加工面。如图 1.39 所示，同样的夹紧力 F_c 作用于 O_1 点时比作用于 O_2 点夹紧牢靠。

2. 夹紧力方向的确定

在确定夹紧力的方向时，要考虑工件定位基准所处的位置，以及工件所受外力的作用方向等。具体要求如下。

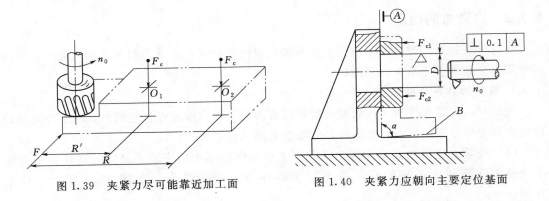

图 1.39 夹紧力尽可能靠近加工面   图 1.40 夹紧力应朝向主要定位基面

（1）夹紧力的方向应垂直于工件的主要定位基面，以保证加工精度。图 1.40 所示为

28

工件在支架上镗孔的简图。端面 A 是被加工孔的垂直度基准，夹紧力 F_{c1}、F_{c2} 垂直作用于主要定位基准 A 面，既可保证定位要求，又使工件定位稳定可靠。如夹紧力朝向基准 B 面，则因工件的 A 面和 B 面存在垂直度误差，就很难保证加工要求；反之，如果加工的孔与 B 面有一定的平行度要求，则夹紧力的方向应垂直于 B 面。

（2）应选择所需夹紧力较小的方向。比较图 1.41（a）、（b），图 1.41（a）中夹紧力 F_{c1}、F_{c2} 与钻头进给力 F_t 和工件重力 G 都垂直于定位基面且三者方向一致，这时所需夹紧力最小；图 1.41（b）是从工件下面夹紧，所用的夹紧力 F_{c1}、F_{c2} 与 G 和 F_t 方向相反，显然夹紧力大。减小夹紧力可以简化夹紧装置的结构，且便于操作。

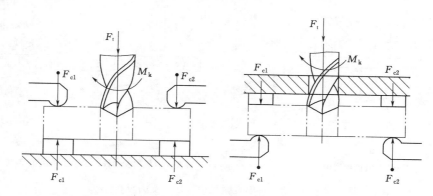

（a）夹紧力与切削力、工件重力方向相同　（b）夹紧力与切削力、工件重力方向相反

图 1.41　夹紧力方向对夹紧力大小的影响

（3）夹紧力大小的计算。在确定了夹紧力的作用点和方向之后，还要认真确定夹紧力的大小。夹紧力大小的确定可以采用下述的两种方法。

1）平衡计算法。此法是按照工件受力平衡条件，列出夹紧力的计算方程式，从中求出所需夹紧力。因为各种作用力在平衡力系中对工件所起的作用不完全相同，如加工中、小尺寸工件时切削力起主要作用；加工大型笨重工件时，还需考虑工件重力的作用；工件在高速运动时，离心力或惯性力对夹紧的影响不能忽视；切削力本身在加工过程中也是变化的。因此，要把夹紧力计算得十分准确比较困难。正因夹紧力大小计算的复杂性，一般只作简化计算。假设工艺系统是刚性的，切削过程稳定不变，只考虑切削力（或切削力矩）对夹紧的影响，找出加工过程中对夹紧最不利的状态，按能量平衡原理求出夹紧力 F_c，再乘以安全系数 K（为保证夹紧力可靠）作为实际所需的夹紧力数值 F_c'，即 $F_c' = KF_c$。

考虑到切削力的变化和工艺系统变形等因素，一般在粗加工时取 $K = 2.5 \sim 3$；精加工时取 $K = 2.5 \sim 2$。

2）经验类比法。精确计算夹紧力的大小是件很不容易的事，因此在实际夹具设计中，比如手动夹紧机构，常根据经验或用类比的方法确定所需夹紧力的大小。但对于需要比较准确地确定夹紧力大小的，如气动、液压传动装置或容易变形的工件等，仍有必要对夹紧状态进行受力分析，估算夹紧力的大小。

1.3.3 几种常用的夹紧机构

1. 斜楔夹紧机构

利用斜面直接或间接压紧工件的机构称为斜楔夹紧机构。图1.42（a）所示为具有斜楔夹紧机构的钻床夹具，夹紧力 F_c 是由作用在斜楔上的外力 $F_{e,x}$ 产生的。现分析斜楔夹紧过程中斜楔的受力情况，如图1.42（b）所示，工件对它的反作用力 F_{r1} 和由此而引起的摩擦力 F_{f1}、夹具体对它的反作用力 F_{r2} 和由此而引起的摩擦力 F_{f2}。

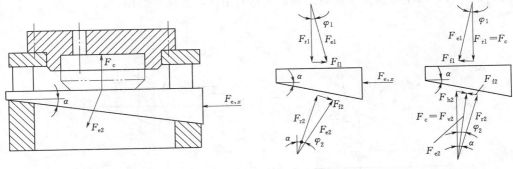

| (a) 斜楔夹紧机构实例 | (b) 斜楔夹紧机构受力图 | (c) 自锁受力图 |

图1.42 斜楔夹紧机构原理及受力分析

$$F_{e1} = F_{r1} + F_{f1}$$
$$F_{e2} = F_{r2} + F_{f2}$$

夹紧时，显然存在以下关系，即

$$F_{e1} + F_{e2} + F_{e,x} = 0$$
$$\sum X = 0$$

则

$$F_{e,x} = F_{e1}\sin\varphi_1 + F_{e2}\sin(\alpha + \varphi_2)$$
$$F_{e1} = \frac{F_c}{\cos\varphi_1}$$
$$F_{e2} = \frac{F_c}{\cos(\alpha + \varphi_2)}$$

故可得斜楔所产生的夹紧力为

$$F_c = \frac{F_{e,x}}{\tan\varphi_1 + \tan(\alpha + \varphi_2)}$$

式中 φ_1——工件与斜楔间的摩擦角；

φ_2——夹具体与斜楔间的摩擦角。

由上式可得以下结论。

（1）斜楔机构具有增力作用，用增力系数 i_c 表示，又称扩力比。当外加一个较小作用力 $F_{e,x}$ 时，可获得比 $F_{e,x}$ 大好几倍的夹紧力，即 $i_c = F_e/F_{e,x}$，为夹紧力与初始作用力之比。斜楔夹紧机构的扩力比 $i_c \approx 3$。而且当升角 α 越小时，增力就越大。而升角减小后，若要保持相同的夹紧力，斜楔的原始夹紧行程就要增加。斜楔的原始夹紧行程的增加倍数等于夹紧力的增力倍数，即夹紧行程增大多少倍，夹紧力就增加多少倍，这是斜楔夹紧的一个重要特性。

（2）选用斜楔夹紧工件时，只要升角 α 取得合适，就能实现夹紧机构的自锁。自锁条件如图 1.42 （c）所示。若工件夹紧后 $F_{e,x}$ 消失，斜楔只受到 F_{e1} 和 F_{e2} 的作用，其中 F_{e2} 的水平分力 F_{h2} 有使斜楔松开的趋势。如果摩擦力 $F_{f1} \geqslant F_{h2}$，就能阻止其松开而自锁，即

$$F_c \tan \varphi_1 \geqslant F_c \tan(\alpha - \varphi_2)$$

因摩擦角 φ_1、φ_2 很小，所以 $\tan \varphi_1 \approx \varphi_1$；$\tan(\alpha - \varphi_2) \approx \alpha - \varphi_2$，故斜楔的自锁条件为

$$\alpha \leqslant \varphi_1 + \varphi_2$$

一般地，钢的摩擦因数 $\mu = 0.1 \sim 0.15$，则 $\varphi_1 = \varphi_2$，为 $5° \sim 8°$，故 $\alpha \leqslant 10° \sim 16°$。通常 $\alpha \leqslant 5° \sim 7°$。

2. 螺旋夹紧机构

由螺钉、螺母、垫圈、压板等元件组成的夹紧机构称为螺旋夹紧机构。螺旋夹紧机构结构简单、夹紧力大，自锁性能好，且有较大的夹紧行程，故目前在夹具设计中被广泛采用。

（1）单个螺旋夹紧机构。图 1.43 所示是直接用螺钉或螺杆夹紧工件的机构。图 1.43 （a）所示为用螺钉头部直接压紧工件的一种结构。为了保护夹具体不致过快磨损和简化修理工作，常在夹具体中装配一个钢质螺母，这在夹具体较薄时，还可增加螺旋的拧入长度，使夹紧更为可靠。为了防止螺钉头直接与工件表面接触而造成损伤，或防止在旋紧螺钉时带动工件一起转动，可在螺钉头部装上摆动压块，如图 1.43 （b）所示，这种压块只随螺钉前后移动而不与螺钉一块转动。图 1.43 （c）所示为螺杆和螺旋压板组合夹紧机构的一种。

（2）螺旋压板夹紧机构。螺旋压板夹紧机构是一种应用最广泛的夹紧机构，图 1.44 所示为常见的 5 种典型的螺旋压板夹紧机构。

下面以图 1.45 所示的螺钉受力为例分析螺旋夹紧机构产生的夹紧力。为便于分析，常把螺旋看作一个绕在圆柱体上的斜楔。$F_{e,x}$ 为操作者施加在手柄上的原始力，其产生的力矩为 $M = F_{e,x} \times L$。在螺钉头部受到反作用力 F_{r1} 和摩擦力 F_{f1}，进而在摩擦半径处产生摩擦阻力矩 M_1；在螺母和螺纹表面处产生作用力 F_{r2} 和摩擦力 F_{f2}，它们的合力 F_{e2} 分解为夹紧力 F_c 和产生阻力矩 M_2 的分力 F_{h2}。夹紧时力矩应保持平衡，即

$$M = M_1 + M_2$$

而 M_1 和 M_2 分别为

$$M_1 = F_{f1} r_1' = F_{r1} r_1' \mu = F_{r1} r_1' \tan \varphi_1$$

$$M_2 = F_{h2} \frac{d_0}{2} = \frac{d_0}{2} F_c \tan(\alpha + \varphi_2)$$

式中　r_1'——螺钉头部与工件（或压块）间的当量摩擦半径，mm；

　　　d_0——螺纹中径，mm；

　　　μ——摩擦因数。

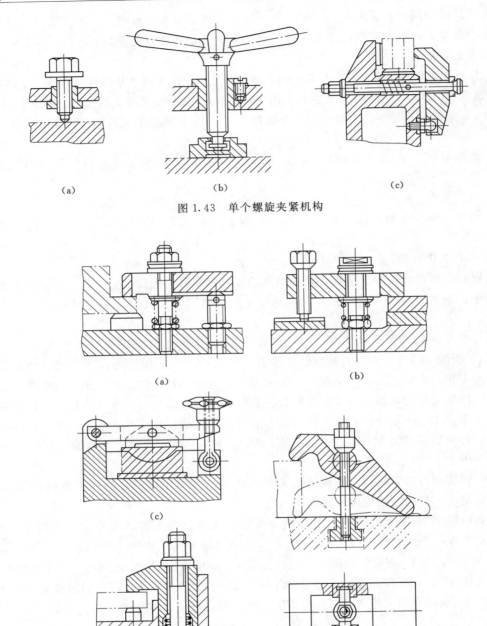

图 1.43 单个螺旋夹紧机构

图 1.44 5种典型的螺旋压板夹紧机构

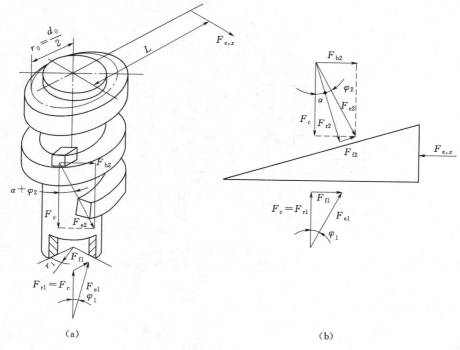

图 1.45 螺旋夹紧受力分析

将它们代入力矩平衡方程，化简后得夹紧力 F_c 为

$$F_c = \frac{F_{e,x}L}{r_1\tan\varphi_1 + \dfrac{d_0}{2}\tan(\alpha + \varphi_2)}$$

式中 $F_{e,x}$ ——原始作用力；

       L ——手柄长度；

       α ——螺旋升角；

      φ_1 ——螺杆头部与工件（或压块）间的摩擦角；

      φ_2 ——螺旋副的摩擦角。

（3）偏心夹紧机构。用偏心件直接或间接夹紧工件的机构称为偏心夹紧机构。偏心件一般有圆偏心和曲线偏心两种，常用的是圆偏心（偏心轮或偏心轴）。偏心夹紧机构操作方便、夹紧迅速，但是夹紧力和夹紧行程都较小。一般用于切削力不大、振动小的场合。图 1.46 所示为常见的圆偏心夹紧机构。

如图 1.47 所示，D 是圆偏心轮的直径，其转动轴心 O_2 与外圆中心 O_1 间存在偏心距 e。因转动轴心 O_2 至圆偏心轮工作表面上各点的距离不相等，当转动手柄时，就相当于一弧形楔卡紧在基圆和工件受压表面之间而产生夹紧作用。转动轴心 O_2 与外圆中心 O_1 处于水平位置时的夹紧接触点为 P。若将偏心的弧形楔轮廓线假想展开，得到图 1.47（b）所示的曲线斜楔。曲线上任意点的斜率为该点的斜楔升角，其数值是一变值。随着圆偏心旋转角度的增加，斜楔升角由 m 点的最小值逐渐增大到 P 点附近的最大值。

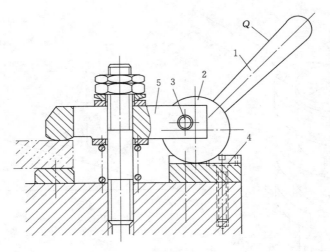

图 1.46　圆偏心夹紧机构

1—手柄；2—偏心轮；3—轴；4—垫板；5—压板

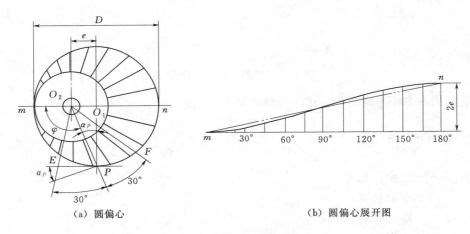

（a）圆偏心　　　　　　　　　　　　　（b）圆偏心展开图

图 1.47　圆偏心及其展开图

因 P 点附近这段曲线接近于直线，升角的变化较小，此处夹紧力比较稳定，所以常取 P 点左右 $30°$ 作为偏心轮的工作表面。

现将圆偏心近似看成假想的斜楔来分析计算圆偏心的夹紧力。如图 1.48 所示，作用于手柄上的原始力矩 $F_{e,x} \times L$ 应和作用于 P 点的力矩 $F'_{e,x}\rho$ 相等，即

$$F_{e,x} = \frac{F_{e,x}L}{\rho}$$

式中　ρ——转动轴心至夹紧点 P 间的回转半径。

$F'_{e,x}$ 的水平分力 $F'_{e,x}\cos\alpha_P$，即为作用于假想斜楔的外力。因升角 α_P 很小，可以认为 $F'_{e,x}\cos\alpha_P \approx F'_{e,x}$。于是偏心轮产生的夹紧力为

$$F_c = \frac{F'_{e,x}}{\tan\varphi_1 + \tan(\alpha + \varphi_2)}$$

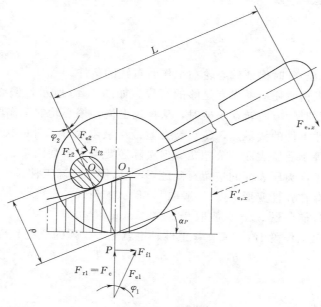

图 1.48　圆偏心夹紧受力分析

式中　　φ_1——圆偏心轮与工件间的摩擦角；

　　　　φ_2——圆偏心转轴处的摩擦角。

将 $F'_{e,x} = \dfrac{F_{e,x}L}{\rho}$ 代入得

$$F_c = \frac{F_{e,x}L}{\rho[\tan\varphi_1 + \tan(\alpha_P + \varphi_2)]}$$

如取 $\rho = D/2\cos\alpha_P$；$\varphi_1 = \varphi_2 = \varphi$；而 $\tan\varphi = \mu = 0.15$，力臂 $L = (2 \sim 2.5)D$，$\tan\varphi_{max} \approx 2e/D = 1/7$，则扩大比 $i_c \approx 12$。

$$\frac{2e}{DF'_{e,x}} = \frac{F_{e,x}L}{\rho}$$

计算时，一般认为 P 点的升角 α_P 近似于最大值 α_{max}。由斜楔的自锁条件知，用圆偏心夹紧时，若要保证自锁，则必须满足

$$\alpha_{max} \approx \alpha_P \leqslant \varphi_1 + \varphi_2$$

圆偏心转轴处的摩擦角很小，可忽略不计。因此

$$\tan\alpha_P \leqslant \tan\varphi_1$$

又因

$$\tan\alpha_P = \frac{2e}{D}$$

所以

$$\frac{2e}{D} \leqslant \mu_1$$

一般地，钢的摩擦因数 $\mu_1 = 0.10 \sim 0.15$，因此，自锁时圆偏心轮外径和偏心距的关系为

$$\frac{2e}{D} \leqslant 0.10 \sim 0.15$$

这就是设计圆偏心轮时保证偏心轮在工作时自锁的条件。

设计偏心夹紧机构时还应考虑有足够的行程。如图 1.49 所示，偏心量 e 的大小将影响其夹紧行程。当顺时针方向转动手柄时，从理论上说，偏心轮的工作段为 BC 弧，B 点是夹紧最大极限尺寸工件的接触点，C 点是夹紧最小极限尺寸工件的接触点，工作段 BC 弧的最小夹紧行程等于受压表面的公差 T。但实际还要考虑下列因素。

（1）圆偏心与工件夹压表面间应留有间隙 S_1，以便于装卸工件。一般 $S_1 \geqslant 0.3$ mm。

（2）夹紧机构存在弹性变形 S_2，一般取 $0.05 \sim 0.15$ mm。

（3）工作段行程储备量 S_3，一般取 $0.1 \sim 0.3$ mm。

所以实际只能以工作段 $B'C'$ 弧夹紧工件，也就是 BC 弧的总夹紧行程 h_{BC} 必须满足

$$h_{BC} = S_1 + S_2 + S_3 + T$$

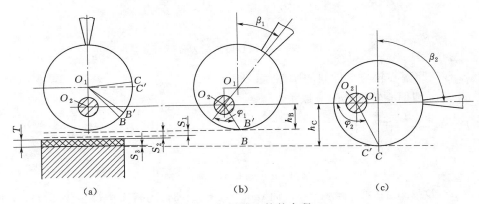

图 1.49 圆偏心轮的夹程

而由图 1.49 可知

$$h_{BC} = h_C - h_B$$

又

$$h_B = R - e\cos\beta_1$$

$$h_C = R + e[\cos(\pi - \beta_2)] = R - e\cos\beta_2$$

得出

$$h_{BC} = e(\cos\beta_1 - \cos\beta_2)$$

要使所设计的圆偏心轮能够产生足够的夹紧行程，偏心量 e 值应为

$$e = \frac{S_1 + S_2 + S_3 + T}{\cos\beta_1 - \cos\beta_2}$$

标准偏心轮的 e 值在实际应用时一般取 $1.3 \sim 7$ mm。

（4）其他夹紧机构。

1）铰链夹紧机构。铰链夹紧机构是一种铰链和杠杆组合的夹紧机构，具有结构简单、扩力比较大、摩擦损失小的优点，因此得到广泛应用。但其自锁性很差，一

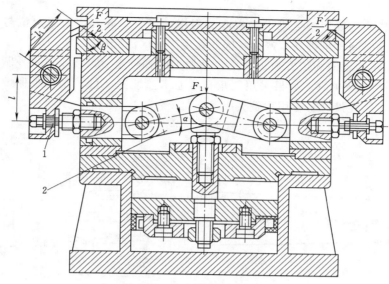

图 1.50　杠杆铰链扩力机构
1—推杆；2—杠杆

般不单独使用，多与气动、液压等夹具联合使用，作为扩力机构。图 1.50 所示为用于铣床或钻床上同时在两个位置夹紧工件的双杠杆铰链扩力机构的气压夹紧装置。工作时汽缸活塞产生原始力 F_1 拉铰链杠杆向下，使左、右推杆向外移动，通过左、右杠杆，压板将工件夹紧。这里铰链杠杆倾斜角 α 影响扩力系数和行程大小。夹紧力 F 按下式计算，即

$$F = 0.97 \times 2F_1 \frac{L}{L_1} i_{F_1}$$

$$F_1 = \frac{\pi(D^2 - d^2)p}{4}$$

式中　F ——夹紧力，N；

　　　F_1 ——原始力，N；

　　　D ——汽缸直径，mm；

　　　d ——活塞杆直径，mm；

　　　$\dfrac{L}{L_1}$ ——杠杆比；

　　　i_{F_1} ——扩力系数，与倾角有关，可由夹具手册中查得；

　　　p ——压强，取 $40 \sim 50\,\text{N/cm}^2$。

　　2）定心夹紧机构。在机械加工中常遇到以轴线或对称中心为设计基准的工件，为了使定位基准与设计基准重合，就必须采用定心夹紧机构。定心夹紧机构具有在实现定心作用的同时将工件夹紧的特点。工件的对称中心与夹具夹紧机构的中心重合，与工件接触的元件既是定位元件又是夹紧元件。夹紧元件的动作通常是联动的，能等速趋近或退离工件，所以能将定位基面的公差对称分布，使工件的轴线、对称中心不产生位移，从而实现

定心夹紧作用。

定心夹紧机构主要用于要求准确定心和对中的场合。此外，由于定位与夹紧同时进行，缩短了辅助时间，可提高生产率，因此在生产中广泛应用。

图 1.51 所示为轴向固定式弹簧夹头，是加工阶梯轴上 $\phi20_{-0.033}^{0}$ mm 外圆柱面及端面 [图 1.51（b）]的车床夹具。如果采用三爪自定心卡盘装夹工件，则很难保证两端圆柱面的同轴度要求，为此设计了专用弹簧夹头。

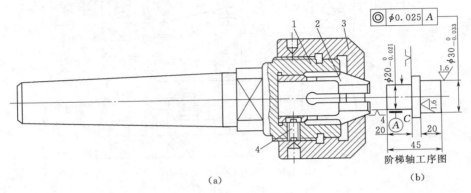

图 1.51　轴向固定式弹簧夹头
1—夹具体；2—筒夹；3—螺母；4—螺钉

工件以 $\phi20_{-0.021}^{0}$ mm 圆柱面及端面 C 在弹簧筒夹内定位，夹具体以锥柄插入车床主轴的锥孔中。当拧紧螺母时，其内锥面迫使筒夹收缩将工件夹紧。反转螺母时，筒夹胀开，松开工件。

当螺母迫使筒夹收缩时，由于筒夹的厚度均匀，径向变形量相等，故在装夹工件过程中，将定位基面的误差沿径向均匀分布，使工件的定位基准（轴线）总能与限位基准（筒夹轴线）重合，即基准位移误差为零。

图 1.52 所示为偏心式定心夹紧机构，具有三等分平面的夹具体与开有 3 条槽的套筒

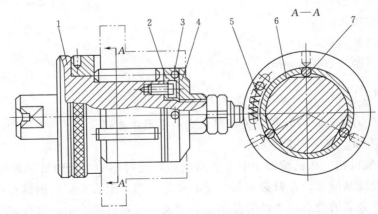

图 1.52　偏心式定心夹紧机构
1—夹具体；2—锥；3—小球；4—螺母；5—弹簧；6—套筒；7—滚柱

间隙配合，直径相等且淬火磨光的 3 个滚柱装在平面与套筒之间。工件以内孔和端面定位，装夹工件前，使 3 个滚柱处于平面的中部如图示位置，装上工件后，夹具体槽中的弹簧使套筒转动，将滚柱挤出而初步夹紧工件。接着旋转螺母，经小球使工件端面紧靠夹具体。加工时，在切削力的作用下，工件与滚柱间的摩擦力进一步将滚柱挤出，从而夹紧工件。切削力越大，夹紧力也越大。这种机构的优点是装卸工件迅速、定心夹紧可靠，适于定位孔表面经过粗加工和孔径较大的工件。

图 1.53 所示为利用胶状塑料（液体塑料）和油液作为传力介质，使薄壁弹性套产生弹性变形将工件定心夹紧的机构。图 1.53（a）所示为液性塑料夹头，图 1.53（b）所示为以油液作为传力介质的弹性心轴，它们的基本结构和工作原理是相同的。弹性元件为薄壁弹性套筒，它的两端与夹具体为过渡配合，两者之间所形成的环状槽与主通道和柱塞的孔道相通，在通道和环状槽内灌满液性介质。拧紧加压螺钉，使柱塞对密封腔内的介质施加压力，迫使薄壁弹性套筒产生均匀的变形，将工件定心并夹紧。为防止在加工时由于切削力使薄壁弹性套筒随工件转动，在图 1.53（a）中设置了止动螺钉，图 1.53（b）是在薄壁套筒的右端面铣出键槽，通过端盖的端面键、螺钉使之和夹具体连接成一体。

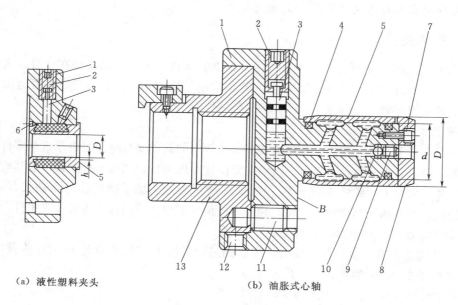

（a）液性塑料夹头　　　　　　　　　（b）油胀式心轴

图 1.53　液性介质定心夹紧机构

1—夹具体；2—加压螺钉；3—柱塞；4—密封圈；5—薄壁弹性套筒；6—止动螺钉；7—螺钉；
8—端盖；9—螺塞；10—钢球；11、12—调整螺钉；13—过渡盘

3）联动夹紧机构。联动夹紧机构是能同时多点夹紧一个工件或同时夹紧几个工件的机构。在夹具上要同时装夹多个工件时，不能采用刚性压板，如图 1.54（a）所示，因为工件的夹压表面（外圆）有制造误差，V 形块也有制造误差，使用刚性压板会使工件受力不等或夹不住。故应采用图 1.54（b）所示的浮动压板结构。

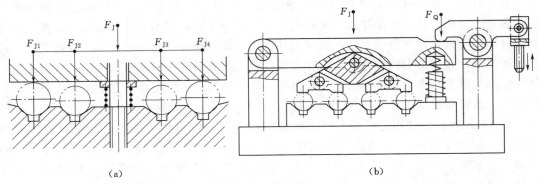

图 1.54　多件联动夹紧

1.4　典型机床夹具

机械加工中使用的机床专用夹具种类很多，结构各异。本节主要介绍车床夹具、铣床夹具、钻床夹具和镗床夹具等典型机床夹具。

1.4.1　车床夹具

车床夹具有两大类型：一种是安装在主轴上的夹具；另一种是安装在床身或大拖板上的夹具。前一种夹具应用非常广泛，后一种不常用。使用车床夹具，可以方便地加工不规则零件上的孔及平面。

1. 角铁式车床夹具

在车床上加工壳体、支座、杠杆、接头等零件上的圆柱面及端面时由于这些零件的形状比较复杂，难以装夹在通用卡盘上，因而需要设计专用夹具。这类车床夹具一般具有类似角铁的夹具体，故称为角铁式车床夹具。图 1.55 所示为加工轴承座内孔的角铁式车床夹具，工件以两孔在圆柱销和削边销上定位，端面在支承板上定位，用两块压板夹紧工件。

在设计角铁式车床夹具时应注意以下问题。

（1）结构要紧凑，悬伸长度要短。夹具的悬伸长度 L 与轮廓直径 D 之比应控制如下。

直径小于 150mm 的夹具，$L/D \leqslant 2.5$。

直径在 150～300mm 之间的夹具，$L/D \leqslant 0.9$。

直径大于 300mm 的夹具，$L/D \leqslant 0.6$。

（2）夹具应基本平衡。角铁式车床夹具一般应设置配重块或加工减重孔来达到夹具的平衡，以减少振动和主轴轴承的磨损。

（3）夹具体应设计成圆形，夹具上包括工件在内的各个元件都不应伸出夹具体的圆形轮廓之外，以免碰伤操作者。

2. 回转分度镗孔车夹具

图 1.56 所示为阀体四孔偏心回转车床夹具，用于普通车床上车削阀体上的 4 个均布孔。该夹具利用偏心原理，一次安装，车削多孔。工件以端面、中心孔和侧面在转盘、定

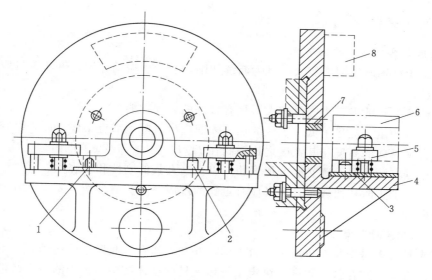

图 1.55 角铁式车床夹具

1—削边销；2—圆柱销；3—支承板；4—夹具体；5—压板；6—工件；7—校正套；8—平衡块

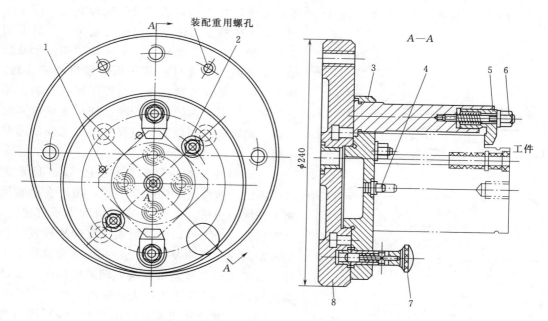

图 1.56 阀体四孔偏心回转车床夹具

1—销；2、6—螺母；3—转盘；4—定位销；5—压板；7—对定销；8—分度盘

位销和销上定位。分别拧紧螺母 6，通过压板，将工件压紧。一孔车削完毕后，松开螺母 2，拔出对定销，转盘旋转 90°，对定销插入分度盘的另一个定位孔中，拧紧螺母 2，即可车削第二个孔，依此类推，车削其余各孔。

1.4.2　铣床夹具

1. 铣床夹具应满足的要求

（1）由于铣削时切削力较大，且为断续切削，易产生振动，因此铣床夹具应有足够的强度和刚度。

（2）铣床夹具的夹紧力应足够大，且有较好的自锁性能。

（3）夹具的重心应尽量低。工件的加工表面应尽可能地靠近工作台面，以降低夹具的重心。通常夹具体的高度与其宽度之比限制在 $H/B \leqslant 1 \sim 1.25$ 范围内。

（4）根据实际情况设置必要的加强肋，以提高夹具的刚性和抗震性。

（5）铣削加工时切屑较多，夹具应有足够的排屑空间。清理切屑要安全方便，并注意切屑的流向。

2. 铣床夹具的类型

铣床夹具大多是安装在机床工作台上的，并和工作台一起做进给运动。

铣削的进给方式在很大程度上决定了铣床夹具的整体结构。常用的有直线进给的和圆周进给的铣削夹具。按在夹具中同时装夹的工件数不同，还可分为单件和多件装夹的铣床夹具。

（1）单件装夹的铣床夹具。图 1.57 所示为单件加工、直线进给的铣床夹具，用于铣削工件上的槽。工件以一面两孔定位，夹具上相应的定位元件为支承板、一个圆柱销和一个菱形销。工件的夹紧通过螺旋压板夹紧机构来实现。卸工件时，松开压紧螺母，螺旋压板在弹簧作用下抬起，转离工件的夹紧表面。使用定位键和对刀块，确定夹具与机床、刀具与夹具正确的相对位置。

（2）多件装夹的铣床夹具。图 1.58 所示为直线进给、多件装夹的铣床夹具，用于在小轴端面上铣削一通槽。工件以 V 形块和支承钉定位，每次装夹 6 个工件，由薄膜式气室的推杆直接顶在右端第一个活动 V 形块上，按顺序夹紧每个工件。由于采用多件夹紧机构，辅助时间少，生产率较高，所以适用于大批大量生产。

（3）双工位铣床夹具。图 1.59（a）所示为双工位多件加工的铣床夹具，用于铣削汽车后桥主动锥齿轮轴的两个端面。图 1.59（b）所示为其工序图。工件在短 V 形块上定位，限制 4 个自由度。定位销用于工件轴向定位。夹紧工件采用螺旋压板机构。因为同时要夹紧两个工件，所以压板通过铰链与压块做成活动连接，以保证夹紧

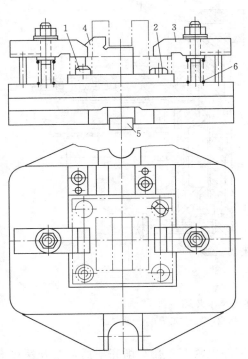

图 1.57　单件加工、直线进给的铣床夹具
1—圆柱销；2—菱形销；3—螺旋压板；
4—对刀块；5—定位键；6—弹簧

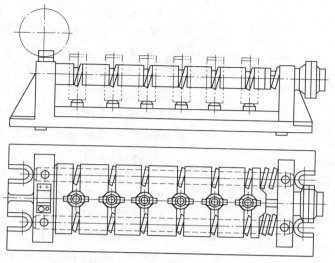

图 1.58 多件加工的铣床夹具

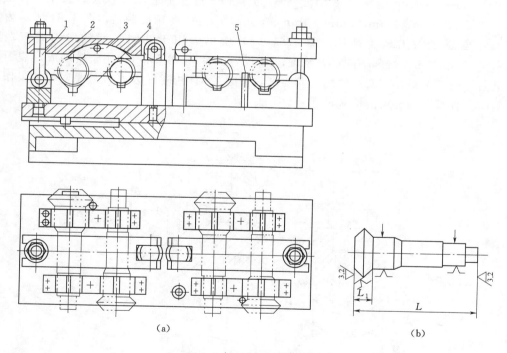

（a）　　　　　　　　　　　　　　　　　　　（b）

图 1.59 双工位铣床夹具

1—螺钉；2—压板；3—压块；4—V形块；5—定位销

的可靠性。该夹具有两个工位，第 1 个工位加工时，第 2 个工位装卸工件。加工完一个端面后机床工作台退出，操纵转台连同夹具同转 180°，然后继续加工另一端面，这样使装卸工件的辅助时间与切削时间重合，从而提高了生产率，适用于成批生产。

3. 铣床专用夹具的设计特点

为了调整和确定夹具相对于机床的位置及工件相对于刀具的位置，铣床夹具设计时还

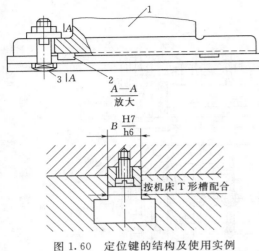

图 1.60 定位键的结构及使用实例
1—夹具体；2—定位键；3—T 形螺钉

应设置定位键和对刀装置。

（1）定位键。定位键用来确定夹具相对于机床进给方向的正确位置。图 1.60 所示为定位键的结构及使用实例。为了提高定向精度，定位键上部与夹具体底面的槽配合，下部与机床工作台的 T 形槽配合。两定位键，在夹具允许的范围内应尽量布置得远一些，以提高夹具的安装精度。

（2）对刀装置。铣床夹具使用对刀装置可便于迅速确定刀具相对于夹具的相对位置。对刀装置由对刀块及塞尺组成。塞尺的主要作用是检验调刀尺寸的精度，其次是保证刀具和对刀块的表面之间应留有一定间隙，以免在加工过程中造成对刀块的损坏。常用塞尺的尺寸 S 为 1mm、2mm、3mm、4mm、5mm 等，按 h8 精度制造。图 1.61 所示为铣床夹具中常见的对刀装置结构。图 1.61（a）所示为用于铣削平面的对刀装置；图 1.61（b）所示为用于铣削槽的对刀装置；图 1.61（c）、（d）所示为用于铣削成形表面的对刀装置。对刀装置还应有严格的尺寸要求，如图 1.61 中的 H 及 L 尺寸是对刀块工作表面与定位元件基准间要求的位置尺寸。

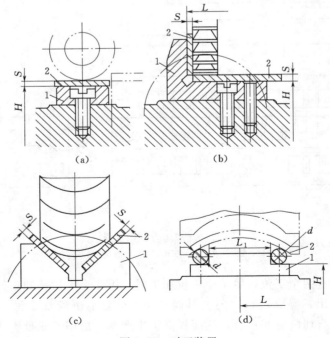

图 1.61 对刀装置
1—对刀块；2—塞尺

1.4.3 钻床夹具

钻床夹具又叫钻模，主要用于加工孔及螺纹，它通常由钻套、钻模板、定位元件、夹紧装置和夹具体组成。

1. 钻床夹具的主要类型

（1）固定式钻模。图 1.62 所示为一固定式钻模，用来加工连杆类零件上的锁紧孔。根据工件加工要求，选用两孔及端面作为定位基准。相应地，在夹具上用挡套、活动心轴及菱形销作为定位元件，它们与定位基准接触或配合实现定位。用螺母、开口垫片和活动心轴对工件进行夹紧。钻模板用螺钉与夹具体固定连接。固定式钻模的结构特点是在加工中，钻模的位置固定不动，钻模板与夹具体固定连接。

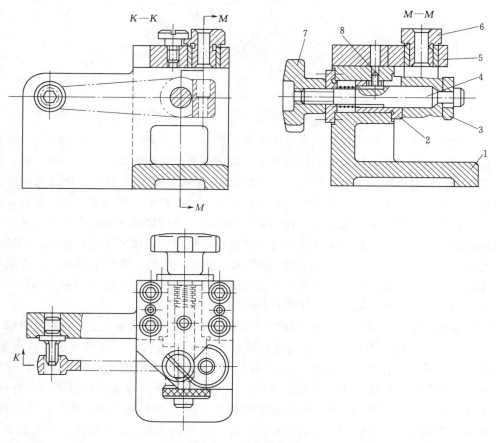

图 1.62　固定式钻模

1—夹具体；2—挡套；3—开口垫片；4—活动心轴；5—钻模板；6—钻套；7—螺母；8—菱形销

这种钻模的定位精度相对较高，一般用于立式钻床加工单孔或在摇臂钻床上加工平行孔系。在机床上安装钻模时，一般应先将装在主轴上的钻头（精度要求高时用心轴）插入钻套中，以确定钻模的位置，然后将其紧固在机床工作台上。这样既可减少钻模的磨损，又可保证钻孔有较高的尺寸精度。

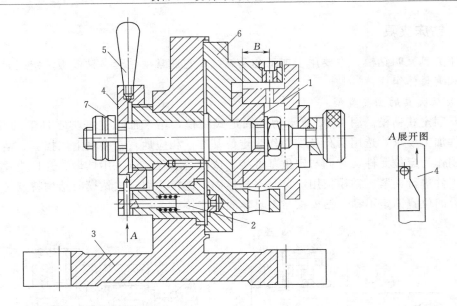

图 1.63 专用回转钻模

1—定位环；2—分度销；3—夹具体；4—环套；5—手柄；6—分度盘；7—锁紧螺母

（2）回转式钻模。回转式钻模就是工件和钻套可以做相对转动，以便加工同一圆周上的平行孔系，或分布在同圆周上的径向孔系，属于多工位机床夹具。工件一次安装，经夹具分度机构转位而顺序加工各孔。图 1.63 所示为一套专用回转钻模。工件通过分度机构的分度在一次装夹中完成 3 个均布径向孔的加工。在分度盘的端面有 3 个分度锥孔，圆周上有 3 个径向均布的钻套。加工时，在弹簧力的作用下分度销插入分度锥孔中，从左端看逆时针转动手柄，带有内螺纹的环套通过锁紧螺母，使分度盘锁紧在夹具体上。当钻完第一个孔后，顺时针转动手柄 5，则环套上的凹形斜面将分度销从锥孔中拔出。接着用手转动分度盘至下一个锥孔与分度销对准时，分度销在弹簧力的作用下插入另一个锥孔中，再锁紧分度盘钻第二个孔，依次再加工第 3 个孔。

（3）滑柱式钻模。滑柱式钻模的特点是钻模板装在可升降的滑柱上。这种夹具结构和尺寸系列已经标准化。图 1.64 所示为滑柱式钻模的标准结构，它由斜齿轮轴、齿条轴、钻模板、两根导向滑柱以及夹具体等部分所组成。使用时，如转动手柄可使斜齿轮轴转动，并带动齿条轴、钻模板上下移动，进而松开和夹紧工件。当钻模板向下与工件接触，并将工件夹紧后，继续转动手柄，斜齿轮轴的锥体 A 可实现锁紧功能。因工件结构形状、尺寸和加工要求等条件不同，需要设计相应的定位元件、夹紧装置和钻套，将它们装在夹具体的平台或钻模板上的适当位置，就成为一专用钻模。

（4）移动式钻模。移动式钻模用在立式钻床上，先后钻削工件同一表面上的多个孔，属于小型夹具。有两种类型：一种是自由移动；另一种是定向移动。用专门设计的导轨和定程机构来控制移动的方向和距离。

（5）翻转式钻模。在加工中，翻转式钻模一般用手进行翻转。所以夹具和工件一起总重量不能太重，一般以不超过 100 N 为宜。主要用于加工小型工件分布在不同表面上的

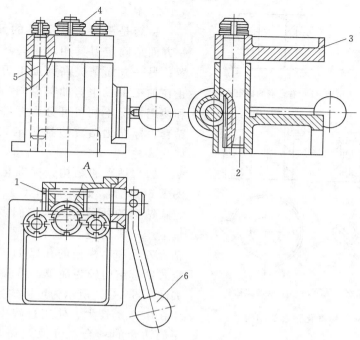

图 1.64 滑柱式钻模的标准结构

1—斜齿轮轴；2—齿条轴；3—钻模板；4—螺母；5—导向滑柱；6—手柄

孔，它可以减少安装次数，提高各被加工孔间的位置精度。其加工的批量不宜过大。

（6）盖板式钻模。盖板式钻模无夹具体，其定位元件和夹紧装置直接安装在钻模板上。它的主要特点是：钻模在工件上定位，夹具结构简单、轻便、易清除切屑，适合在体积大而笨重的工件上加工小孔。对于中小批量的生产，凡需钻铰后立即进行倒角、锪孔、攻螺纹等工序时，采用盖板式钻模也极为方便。但是盖板式钻模每次需从工件上装卸，比较费时，且钻模的重量不宜太重。图 1.65 为盖板式钻模。

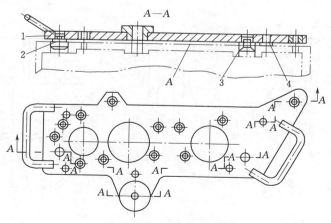

图 1.65 盖板式钻模

1—钻模板；2、3—定位销；4—支承钉

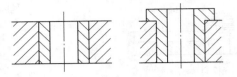

（a）无台肩的固定式钻套 （b）有台肩的固定式钻套

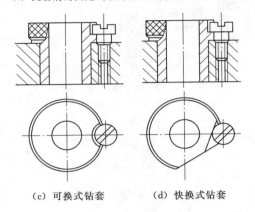

（c）可换式钻套　　　　（d）快换式钻套

图 1.66　标准化钻套的结构

2. 钻套

钻套是引导加工刀具的元件，其作用：一方面是确定刀具相对于夹具定位元件的位置；另一方面是提高孔加工刀具的刚度，防止在加工中发生弯曲与偏斜。按钻套的结构和使用情况不同，可分为标准化钻套和特殊钻套；标准化钻套包括固定式、可换式、快换式 3 种。

（1）钻套的结构。标准化的钻套结构如图 1.66 所示。如图 1.66（a）、（b）所示为固定式钻套的两种形式，它们多用于中、小批量生产，使用过程中不需要经常更换钻套。钻套外径和钻模板的孔以 H7/n6 相配合。固定式钻套结构较为简单，可获得较高的精度。如图 1.66（c）所示为可换式钻套。这种钻套用在生产量较大、使用过程中需要更换磨损了的钻套的场合。可换式钻套装在衬套中，衬套按 H7/n6 的配合压入夹具体内，可换钻套外径与衬套内径一般采用 H7/g6 或 H7/h6 的配合。为防止在加工过程中钻头与钻套内径摩擦而使钻套发生转动，或退刀时钻套随刀具抬起，采用螺钉加以固定。如图 1.66（d）所示为快换式钻套。当一次安装中顺次进行钻孔、扩孔、铰孔，需要使用不同内径的钻套来引导刀具时，可使用快换式钻套。使用时，只要将钻套朝逆时针方向转动一个角度，使得螺钉的头部刚好对准钻套上的缺口，然后往上一拔，就可取下钻套。

图 1.67 列出了几种特殊结构的钻套，其中图 1.67（a）所示为用于加工深坑底面孔的加长钻套；如图 1.67（b）所示为用于加工曲面上的孔；如图 1.67（c）所示为用于加工孔间距很小的孔。

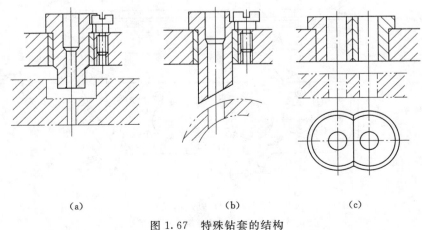

（a）　　　　　　　　　　（b）　　　　　　　　　　（c）

图 1.67　特殊钻套的结构

（2）钻套有关尺寸及其偏差。

1）钻套的高度 H。 如图 1.68 所示，若钻套的导向高度大，对刀具的导向作用好，但刀具与钻套间的摩擦会增大；反之，若钻套的导向高度小，虽然刀具与钻套间的摩擦会减小，但对刀具的导向性能变差。所以，钻套的高度 H 对刀具的导向作用以及刀具与钻套间的摩擦影响很大，太大或太小都不合适。高度 H 与钻套内径 d 之间一般存在以下关系：$H = (1 \sim$

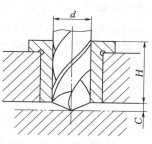

图 1.68　钻套与钻模板

2.5)d 。对于加工精度要求较高的孔，或加工孔径较小时，比值应取较大值；反之取小值。

2）钻套与工件间的排屑间隙 C。 此间隙为排除切屑而留，间隙不宜过大；否则影响钻套的导向作用。一般可取为 $C = (1/3 \sim 1)d$ 加工铸铁等脆性材料，间隙 C 值可取小值；加工钢件时，C 值应取大值。

3）钻套内径与刀具的配合。钻套内径与刀具采用间隙配合的原则。根据刀具的种类和被加工孔的尺寸精度来确定内径的尺寸及其偏差。为防止加工时刀具和钻套咬死，钻套内径基本尺寸 d 应选择刀具最大极限尺寸。用于钻孔、扩孔的钻套内径可按 F7 制造。用于铰孔的钻套内径分两种情况：粗铰孔时取 G7；精铰孔时取 G6。

3. 钻模板

钻模板就是安装钻套的零件。按其与夹具体的连接方式不同，可分为固定式、铰链式、悬挂式、升降式和可拆式等。下面介绍前 3 种。

（1）固定式钻模板。钻模板和夹具体或支架固连在一起，两者之间没有相对运动。即钻模板上的钻套相对于夹具体或支架是固定的，所以加工的位置精度较高。

（2）铰链式钻模板。钻模板与夹具体为铰链连接，如图 1.69 所示。加工时，钻模板需用菱形螺母或其他方法予以锁紧。

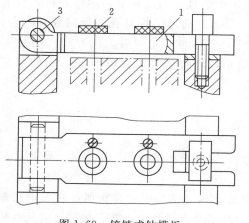

图 1.69　铰链式钻模板

1—钻模板；2—钻模；3—销轴

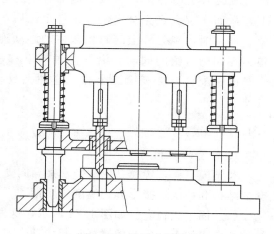

图 1.70　悬挂式钻模板

（3）悬挂式钻模板。若采用多轴传动头进行平行孔系加工时，所用的钻模板需悬挂在多轴传动箱上，并随机床主轴往复移动，故称为悬挂式钻模板。图 1.70 为用于立式钻床上的多轴传动头及悬挂钻孔夹具。钻模板装在两根导柱上，从而确定了钻模板相对于夹具体的位置。随着机床主轴下降，钻模板压在工件上，并借助弹簧的压力将工件压紧。机床主轴继续下降，钻头进行钻孔。钻削完毕，钻头退出工件，钻模板也随机床主轴上升，恢复到原始位置。这样，装卸工件时可省去移开钻模板的时间。因钻模板的定位采用活动连接，所以被加工孔与定位基准间尺寸误差较大，精度只能达到 $\pm (0.2 \sim 0.25)$ mm。

1.4.4 镗床夹具

镗床夹具又称为镗模，主要用来加工箱体、支座类零件上的精密孔或孔系。广泛应用于各类镗床上，也可用于车床、摇臂钻床及组合机床上。

1.4.4.1 镗床夹具的主要类型

（1）前后双支承镗床夹具。图 1.71 为镗削泵体上两个相互垂直的孔及端面用的夹具。夹具经找正后紧固在卧式镗床的工作台上，可随工作台一起移动和转动。工件以 A、B 面在支承板上定位，C 面在挡块上定位，实现六点定位。夹紧时先用螺钉将工件预压后，再用 4 个钩形压板 5 压紧。两镗杆的两端均有镗套支承和导向。镗好一个孔后，镗床工作台回转 90°，再镗第二个孔。夹具上设有起吊螺栓，便于夹具的吊装和搬运。

镗刀块的装卸和调整在镗套与工件间的空当内进行。这种夹具前后有双支承引导，所以镗杆刚度较好，且镗杆和镗床主轴采用浮动连接，镗孔的位置精度主要取决于镗模精度，机床主轴只起传递转矩的作用。

（2）采用导向轴的镗孔夹具。图 1.72 为采用导向轴的镗孔夹具，用于加工箱体盖的两个平行孔 $\phi 100H9$，箱体盖的工序简图如图 1.73 所示。

这种夹具可紧固在立式镗床或摇臂钻床的工作台上。工件以底平面为主要定位基准，安装在夹具体上，另以两侧面分别为导向、止推定位基准，定位在 3 个可调支承钉上，从而实现六点完全定位。工件定位后，转动 4 个螺母，通过 4 个钩形压板将工件夹紧。加工时，镗刀杆上端与机床主轴浮动连接，下端以 $\phi 35H7$ 圆柱孔与导向轴相配合。镗刀在切削进给的同时，沿导向轴向下移动。当一个孔加工完毕后，镗刀杆再与另一个导向轴配合，加工第二个孔。这种夹具结构简单，定位合理，夹紧可靠，工件安装方便。

1.4.4.2 镗套

1. 镗套的结构

和钻模一样，镗模是依靠镗套来导向支撑刀具，保证被加工孔加工精度的。因此，镗套的结构和精度直接影响到镗削的质量。

（1）固定式镗套。如图 1.74 所示，这种镗套的结构与钻模中钻套相似，它固定在镗模的导向支架上，不能随镗杆一起转动。刀具或镗杆本身在镗套内，既有相对转动又有相对移动。由于它具有外形尺寸小、结构简单、中心位置准确的优点，所以在一般扩孔、镗孔（或铰孔）中得到了广泛的应用。

为了减轻镗套与镗杆的工作表面的磨损，可以采取以下措施。

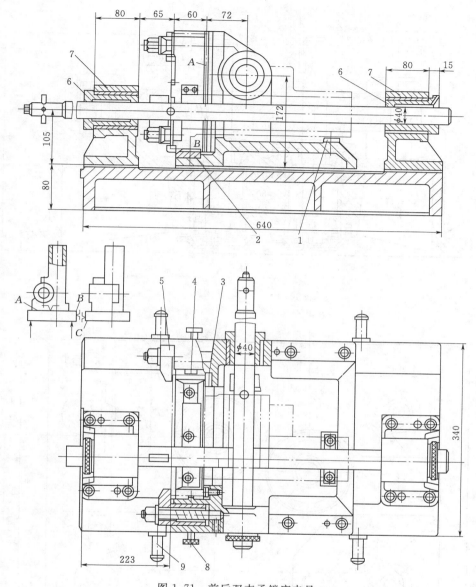

图 1.71 前后双支承镗床夹具

1～3—支承板；4—挡块；5—钩形压板；6—镗套；7—镗模支架；8—螺钉；9—起吊螺栓

1）镗套的工作表面应开油槽（直槽或螺旋槽）。润滑油从导向支架上的油杯滴入。

2）在镗杆上滴油润滑或在镗杆上开油槽（直槽或螺旋槽）。

3）在镗杆上镶淬火钢条。这种结构的镗杆与镗套的接触面不大，工作情况较好。

4）镗套上自带润滑油孔，用油枪注油润滑（图 1.74 中的 B 型）。

5）选用耐磨的镗套材料，如青铜、粉末冶金等。

（2）回转式镗套。当采用高速镗孔，或镗杆直径较大、线速度超过 20m/min，一般采用回转镗套，如图 1.75 所示。这种镗套的特点是：刀杆本身在镗套内只有相对移动而

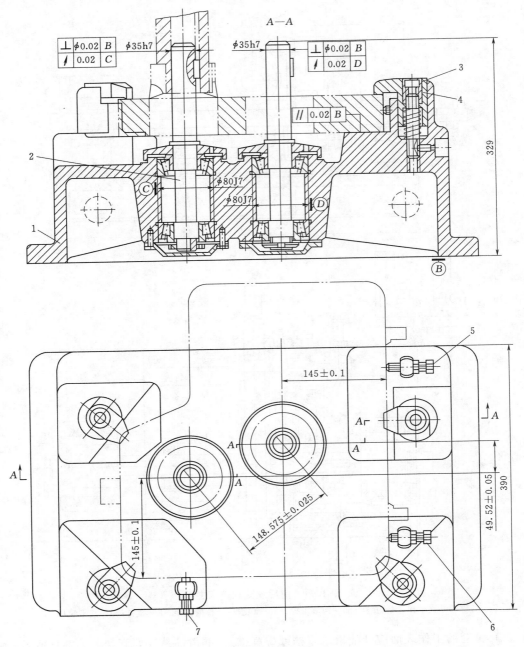

图 1.72 采用导向轴的镗床夹具

1—夹具体；2—导向轴；3—钩形压板；4—螺母；5～7—可调支承钉

无相对转动。这种镗套与刀杆之间的磨损很小，避免了镗套与镗杆之间因摩擦发热而产生"卡死"的现象，但回转部分要得到充分的润滑。

上述两种镗套的回转部分可分为滑动轴承或滚动轴承，所以，又可把回转式镗套分为滑动回转镗套和滚动回转镗套。图 1.76 是常用内滚式镗套结构。

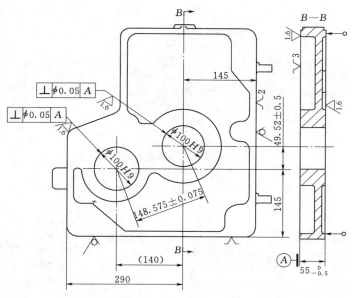

图 1.73 箱体盖工序图

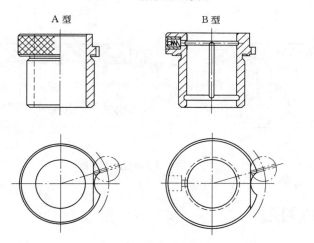

图 1.74 固定镗套图

2. 镗套的公差与配合

镗套的公差与配合可参见表 1.3。

表 1.3 镗套的配合精度

工艺方法	固定式镗套	外滚式镗套	内滚式镗套
粗镗	H7/h6、H7/g6、H7/h6、H7/n6	H7/h6	K7/js6
粗铰	G7/h6、H7/h6、H7/g6	H7/h6	K7/js6
精镗	H6/h5、H6/g5	H6/j6、H6/k5	H7/k6、H6/g5
精铰	H6/h5、H7/r6、H7/n6	H6/j6、H6/k5	H7/k6、H6/g5

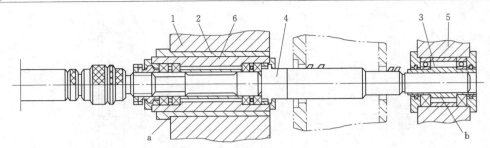

图 1.75　两种回转式镗套结构

a—内滚式镗套；b—外滚式镗套

1、5—导向支架；2、3—导套；4—镗杆；6—导向滚动套

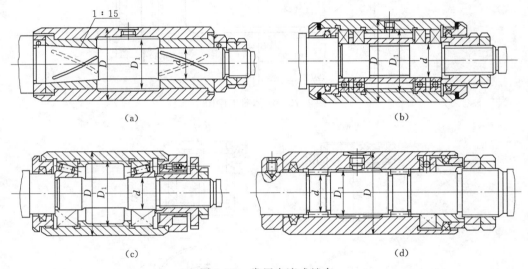

(a)　　　　　　　　　　　　　(b)

(c)　　　　　　　　　　　　　(d)

图 1.76　常用内滚式镗套

1.5　思考与练习题

1.1　什么是机床夹具？它由哪几部分组成？各起什么作用？

1.2　固定支承有哪几种形式？各适用什么场合？

1.3　自位支承有何特点？

1.4　什么是可调支承？什么是辅助支承？它们有什么区别？

1.5　何谓定位误差？定位误差是由哪些因素引起的？定位误差的数值一般应控制在零件公差的什么范围内？

1.6　试分析 3 种基本夹紧机构的优、缺点。

1.7　试分析图 1.77 中各工件需要限制的自由度、工序基准及选择定位基准。

1.8　如图 1.78 所示，精镗活塞销孔的加工要求为：①活塞销孔轴线至顶面的尺寸为 56mm±0.08mm；②销孔对裙部外圆的对称度公差为 0.2mm。若机床夹具采用内止口（短定位套）和平面支承定位，试分析计算工序尺寸和对称度的定位误差。

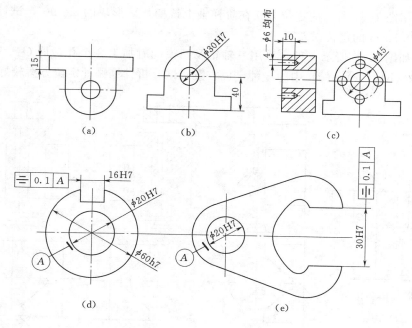

图 1.77 题 1.7 图

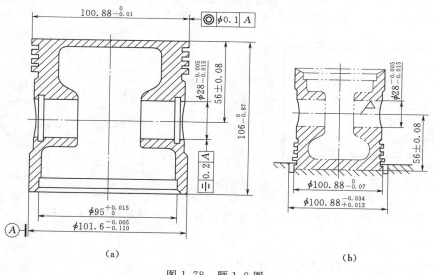

图 1.78 题 1.8 图

1.9 在图 1.79（a）所示的圆柱体上钻 $\phi 8$mm 轴向孔，其加工要求如图 1.79（a）所示。试计算 3 种定位方案［图 1.79（b）、（c）、（d）］的定位误差并分析定位质量。

1.10 在一箱体零件上加工孔 $\phi 107$H7 和平面 P，其加工要求如图 1.80 所示。箱体零件采用一面两孔定位，两个工艺孔直径为 $16^{+0.027}_{0}$ mm；孔中心距为 336mm ± 0.04mm。夹具定位销：圆柱定位销直径为 $16^{+0.006}_{-0.017}$mm；菱形定位销直径为 $\phi 16^{-0.025}_{-0.036}$mm。圆柱定位销与 A 孔配合，菱形定位销与 B 孔配合。分析计算加工孔和平面时产生的定位误差。

1.11 用图 1.81 所示的定位方式在阶梯轴上铣槽，V 形块的 $\alpha = 90°$，试计算加工尺寸 74mm±0.1mm 的定位误差。

1.12 如图 1.82 所示工件，采用三轴钻及钻模同时加工 3 个孔，即 O_1、O_2 和 O_3。采用图 1.82 （b）、（c）、（d）中的 3 种定位方案，试分析计算哪种定位方案较好？

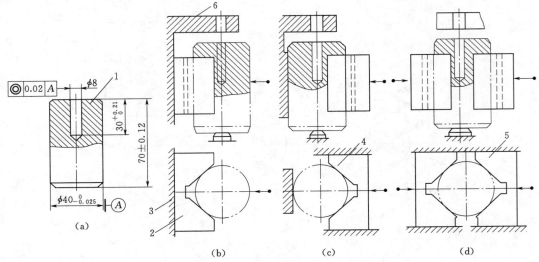

图 1.79 在圆柱体上钻轴向孔的定位误差
1—工件；2、4、5—V 形块；3—夹具体；6—导向元件

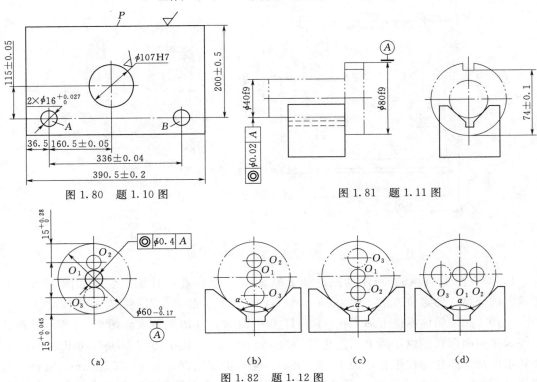

图 1.80 题 1.10 图   图 1.81 题 1.11 图

图 1.82 题 1.12 图

项目2 轴类零件加工

【教学目标】

1. 终极目标

会编制轴类零件的机械加工工艺。

2. 项目目标

（1）会分析轴类零件工艺性能，并选定机械加工的内容。

（2）会选用轴类零件的毛坯，并确定加工方案。

（3）会确定轴类零件的加工顺序。

（4）会确定轴类零件的切削用量。

（5）会制定轴类零件的机械加工工艺文件。

【工作任务】

（1）传动轴的机械加工工艺分析。

（2）制定传动轴的机械加工工艺文件。

传动轴零件图如图2.1所示。

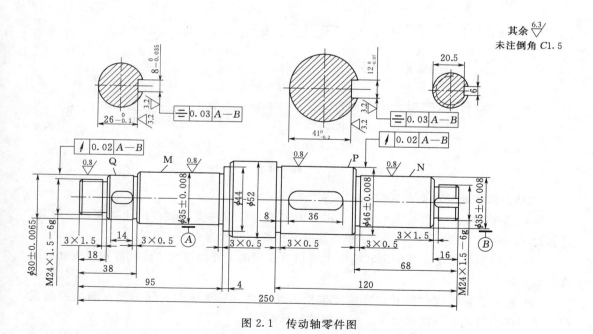

图 2.1　传动轴零件图

2.1 轴类零件机械加工工艺

2.1.1 轴类零件的功用及结构特征

1. 轴类零部件功用

轴类零件是机器中最常见的一类零件，它主要具有以下功能。

（1）支撑传动零件。

（2）传递扭矩。

2. 轴类零件的特点

轴式旋转体零件，主要特点是：长度大于直径；加工表面为内外圆柱面、圆锥面、螺纹、花键、沟槽等；有一定的回转精度。

3. 轴类零件的分类

轴类零件根据其结构不同，可分为光滑轴、阶梯轴、空心轴、异形轴（曲轴、齿轮轴、偏心轴、十字轴、凸轮轴、花键轴等），如图 2.2 所示。

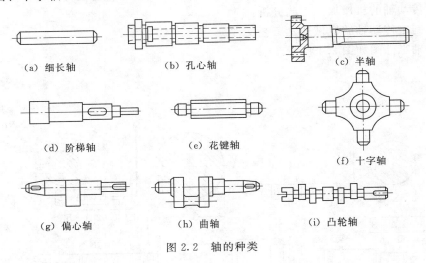

（a）细长轴	（b）孔心轴	（c）半轴
（d）阶梯轴	（e）花键轴	（f）十字轴
（g）偏心轴	（h）曲轴	（i）凸轮轴

图 2.2 轴的种类

4. 轴类零件的技术要求

（1）尺寸精度。一类是支承轴颈，用于确定轴的位置并支承轴，尺寸精度要求较高，通常为 IT5～IT7；另一类为配合轴颈，其精度稍低，通常为 IT6～IT9。

（2）几何形状精度。几何形状精度主要指轴颈表面、外圆锥面、锥孔等重要表面的圆度、圆柱度。

（3）相互位置精度。相互位置精度包括内外表面、重要表面的同轴度、圆的径向跳动、重要端面对轴心线的垂直度、端面间的平行度等。

（4）表面粗糙度。轴的加工表面都有粗糙度的要求，一般根据加工的可能性和经济性来确定。支承轴颈常为 0.2～1.6μm，传动件配合轴颈为 0.4～3.2μm。

（5）其他。其他的要求主要有热处理、倒角、倒棱及外观修饰等。

5.轴类零件选材、毛坯和热处理

（1）轴类零件选材。常用的轴类材料是45钢。精度较高的轴可选用40Cr、轴承钢GCr15、弹簧钢65Mn，也可选用球墨铸铁；对高速、重载的轴，可选用20CrMnTi、20Mn2B、20Cr等低碳合金钢或38CrMoAl氮化钢；对中等精度而且转速较高的轴，可选用40Cr等合金结构钢。

（2）轴类零件毛坯。轴类零件的毛坯常用圆棒料和锻件。大型轴或结构复杂的轴采用铸件。毛坯经过加热锻造后，可使金属内部纤维组织沿表面均匀分布，获得较高的抗拉、抗弯及抗扭强度。

（3）轴类零件热处理。锻造毛坯在加工前，均需安排正火或退火处理，使钢材内部晶粒细化，消除锻造应力，降低材料硬度，改善切削加工性能。

调质一般安排在粗车之后、半精车之前，以获得良好的物理力学性能。

表面淬火一般安排在精加工之前，这样可以纠正因淬火引起的局部变形。

精度要求高的轴，在局部淬火或粗磨之后，还需进行低温时效处理。

2.1.2 轴类零件机械加工工艺过程分析

深入分析轴类零件的结构特点和技术要求，按照生产批量、工人技术水平以及设备条件等，可拟定其机械加工工艺过程。

轴类零件机械加工的主要工艺问题就在于防止弯曲变形，残余应力和微观裂纹的产生，这也是工艺的关键问题。

1.典型的轴类零件的机械加工工艺路线

轴类零件的主要加工表面是内外圆柱表面、键槽及螺纹等，所以加工方法主要就是车削、铣削、磨削以及热处理等。

例如，对于IT7级公差等级、表面粗糙度$Ra0.8\sim0.4\mu m$的一般传动轴，其典型机械加工工艺路线是：正火→车端面钻孔中心孔→粗车各表面→精车各表面→铣花键、键槽→热处理→修研中心孔→粗磨外圆→精磨外圆→检验。

针对上述工艺进行分析，具体如下。

（1）中心孔是轴类零件加工全过程中使用的定位基准。中心孔的质量极大地影响加工精度。因而，必须安排修研中心孔工序。一般情况下，在车床上用金刚石或者硬质合金顶尖加压进行修研中心孔。

（2）次要表面的加工，如键槽、花键，一般安排在外圆精车后、磨削前进行。如果在精车前铣出键槽，在精车时由于不连续切削产生的振动将会影响加工质量，同时容易损坏刀具，键槽尺寸难以保证。当然，也不宜安排在外圆精磨后，避免对外圆表面的加工精度和表面质量进行破坏。

（3）在轴类零件的加工过程中，为了保证其力学性能和加工精度以及改善工件的切削加工性，应该安排必要的热处理工序。一般地，毛坯锻造后安排正火工序，而调质则安排在粗加工后进行，便于消除粗加工产生的残余应力及获得良好的综合力学性能。淬火工序则安排在磨削前。

2. 轴类零件的加工定位基准和装卡

轴类零件的加工定位基准主要有外圆和中心孔两种。

（1）以工件的两端中心孔为定位基准。轴类零件的各外圆表面、锥孔、螺纹表面的同轴度，断面对轴线的垂直度是其相互位置精度的主要项目，而这些表面的设计基准一般都是轴的轴线。故而，采用两中心孔定位，则符合基准重合原则。此外，中心孔不仅是车削时的定位基准，也是其他加工工序的定位基准和检验基准，这一点又符合基准统一原则。当采用两中心孔定位时，还能够最大限度地在一次装卡中加工出多个外圆表面和断面。

（2）以外圆和中心孔作为定位基准（一夹一顶）。用两中心孔定位虽然定位精度高，但刚性差，尤其是加工较重的工件时不够稳固，切削用量也不能太大。粗加工时，为了提高工艺系统的刚度，可采用轴的外圆表面和一个中心孔作为定位基准来加工。这种定位方法能承受较大的切削力矩，是轴类零件最常用的一种定位方法。

（3）以两个外圆表面作为定位基准。在加工空心轴的内孔时，不能采用中心孔作为定位基准，可用轴的外圆表面作为定位基准。当工件是机床主轴时，常以两支承轴颈（装配基准）为定位基准，可保证锥孔相对支承轴颈的同轴度要求，以消除基准不重合而引起的误差。

（4）以带有中心孔的锥堵作为定位基准。在加工空心轴的外表面时，往往还采用锥堵或锥套心轴作为定位基准（图 2.3）。锥堵或锥套心轴应具有较高的精度，锥堵或锥套心轴上的中心孔既是其本身制造的定位基准，又是空心轴外圆精加工的基准，因此，必须保证锥堵或锥套心轴上的锥面与中心孔有较高的同轴度。在装卡中应尽量减少锥堵的安装环节，减少重复安装误差。实际生产中，锥堵安装后，中途加工一般不得拆下和更换，直至加工完毕。若外圆和锥孔需反复多次、互为基准进行加工，则在重装锥堵或锥套心轴时，必须按外圆找正或重新修磨中心孔。

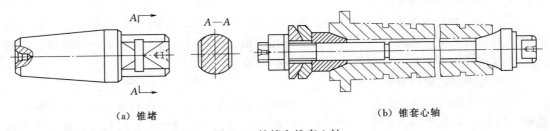

（a）锥堵　　　　　　　　　　　　　　　　（b）锥套心轴

图 2.3　锥堵和锥套心轴

2.1.3　机械加工工艺制定的基本概念

2.1.3.1　生产过程与加工工艺过程的组成

1. 生产过程

从原料或半成品到成品制造出来的各有关劳动过程的总和称为工厂的生产过程。

生产过程主要包含以下内容。

（1）原材料（或半成品）、元器件、标准件、工具、工艺装备、设备的购置、运输、检验和保管。

（2）生产准备工作，如编制工艺文件、专用工艺装备及设备的设计与制造等。

（3）毛坯制造。

（4）零件的机械加工及热处理。

（5）产品装配和调试、性能试验以及产品的包装、运输等工作。

（6）生产过程往往由许多工厂或工厂的许多车间联合完成，这有利于专业化生产，从而提高生产率、保证产品质量以及降低生产成本。

2. 加工工艺过程

在生产过程中凡直接改变生产对象的尺寸、形状、性能（包括物理性能、化学性能、力学性能等）以及相对位置关系的过程，统称为工艺过程。图 2.4 所示为阶梯轴的毛坯和成品。表 2.1 则是该阶梯轴的加工工艺过程。

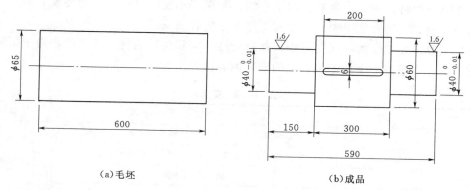

（a）毛坯　　　　　　　　　　　　（b）成品

图 2.4　阶梯轴

表 2.1　　　　　　　　　　　　　　该阶梯轴的加工工艺过程

工序号	工序名称	工作地点
1	铣端面、钻中心孔	专用机床
2	车外圆	车床
3	铣键槽	立式铣床
4	磨外圆	磨床
5	去毛刺	钳工台

加工工艺过程可分为铸造、锻造、冲压、焊接、机械加工、装配等。本课程只研究机械加工工艺过程和装配工艺过程，铸造、锻造、冲压、焊接、热处理等在另外的专业基础课程中研究。

2.1.3.2　机械加工工艺过程

1. 定义

采用机械加工的方法，直接改变毛坯的形状、尺寸和表面质量使其成为零件的过程，以下简称工艺过程。

2. 机械加工工艺过程的组成

工艺过程由一系列顺序安排的加工方法即工序组成。

（1）工序。工序是指一个（或一组）工人在一个工作地点（如一台机床或一个钳工台），对同一个（或同时对几个）零件进行加工所连续完成的那部分工艺过程。

划分是否为同一工序的主要依据：工作地点（或机床）是否变动和加工是否连续。

工序是组成工艺过程的基本单元，也是生产计划和经济核算的基本单位。

工序又由安装、工位、工步和走刀等组成。

（2）安装。安装是指将工件在机床或夹具中定位后加以夹紧的过程。

工件在加工前，先要把工件位置放准，确定工件在机床上或夹具中占有正确位置的过程，称为定位。

工件定位后将其固定，使其在加工中的位置保持不变的操作，称为夹紧。

例如，表2.2为表2.1中工序2和工序3中包含的安装。

（3）工位。在工件的一次安装中，通过分度（或移位）装置，使工件相对于机床床身变换加工位置，把每一个加工位置上的安装内容称为工位。

表 2.2   **工 序 和 安 装**

工序号	安装号	安装内容	设备
2	1	车小端面，钻小端中心孔。粗车小端外圆，倒角	车床
	2	车大端面，钻大端中心孔。粗车大端外圆，倒角	
	3	精车大端外圆	
	4	精车小端外圆	
3	1	铣键槽，手工去毛刺	铣床

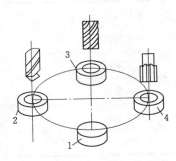

图 2.5 多工位回转工作台
1—装卸工件；2—钻孔；
3—扩孔；4—铰孔

简单来说，工件相对于机床或刀具每占据一个加工位置所完成的那部分工序内容，称为工位。

图2.5所示为在一个多工位回转工作台上加工孔，钻孔、扩孔、铰孔各位一个加工内容，装卡一次产生一个合格的零件。该加工共4个工位，即装卸工件、钻孔、扩孔和铰孔。

（4）工步。工步指加工表面不变、加工工具不变、切削用量中的进给量和切削速度不变的情况下所完成的那部分工序内容。

注意：组成工步的任意因素（刀具、切削用量、加工表面）改变后为另一工步。

连续进行的若干相同的工步，为简化工艺，习惯看作是一个工步。

为了提高生产率，常采用复合刀具或多刀加工，这样的工步称为复合工步。

（5）走刀。被加工的某一表面，由于余量较大或其他原因，在切削用量不变的条件下，用同一把刀具对它进行多次加工，每加工一次称一次走刀。

一个工步可以包括一次或数次走刀，走刀是构成工艺过程的最小单元。

注意：

为了便于工艺规程的编制、执行和生产组织管理，需要把工艺过程划分为不同层次的单元。它们是工序、安装、工位、工步和走刀。

其中工序是工艺过程中的基本单元。

零件的机械加工工艺过程由若干个工序组成。

在一个工序中可能包含有一个或几个安装。

每一个安装可能包含一个或几个工位。

每一个工位可能包含一个或几个工步。

每一个工步可能包括一个或几个走刀。

2.1.3.3 生产纲领与生产类型及其工艺特征

不同的生产类型，其生产过程和生产组织，车间的机床布置，毛坯的制造方法，采用的工艺装备、加工方法以及工人的熟练程度等都有很大不同，因此在制定工艺路线时必须明确该产品的生产类型。

1. 生产纲领

生产纲领是指企业在计划期内应生产的产品数量。计划期通常定为一年。

零件的生产纲领，包括备品和废品在内的年生产量，由下式计算，即

$$N = Qn(1 + a\%)(1 + b\%)$$

式中　N ——零件的生产纲领，件/年；

　　　Q ——该零件所属产品的年产量，台/年；

　　　n ——单台产品中该零件的数量，件/年；

　　　a ——备品率，%；

　　　b ——废品率，%。

2. 生产类型

生产类型是指企业（或车间、工段、班组等）生产专业化程度的分类。

根据生产纲领和产品的大小，可划分为以下3种。

（1）单件生产。单个地生产不同结构和尺寸的产品。其特点是产品的种类繁多。

（2）大量生产。同一产品数量很大，大多数工作地点重复进行某一零件的某一道工序的加工。其特点是产量大、工作地点的加工对象较少改变、加工过程重复。

按批量大小，成批生产又可分为小批量生产、中批量生产、大批量生产3种类型。

1）小批量生产：生产特点与单件生产基本相同。

2）大批量生产：生产特点与大量生产相同。

3）中批量生产：生产特点介于小批量生产和大批量生产之间。

（3）成批生产。一年中分批轮流制造几种不同的产品，每种不同的产品都有一定的数量，工作地点的加工对象周期地重复。特点是有一定的生产数量、加工对象周期性改变、加工过程周期性重复。

不同的生产类型具有不同的工艺特点，即在毛坯制造、机床及工艺装备的选用、经济效果等方面均有明显区别。

各种生产类型的大致划分见表 2.3。

表 2.3　　　　　　　　　　　生产类型的大致划分

生产类型	定义	特点
单件生产	单个的生产不同结构和尺寸的产品	产品的种类繁多
大量生产	同一产品数量很大，大多数工作地点重复进行某一零件的某一道工序的加工	产量大；工作地点的加工对象较少改变；加工过程重复
成批生产	一年中分批轮流制造几种不同的产品，每种不同的产品都有一定的数量，工作地点的加工对象周期地重复	有一定的生产数量；加工对象周期性改变；加工过程周期性重复

各种生产类型的工艺过程的主要特点列于表 2.4 中。

表 2.4　　　　　　　　　各种生产类型的工艺过程的主要特点

特点	单件生产	成批生产	大量生产
零件互换性	用修配法，钳工修配，缺乏互换性	具有互换性，装配精度要求高时，灵活应用分组装配法和调整法，同时还保留某些修配法	具有广泛的互换性，少数装配精度较高，采用分组装配法和调整法
毛坯制造与加工余量	木模手工制造或自由锻造毛坯，精度低，加工余量大	部分采用金属模铸造和模锻，毛坯精度和加工余量中等	广泛采用金属模机器造型、模锻或其他高效方法，毛坯精度高、加工余量小
机床设备及布置	通用机床，按机床类别采用机群式布置	部分通用机床和高效机床按工件类别分工段排列设备	广泛采用高效专用机床及自动机床，按流水线和自动线排列设备
工艺装备	大多采用通用夹具、标准附件、通用刀具和万能量具，靠划线和试切法达到精度要求	广泛采用夹具，部分靠找正装夹达到精度要求，较多采用专用夹具和量具	广泛采用高效专用夹具、复合刀具、专用量具或自动检验装置，靠调整法达到精度要求
工人要求	需技术水平较高的工人	需一般技术水平的工人	对调整工的技术水平要求较高，对操作工的技术水平要求较低
工序文件	有工艺过程卡片	有工艺过程卡片，关键工序的工序卡片	有工艺过程卡片和工序卡片，关键工序需要调整卡和检验卡
成本	较高	中等	较低

2.1.3.4 机械加工工艺规程概述

1. 定义

零件机械加工工艺规程是规定零件机械加工工艺过程和操作方法等的工艺文件。

工艺规程的内容一般有零件的加工工艺路线、各工序基本加工内容、切削用量、工时定额及采用的机床和工艺装备等。

2. 工艺规程的作用

（1）工艺规程是指导生产的主要技术文件。

（2）工艺规程是组织和管理生产的基本依据。

（3）工艺规程是新建或扩建工厂或车间的基本资料。

总之，零件的机械加工工艺规程是每个机械制造厂或车间必不可少的技术文件。生产前用它做生产准备，生产中用它做生产指挥，生产后用它做生产检验。

3. 工艺规程的格式

为了适应工业发展的需要，加强科学管理和便于交流，我国机械行业标准《工艺规程格式》（JB/T 9165.2—1998）规定了工艺规程的统一格式，其中最常用的机械加工工艺规程是机械加工工艺过程卡片和机械加工工序卡片。

（1）机械加工工艺过程卡。其格式见表2.5。此卡片是以工序为单位，零件整个加工工艺过程包括工序号、工序名称、工序内容、加工车间、设备及工艺装备、各工序时间定额等。多作为生产管理使用，单件小批生产。

表 2.5　　　　　机械加工工艺过程卡片（零件整个加工工艺过程）

厂名				产品型号		零件图号		共　页	
	机械加工工艺过程卡			产品名称		零件名称		第　页	
材料牌号		毛坯种类		毛坯外形尺寸		每料件数	每台件数	毛重	
								净重	
工序	工序名称	工序内容		车间	工段	设备	工艺装备	工时	
								单件	准终
更改									
编制		抄写		校对		审核		批准	

注　此表主要用于单件小批量生产。

（2）机械加工工艺卡。其格式见表2.6。此卡片有详细的零件工艺过程，不但包含了工艺过程卡片的内容，而且详细说明了每一工序的工位及工步的工作内容，对于复杂工序，还要绘出工序简图、标注工序尺寸及公差等。适用于批量生产的零件和小批生产的重要零件。

表 2.6　　　　　　　　　机械加工工艺卡片（详细零件工艺过程）

厂名				产品型号		零件图号			共　页	
机械加工工艺卡				产品名称		零件名称			第　页	
材料性能		毛坯种类		毛坯外形尺寸		每料件数		每台件数	毛重	备注
									净重	
工序	装夹	工步	工序内容	加工车间	切削用量			设备名称及编号	工艺装备名称			技术等级	工时定额	
					背吃刀量	切削速度	进给量		夹具	刀具	量具		准终	单件
更改内容										
编制			审核			会签			批准	

注　此表用于中批量和大批量生产。

（3）机械加工工序卡。其格式见表 2.7。此卡片为工序简图，该工序的加工表面及应达到的尺寸精度和表面粗糙度要求、工件的安装方式、切削用量、工装设备等。具体指导工人操作，适用于大批大量生产。

表 2.7　　　　　　　　　机械加工工序卡（具体指导工人操作）

厂名				产品型号		零件图号		共　页	
机械加工工序卡				产品名称		零件名称		第　页	
材料	牌号	毛坯种类	毛坯外形尺寸	每料件数	每台件数	每批件数	重量	毛重	
	性能							净重	

车间	工序号	工序名称	材料硬度
设备型号	设备编号	设备名称	切削液
夹具名称	夹具编号		工序工时
		单件	准终

（工序简图）

工件以细实线绘制大致轮廓，以粗实线绘制加工部分，并以符号表示定位与夹紧，标出本工序加工尺寸、表面粗糙度及形位公差

工步号	工步内容	工艺装备	主轴转速	切削速度	进给量	背吃刀量	走刀次数	机动	辅助
更改内容									
编制		抄写		校对		审核		批准	

注　此表用于大批量生产中的重要工序。

4. 工艺规程所需要的原始资料

（1）产品装配图、零件图。

（2）产品质量验收标准。

（3）产品的年生产纲领。

（4）毛坯材料和毛坯生产条件。

（5）制造厂的生产条件，包括：机床设备和工艺装备的规格、性能和现在的技术状态，工人的技术水平，工厂自制工艺装备的能力以及工厂供电、供气的能力等有关资料。

（6）工艺规程设计、工艺装备设计所用设计手册和有关标准。

（7）国内外先进制造技术资料等。

5. 制定工艺规程的原则

在保证产品质量的前提下，以最快的速度、最少的劳动消耗和最低的费用，可靠加工出符合设计图纸要求的零件。同时，还应在充分利用本企业现有生产条件的基础上，尽可能保证技术上先进、经济上合理，并且有良好的劳动条件。

6. 制定工艺规程的步骤

（1）分析零件工作图和产品装配图，进行零件结构工艺性分析。

（2）确定毛坯，包括选择毛坯类型及其制造方法。

（3）选择定位基准或定位基面。

（4）拟定工艺路线。

（5）确定加工余量和工序尺寸及其公差。

（6）确定各工序的切削用量和时间定额，并进行技术经济分析，选择最佳工艺方案。

（7）确定各工序需用的设备、刀夹量具和辅助工具。

（8）确定各主要工序的技术要求及检验方法。

（9）填写工艺文件。

2.1.3.5　零件的工艺性分析

1. 分析零件图

（1）检查零件的完整性和正确性，审查零件图上的尺寸标注是否完整、结构表达是否清楚。

（2）零件的技术要求分析。

1）零件加工表面的尺寸精度。

2）主要加工表面的形状精度。

3）主要加工表面间的相互位置精度。

4）表面粗糙度、表面微观质量、热处理要求。

5）其他要求。

（3）审查零件材料选用是否恰当。材料的选择既要满足产品的使用要求，又要考虑产品成本，尽可能采用常用材料，少用贵重金属。

2. 零件的结构工艺性分析

零件的结构工艺性是指所设计的零件在满足使用要求的前提下，制造的可行性和经济性。

良好的结构工艺性就是在满足使用性能的前提下，能以较高的生产率和最低的成本方便地加工出来。

(1) 机械加工对零件局部结构工艺性的要求。机械加工对零件局部结构工艺性的要求举例如下。

1) 便于刀具的进入和退出。在车螺纹、刨平面、插齿形、磨削等工序加工时必须设计空刀槽，以方便进刀和退刀。

图2.6为边缘孔的钻削。图2.6 (a) 的结构不便于刀具的进入。采用图2.6 (b) 所示结构，可采用标准刀具，提高加工精度。

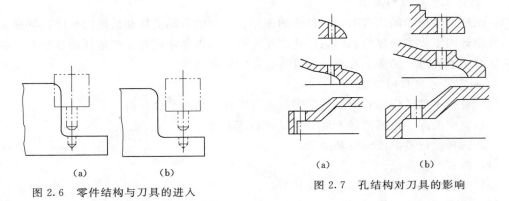

图2.6　零件结构与刀具的进入

图2.7　孔结构对刀具的影响

2) 保证刀具的正常工作。图2.7所示为各种孔结构对刀具的影响。图2.7 (a) 所示结构，孔的入口端或出口端是斜面或曲面，钻孔时两个刀刃受力不均，易跑偏，而且钻头也容易损坏，宜改为图2.7 (b) 所示结构。

3) 保证能以较高的生产率加工。要保证能以较高的生产率加工，需要做到以下几点。

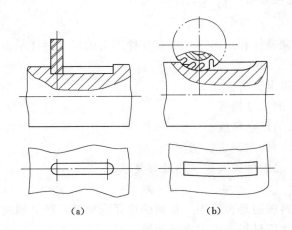

图2.8　两种不同的键槽结构形状对生产率的影响

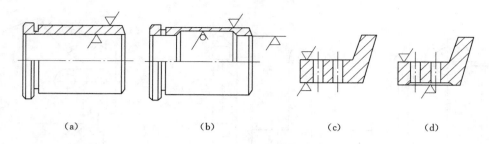

图 2.9　不同结构的不同加工面积

a. 被加工表面应尽量简单。图 2.8 所示为两种不同的键槽结构形状对生产率的影响。图 2.8（a）所示键槽形状只能用生产率较低的键槽铣刀加工，图 2.8（b）所示结构就能用生产率较高的三面刃铣刀加工。

b. 尽量减少加工面积。图 2.9 所示为不同结构的不同加工面积。图 2.9（b）所示结构比图 2.9（a）所示结构加工面积小，工艺性好。图 2.9（c）、（d）所示为箱体零件耳座结构，图 2.9（d）所示结构不但节省材料而且生产效率高，它的工艺性就优于图 2.9（c）所示结构。

c. 减少工件装夹次数。减少工件的装夹次数有利于提高切削效率，保证加工面之间的位置精度。图 2.10 所示为螺纹孔设计的改进。加工图 2.10 所示零件的螺纹孔，需做两次装夹，先钻孔 B、C，然后翻身装卡，再钻孔 A。如果设计允许，宜将孔 A 改成图 2.10 左上角的结构。

d. 尽量减少工作行程次数。

e. 应统一或减少尺寸种类，如图 2.11 所示。图 2.11（b）的轴上键槽尺寸统一，可减少刀具种类，缩短换刀时间。

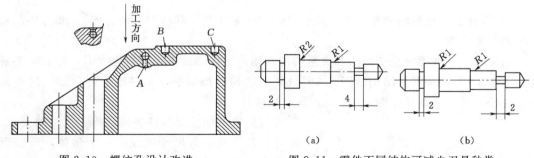

图 2.10　螺纹孔设计改进　　　　图 2.11　零件不同结构可减少刀具种类

4）避免深孔加工。图 2.12 所示为两种不同深度的孔。图 2.12（a）为深孔，加工难。采用图 2.12（b）的结构，不但可避免深孔加工，而且节约零件材料。

5）用外表面连接代替内表面连接。图 2.13（a）所示的箱体采用内表面连接，加工困难。改用图 2.13（b）所示的外表面连接，加工就比较容易（因为外表面加工比内表面加工容易）。

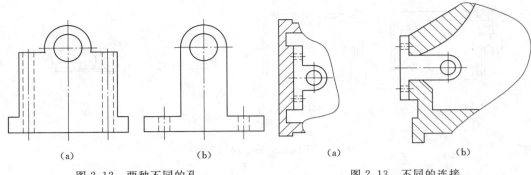

图 2.12　两种不同的孔　　　　　　　　　图 2.13　不同的连接

6）零件的结构应与生产类型相适应。图 2.14 为不同的孔系结构。在大批量生产中，图 2.14（a）所示箱体同轴孔系结构是工艺性好的结构；在单件小批量生产中，则认为图 2.14（b）是工艺性好的结构。这是因为在大批量生产中采用专用双面组合镗床加工，此机床可以从箱体两端向中间进给镗孔。采用专用组合镗床，一次性投资虽然较高，但因产量大，分摊到每个零件的工艺成本并不多，经济上仍是合理的。

7）有位置要求或同方向的表面能在一次装卡中加工出来。图 2.15 为不同位置的键槽。图 2.15（a）的两个键槽的尺寸、方位相同，可在一次装卡中同时加工出来，提高了生产率。

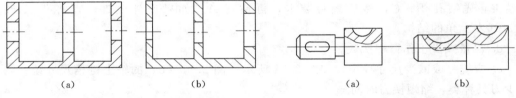

图 2.14　不同的孔系结构和不同的生产类型相适应　　　图 2.15　不同位置的键槽

8）零件要有足够的刚性。零件刚性高，便于采用高速和多刀切削。图 2.16 为增设加强筋提高零件刚度。

加工时，工件要承受切削力和夹紧力的作用，工件刚性不足易发生变形，影响加工精度。图 2.16 为两种零件结构。图 2.16（b）的结构有加强筋，零件刚性好，加工时不易产生变形，其工艺性就比图 2.16（a）所示结构好。

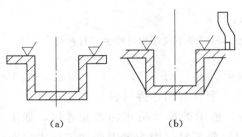

图 2.16　增设加强筋提高零件刚度

（2）机械加工对零件整体结构工艺性的要求。零件是各要素、各尺寸组成的一个整体，所以更应该考虑零件整体结构的工艺性，具体有以下几点要求。

1）尽量采用标准件、通用件。

2）在满足产品使用性能的条件下，零件图上标注的尺寸公差等级和表面粗糙度要求应取经济值。

70

3）尽量选用切削加工性好的材料。

4）有便于装卡的定位基准和夹紧表面。

5）节省材料，减轻重量。

2.1.4 毛坯的选择

零件加工过程中，工序的内容、工序数目、材料消耗、热处理方法、零件加工费用等都与毛坯的选料与制造方法、毛坯误差与余量有关。

1. 毛坯的种类

各种制造毛坯方法的特点见表 2.8。

（1）铸件。对形状复杂的毛坯，一般采用铸造的方法制造。目前大多数铸件采用砂型铸造，对尺寸精度要求较高的小型铸件，可采用特种铸造，如永久型铸造、精密铸造、压力铸造、熔模铸造和离心铸造。

（2）锻件。锻件毛坯由于经锻造后可得到连续和均匀的金属纤维组织，因此锻件的力学性能较好，常用于受力复杂的重要钢制零件。自由锻件的精度和生产率较低，主要用于小批量生产和大型锻件的制造。模型锻造件的尺寸精度和生产率较高，主要用于生产较大的中小型锻件。锻造方法及工艺特点见表 2.8。

（3）型材。型材主要有板材、棒材、线材等。采用的型材截面积形状有圆形、方形、六边形和特殊截面形状，其制造方法又可分为热轧和冷拉两大类。热轧型材尺寸较大，精度较低，用于一般机械零件。冷拉型材尺寸较小，精度较高，主要用于毛坯精度要求较高的中、小型零件。

（4）焊接件。焊接件主要用于单间小批量生产和大型零件及样机试纸。焊接件的优点是制造简单，生产周期短，可节省材料、减轻重量，但其抗震性能较差，变形较大，需经过时效处理后才能进行机械加工。

（5）其他毛坯。其他毛坯包括冲压件、粉末冶金件、冷挤件、塑料压制件等。

2. 选择毛坯时应考虑的因素

（1）零件材料的工艺性。材料的工艺性决定了其毛坯的制造方法，当零件的材料选定后，毛坯的类型就大致确定了。例如，铸铁、铸钢材料适合用铸造的方法获得毛坯；对于重要的钢制零件，为获得良好的力学性能，应选用锻造获得毛坯；形状简单、力学性能要求不高时可用型材毛坯；铸铝、铸铜等有色金属材料常用型材或铸造毛坯；焊接是快速获得毛坯的方法，但仅适宜于低碳钢。

（2）零件的生产纲领。大批量生产时宜采用精度和生产率高的毛坯制造方法，以减少材料消耗和机械加工余量，如用金属模铸造、熔模铸造、模锻、精密锻造等方法获得毛坯。而单件小批量生产时宜采用精度和生产率较低的生产方法，如手工造型、自由锻等方法获得毛坯。

（3）零件的结构、形状和尺寸。一般情况下，形状复杂的毛坯采用铸造方法制造；板状钢质零件多用锻件毛坯；轴类零件的毛坯，如果直径和台阶相差不大，可用棒料，如果台阶尺寸相差较大，为减少材料消耗和机械加工的工作量，宜选用锻件；尺寸大的零件一般选择自由锻造，中小型零件可考虑选择模锻件。

表 2.8　　　　　　　　　　　　　　各种制造毛坯方法的特点

毛坯制造方法	最大质量/kg	最小壁厚/mm	形状复杂性	材料	生产方式	公差等级IT	尺寸公差值/mm	表面粗糙度Ra/μm	其他
手工砂型铸造	不限制	3～5	最复杂	铁碳合金、有色金属及其合金	单件生产及小批量生产	14～16	1～8	—	余量大,一般为1～10mm;由砂眼和气泡造成的废品率高;表面有结砂硬皮,且结构颗粒大;适于铸造大件;生产率很低
机械砂型铸造	至250	3～5	最复杂			14左右	1～3	—	生产率比手工砂型高数倍至数十倍;设备复杂;但要求工人的技术低;适于制造中小型铸件
永久型铸造	至100	1.5	简单或平常		大批量生产及大量生产	11～12	0.1～0.5	12.5	生产率高,因免去每次制造铸型;单边余量一般为1～3mm;结构细密,能承受较大压力;占用生产面积小
离心铸造	通常200	3～5	主要是旋转体			15～16	1～8	12.5	生产率高,每件只需2～5min;力学性能好且少砂眼;壁厚均匀;不需泥芯和浇筑系统
压铸	10～16	0.5(锌)1.0(其他合金)而定	由模子制造难易而定	锌、铝、镁、铜、锡、铅各种金属的合金		11～12	0.05～0.15	6.3	生产率最高,每小时可制50～50件;设备昂贵;可直接制取零件或仅需少许加工
熔模铸造	小型零件	0.8	非常复杂	适于切削困难的材料	单件生产及成批生产		0.05～0.2	25	占用生产面积小,每套设备需30～40m²;铸件力学性能好,便于组织流水线生产;铸造延续时间长,铸件可不经加工
壳模加工	至200	1.5	复杂	铸铁和有色金属	小批至大量	12～14	12.5～6.3	生产率高,一个制砂工班生产0.5～1.7t;外表面加工余量为0.25～0.5mm;孔加工余量最小为0.08～0.25mm;便于机械化和自动化生产;铸件无硬皮
自由锻造	不限制	不限制	简单	碳素钢、合金钢	单件及小批量生产	14～16	1.5～2.5	—	生产率低且需高级技工;加工余量大,为3～30mm;适用于机械修理厂和重型机械厂的锻造车间
模锻(利用锻锤)	通常至100	2.5	由锻模制造难易而定	碳素钢、合金钢	成批及大量生产	12～14	0.4～2.5	12.5	生产率高且不需高级技工;材料消耗少;锻件力学性能好、强度增高
精密锻造	通常至100	1.5	由锻模制造难易而定	碳素钢、合金钢	成批及大量生产	11～12	0.05～0.1	6.3～3.2	生产率高且不需高级技工;材料消耗少;锻件力学性能好、强度增高

（4）与现有生产条件相适应。确定毛坯时，必须结合具体的生产条件，如现场毛坯制造的实际水平和能力、外协的可能性等。

（5）充分利用新工艺、新材料。为节约材料和能源，提高机械加工生产率，应充分考虑精密锻造、冷轧、冷挤压、粉末冶金和工程塑料等在机械中的应用，这样，可大大减少机械加工量，甚至不需要进行机械加工，大大提高了经济效益。

3. 毛坯的形状和尺寸

毛坯的形状和尺寸主要由零件组成表面的形状、结构、尺寸及加工余量等因素确定，并尽量与零件相接近，以达到减少机械加工量的目的，力求达到少或无切削加工。

毛坯的加工余量：毛坯尺寸与零件尺寸的差值。

毛坯的制造公差：毛坯制造尺寸的公差。

毛坯的加工余量和毛坯的尺寸、部位及形状有关。如铸造毛坯的加工余量，是由铸件最大尺寸、公称尺寸（两相对加工表面的最大距离或基准面到加工面的距离）、毛坯浇筑时的位置（顶面、侧面、底面）、铸孔的尺寸等因素确定的。对于单件小批量生产，铸件上直径小于 30mm 和铸件上直径小于 60mm 的孔可以不铸出。而对于锻件，若采用自由锻，当孔径小于 30mm 或长径比大于 3 的孔可以不锻出。对于锻件应考虑锻造圆角和模锻斜度。带孔的模锻件不能直接锻出通孔，应留冲孔连皮等。

毛坯的形状和尺寸的确定，除了将毛坯余量附在零件形状的加工表面上之外，有时还要考虑到毛坯的制造、机械加工及热处理等工艺因素的影响。在这种情况下，毛坯的形状可能与工件有所不同。例如，为了加工时装卡方便，有的铸件毛坯需要铸造出必要的工艺凸台，如图 2.17 所示，工艺凸台在零件加工后一般应切去。又如，车床开合螺母外壳，它由两个零件合成一个铸件，待加工到一定阶段后再切开，以保证加工质量且加工方便，如图 2.18 所示。

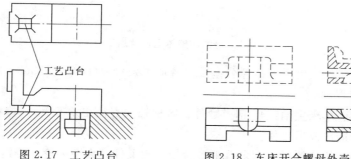

图 2.17　工艺凸台　　　　图 2.18　车床开合螺母外壳简图

有时为了提高生产率和加工过程中便于装卡，可以将一些小零件多件合成一个毛坯，如图 2.19 所示的滑键零件及毛坯，可将若干零件先合成一件毛坯，待两侧面和平面加工后，再切割成单个零件。图 2.20 所示的垫圈类零件，也应将若干零件合成一个毛坯，毛坯可取一长管料，其内孔直径要小于垫圈内径。车削时，用卡盘夹住一端外圆，另一端用顶尖顶住，这时可车外圆、车槽，然后用卡盘夹住外圆较长的一部分用 $\phi16mm$ 的钻头钻孔，这样就可以分割成若干个垫圈。毛坯的加工余量和制造公差可通过查阅相关工艺手册

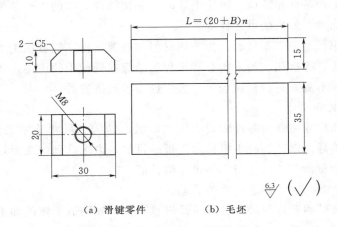

（a）滑键零件　　　　　（b）毛坯

图 2.19　滑键零件及毛坯

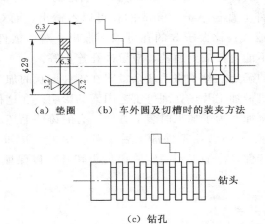

（a）垫圈　　（b）车外圆及切槽时的装夹方法

（c）钻孔

图 2.20　垫圈的整体毛坯及加工

或国家标准来确定，如《钢质模锻件公差及机械加工余量》（GB/T 12362—2003）。

4. 毛坯及其材料举例

（1）轴类零件。车床主轴：45 钢模锻件；阶梯轴（直径相差不大）：棒料。

（2）箱体。铸造件或焊接件。

（3）齿轮。小齿轮：棒料；大多数中型齿轮：模锻件；大型齿轮：铸钢件。

2.1.5　定位基准

2.1.5.1　基准的概念及其分类

1. 基准的定义

在零件图或实际的零件上，用来确定一些点、线、面位置时所依据的那些点、线、面称为基准，如图 2.21 所示。

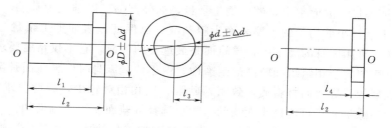

(a) 零件图上的设计基准　　　　　(b) 工序图上的工序基准

（c）加工时的定位基准　　　（d）测量 C 面时的测量基准

图 2.21　各种基准示例

2. 基准的分类

基准按其功用可分为设计基准和工艺基准。

（1）设计基准。设计人员在零件图上标注尺寸或相互位置关系时所依据的基准（点、线、面）称为设计基准，它是标注设计尺寸的起点。

（2）工艺基准。零件在加工、测量或装配过程中所使用的基准，称为工艺基准。

工艺基准可分为以下几类。

1）定位基准。加工时，使工件在机床或夹具中占据正确位置所用的基准。它是工件上与夹具定位元件直接接触的点、线、面。

2）工序基准。在工序图上标注被加工表面尺寸（称工序尺寸）和相互位置关系时，所依据的点、线、面。

3）测量基准。检验零件时，用以测量加工表面的尺寸、形状、位置等误差所依据的基准。

4）装配基准。在装配时，用来确定零件或部件在机器中的位置时所依据的点、线、面称为装配基准。

2.1.5.2　定位基准的选择

定位基准包括粗基准和精基准。

粗基准：用未加工过的毛坯表面作基准。

精基准：用已加工过的表面作基准。

1. 粗基准的选择

粗基准影响位置精度、各加工表面的余量大小。粗基准的选择应重点考虑如何保证各加工表面有足够的加工余量，使不加工表面和加工表面间的尺寸、位置符合零件图要求。

（1）合理分配加工余量的原则。

1）应保证各加工表面都有足够的加工余量，如外圆加工以轴线为基准。

2）以加工余量小而均匀的重要表面为粗基准，以保证该表面加工余量分布均匀、表面质量高。如在机床床身的加工中，导轨面是最重要的表面，它不仅精度要求高，而且要求导轨面具有均匀的金相组织和较高的耐磨性。由于铸造床身时，导轨面是倒扣在砂箱的最底部浇注成型的，导轨面材料质地致密，砂眼、气孔相对较少，因此要求加工床身时，导轨面的实际切除量要尽可能地小而均匀，故应选择导轨面作为粗基准加工床身底面，如图 2.22 所示。然后再以加工过的床身底面作精基准加工导轨面，此时从导轨面上去除的加工余量可较小而均匀，如图 2.23 所示。

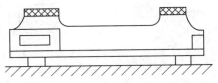

图 2.22　导轨面作为粗基准加工床身底面

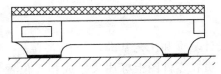

图 2.23　床身底面作精基准加工导轨面

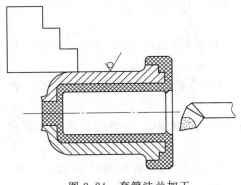

图 2.24　套筒法兰加工

（2）保证零件加工表面相对不加工表面具有一定位置精度的原则。一般应以非加工面作为粗基准，这样可以保证不加工面相对于加工表面具有较为精准的相对位置。当零件上有几个不加工表面时，应选择与加工面相对位置精度要求较高的不加工表面作为粗基准。

图 2.24 的套筒法兰零件，外表面为不加工表面，为保证镗孔后零件的壁厚均匀，应选外表面作为粗基准镗孔、车外圆、车端面。

（3）便于装卡的原则。选表面光洁的面作粗基准，以保证定位准确、夹紧可靠。

（4）粗基准一般不得重复使用的原则。在同一尺寸方向上粗基准通常只允许使用一次，这是因为粗基准一般都很粗糙，重复使用同一粗基准所加工的两组表面之间误差会相对较大。因此，粗基准一般不得重复使用。

2. 精基准的选择

精基准的选择应重点考虑如何减少误差，提高定位精度。

（1）基准重合原则。利用设计基准作为定位基准，即是重合原则。

（2）基准统一原则。在大多数工序中，都使用同一基准的原则。这样容易保证各加工表面的相互位置精度，避免基准变换所产生的误差。

例如，轴类零件加工时，一般采用两个顶尖孔作为统一精基准来加工轴类零件上的所有外圆表面和端面，这样可以保证各外圆表面间的同轴度和端面对轴线的垂直度公差。

在实际生产中，经常使用的统一基准形式有以下几种。

1）轴类零件常使用两顶尖孔作为统一基准。

2）箱体类零件常使用一面两孔（一个较大的平面和两个距离较远的销孔）作为统一基准。

3）盘套类零件常使用止口面（一端面和一短圆孔）作为统一基准。

4）套类零件用一长孔和一止推面作为统一基准。

采用统一基准原则的好处如下。

5）有利于保证各加工表面之间的位置精度。

6）可以简化夹具设计，减少工件搬动和翻转的次数。

要注意：采用统一基准原则常常会带来基准不重合问题。此时，需针对具体问题进行具体分析，根据实际情况选择精基准。

（3）互为基准原则。加工表面和定位表面互相转换的原则。一般适用于精加工、光磨和光磨加工中。当两个表面相互位置精度要求很高，可以采取互为精基准的原则，反复多次进行精加工。

例如，车床主轴前后支承轴颈与主轴锥孔间有严格的同轴度要求，常先以主轴锥孔为基准磨主轴前、后支承轴径表面，然后再以前、后支承轴径表面为基准磨主轴锥孔，最后达到图样上规定的同轴度要求。

（4）自为基准原则。在有些精加工或光整加工工序中，要求余量尽量小而均匀，在加工时就尽量选择加工表面本身作为定位基准，如浮动镗孔、拉孔等是自为基准进行加工的。自为基准只能提高加工表面的尺寸精度，不能提高表面间的位置精度。

还有一些表面的精加工工序，要求加工余量小而均匀，常以加工表面自身为基准。图2.25的在导轨磨床上磨床身导轨表面，被加工床身通过楔铁支撑在工作台上，纵向移动工作台时，轻压在被加工导轨面上的百分表指针便能给出被加工导轨面相对于机床导轨的不平行度误差，根据此误差操作工人调整工件底部的4个楔铁，直至工作台带动工件纵向移动时百分表基本不动为止，然后将工件夹紧在工作台上进行磨削。

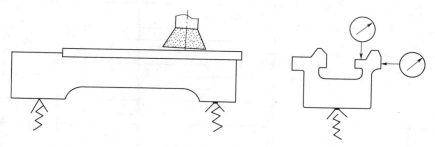

图 2.25　在自为基准条件下磨削车床床身导轨面

（5）便于装夹原则。所选择的精基准，应能保证工件定位准确、可靠，并尽可能使卡具结构简单、夹紧稳定可靠、操作方便。

2.1.6　拟定工艺路线

拟定工艺路线是设计工艺规程最为关键的一步，需要完成以下几个方面的工作。

1. 定位基准的选择

定位基准的选择前面已经论述，此处不再重复。

2. 表面加工方法的选择

（1）各种表面加工方法的经济加工精度和表面粗糙度。不同的表面加工方法如车、磨、刨、铣、钻、镗等，所能达到的精度和表面粗糙度各不相同，即使是同一种加工方法，在不同条件下所得到的精度和表面粗糙度也不一样。这是因为在加工过程中，有各种因素对精度和表面粗糙度产生影响，如工人的技术水平、切削用量、刀具的刃磨质量、机床的调整质量等。

某种加工方法的经济加工精度，是指在正常工作条件下（包括完好的机床设备、必要的工艺装备、标准的工人技术等级、标准的耗用时间和生产费用等）所达到的加工精度。

表 2.9～表 2.13 是常见的加工方法能达到的经济精度和表面粗糙度值，表 2.14～表 2.16 是外圆、孔、平面不同机械加工方案的精度和表面粗糙度参考值，表中数据摘自有关工艺手册。

表 2.9　　　　　　　　　　　　　　各种加工方法的大致加工精度

加工方法	公差等级 IT																	
	01	0	1	2	3	4	5	6	7	8	9	10	11	12	13	14	15	16
研磨	══	══	══	══	══	══	══											
珩磨						══	══	══	══									
圆磨							══	══	══	══								
平磨							══	══	══	══								
金刚石车							══	══	══									
金刚石镗							══	══	══									
拉削							══	══	══	══								
铰孔								══	══	══	══							
车									══	══	══	══	══					
镗									══	══	══	══	══					
铣									══	══	══	══	══					
刨、插												══	══					
钻孔												══	══	══				

注　表中粗实线顶格的表示在特定条件下可能达到高一级精度要求。

表 2.10 各种加工方法所能达到的表面粗糙度 单位：μm

加工方法	Ra 值	加工方法	Ra 值
车削外圆：粗车 半精车 精车 细车	>10~80 >2.5~10 >1.25~10 >0.16~1.25	刨削：粗刨 精刨 细刨（光整加工） 槽的表面	>5~20 >1.25~10 >0.16~1.25 >2.5~10
车削端面：粗车 半精车 精车 细车	>5~20 >2.5~10 >1.25~10 >0.32~1.25	插削： 拉削：精拉 细拉 推削：精推 细推	>2.5~20 >0.32~2.5 >0.08~0.32 >0.16~1.25 >0.02~0.63
车削割槽和切断： 一次行程 二次行程	>10~20 >2.5~10		
镗孔：粗镗 半精镗 精镗 细镗（金刚镗床镗孔）			
钻孔	>1.25~20		
加工方法	Ra 值		
铰孔，一次铰孔： 钢 黄铜 二次铰孔（精铰）： 铸铁 钢、轻合金 黄铜、青铜 细铰： 钢 轻合金 黄铜、青铜	>2.5~10 >1.25~10 >0.63~5 >0.63~2.5 >0.32~1.25 >0.16~1.25 >0.32~1.25 >0.08~0.32	螺纹加工： 用板牙、丝锥、自动张开 板牙头 车工或梳刀车、铣 磨螺纹 研磨 搓丝模、搓螺纹 滚丝模、滚螺纹	>0.63~5 >0.63~10 >0.16~1.25 >0.04~1.25 >0.63~2.5 >0.16~2.5
扩孔：粗扩（有毛面） 精扩	>5~20 >1.25~10		
锪孔，倒角	>1.25~5		
铣削：圆柱铣刀 粗铣 精铣 细铣 端铣刀 粗铣 精铣 细铣 高速铣削 粗铣 精铣	>2.5~20 >0.63~5 >0.32~1.25 >2.5~20 >0.32~5 >0.16~1.25 >0.63~2.5 >0.16~0.63		

表 2.11　　　　　　　　　　　　　　　　外圆柱表面的加工精度

直径工程尺寸 /mm	粗车	半精车或一次加工		精车			一次加工	粗磨		精磨	研磨	用钢球或滚柱工具滚压		
	加工的公差等级 /μm													
	IT12~IT13	IT12~IT13	IT11	IT10	IT8	IT7	IT8	IT7	IT6	IT5	IT10	IT8	IT7	IT6
1~3	100~140	120	60	40	14	10	14	10	6	4	40	14	10	6
>3~6	120~180	160	75	48	18	12	18	12	8	5	48	18	12	8
>6~10	150~220	200	90	58	22	15	22	15	9	6	58	22	15	9
>10~18	180~270	240	110	70	27	18	27	18	11	8	70	27	18	11
>18~30	210~330	280	130	84	33	21	33	21	13	9	84	33	21	13
>30~50	250~390	340	160	100	39	25	39	25	16	11	100	39	25	16
>50~80	300~460	400	190	120	46	30	46	30	19	13	120	46	30	19
>80~120	350~540	460	220	140	54	35	54	35	22	15	140	54	35	15
>120~180	400~630	530	250	160	63	40	63	40	25	18	160	63	40	18
>180~250	460~720	600	290	185	72	46	72	46	29	20	185	72	46	20
>250~315	520~810	680	320	210	81	52	81	52	32	23	210	81	52	23
>315~400	570~890	760	360	230	89	57	89	57	39	25	230	89	57	25
>400~500	630~970	850	400	250	97	63	97	63	40	27	250	97	63	27

（2）加工方法和加工方案选择。

1）根据加工表面的技术要求，确定加工方法和加工方案。这种方案必须在保证零件达到图样要求方面是稳定可靠的，并在生产率和加工成本方面是最经济合理的。

2）要考虑被加工材质的性质。例如，淬火钢用磨削的方法进行精加工，而有色金属则磨削困难，一般采用金刚镗或高速精密车削的方法进行精加工。

3）要考虑生产纲领，即考虑生产效率和经济性问题。像大批大量生产应选用高效率的加工方法，采用专用设备。例如，平面和孔可以用拉削加工；轴类零件可采用半自动液压仿形车床加工；盘类或套类零件可用单能车床加工等。

4）应考虑本厂的现有设备和生产条件，即充分利用本厂现有设备和工艺设备。

在选择加工方法时，根据零件主要表面的技术要求和工厂具体条件，先选定它的最终工序方法，然后逐一选定该表面各有关前导工序的加工方法。

例如，加工一个公差等级为 IT6、表面粗糙度 $Ra0.2\mu m$ 的钢质外圆表面，其最终工序选用精磨，则其前导工序可选为粗车、半精车和粗磨。主要表面的加工方案和加工工序选定之后，再选定次要表面的加工方案和加工工序。

小结：具有一定技术要求的加工表面，一般都不是通过一次加工就能达到图样要求的，对于精密零件的主要表面，往往要通过多次加工才能逐步达到。

表 2.12　平面的加工精度

加工的公差等级/μm

高或厚的公称尺寸/mm	刨削，用圆柱铣刀及面铣刀铣削									拉削					磨削						用钢球或滚柱工具滚压		
	粗		半精或一次加工		精		细			粗拉		精拉			一次加工		粗磨	精磨	细磨	研磨			
	IT14	IT12~IT13	IT11	IT12~IT13	IT10	IT11	IT8~IT9	IT7	IT6	IT11	IT10	IT8~IT9	IT7	IT6	IT8~IT9	IT7	IT8~IT9	IT7	IT6	IT5	IT10	IT8~IT9	IT7
10~18	430	220	110	220	70	110	35	18	11						35	18	35	18	11	8	70	35	18
18~30	520	270	130	270	84	130	45	21	13	130	84	45	21	13	45	21	45	21	13	9	84	45	21
30~50	620	320	160	320	100	160	50	25	16	160	100	50	25	16	50	25	50	25	16	11	100	50	25
50~80	710	380	190	330	120	190	60	30	19	190	120	60	30	19	60	30	60	30	19	13	120	60	30
80~120	870	440	220	440	140	220	70	35	22	220	140	70	35	22	70	35	70	35	22	15	140	70	35
120~180	1000	510	250	510	160	250	80	40	25	250	160	80	40	25	80	40	80	40	25	18	160	80	40
180~250	1150	590	290	590	185	290	90	46	29	290	185	90	46	29	90	46	90	46	29	20	185	90	46
250~315	1300	660	320	660	210	320	100	52	32						100	52	100	52	36	23	210	100	52
315~400	1400	730	360	730	230	360	120	57	36						120	57	120	57	40	25	230	120	57

表2.13 孔的加工精度

加工的公差等级/μm

孔径公称尺寸/mm	钻孔·无钻模 IT12~IT13	钻孔·有钻模 IT11	钻孔·有钻模 IT12~IT13	扩孔·粗扩 IT12~IT13	扩孔·铸孔或锻孔的一次扩孔 IT11	扩孔·精扩 IT10	铰孔·半精铰 IT11	铰孔·半精铰 IT10	铰孔·精铰 IT9	铰孔·精铰 IT8	铰孔·细铰 IT7	铰孔·细铰 IT6	拉孔·粗拉铸孔或锻孔 IT11	拉孔·粗拉铸孔或锻孔 IT10	拉孔·粗拉钻后精拉孔 IT9	拉孔·粗拉钻后精拉孔 IT8	拉孔·粗拉钻后精拉孔 IT7	镗孔·粗镗 IT12~IT13	镗孔·半精镗 IT11	镗孔·精镗 IT10	镗孔·精镗 IT9	镗孔·细镗(金刚镗) IT8	镗孔·细镗(金刚镗) IT7	磨·粗磨 IT10	磨·粗磨 IT9	磨·精磨 IT8	磨·精磨 IT7	磨·精磨 IT6	研磨 IT10	用钢球挤压 IT9	用钢球挤压 IT8	用钢球挤压 IT7
1~3		60																														
>3~6		75					75	48	30	18	12	8																				
>6~10		90					90	58	36	22	15	9																				
>10~18	220	110		220	110	70	110	70	43	27	18	11			43	27	18	220	110	70	43	27	18	70	43	27	18	11	70	43	27	18
>18~30	270	130		270	130	84	130	84	52	33	21				52	33	21	270	130	84	52	33	21	84	52	33	21	13	84	52	33	21
>30~50	320			320	160	100	160	100	62	39	25		160	100	62	39	25	320	160	100	62	39	25	100	62	39	25	16	100	62	39	25
>50~80	380			380	190	120	190	120	74	46	30		190	120	74	46	30	380	190	120	74	46	30	120	74	46	30	19	120	74	46	30
>80~120	440			440	220	140	220	140	87	54	35		220	140	87	54	35	440	220	140	87	54	35	140	87	54	35	22	140	87	54	35
>120~180							250	160	100	63	40		250	160	100	63	40	510	250	160	100	63	40	160	100	63	40	25	160	100	63	40
>180~250							290	185	115	72	46							590	290	185	115	72	46	185	115	72	46		185	115	72	46
>250~315							310	210	130	81	52							660	310	210	130	81	52	210	130	81	52	32	210	130	81	52
>315~400																		730	360	230	140	89	57	230	140	89	57	36	230	140	89	57

表 2.14 外 圆 表 面 加 工 方 案

序号	加工方案	经济公差等级	表面粗糙度 $Ra/\mu m$	适用范围
1	粗车	IT11~IT13	80~20	适用于淬火钢外的各种金属
2	粗车—半精车	IT8~IT9	10.0~5.0	
3	粗车—半精车—精车	IT6~IT7	2.5~1.25	
4	粗车—半精车—精车—滚压（或抛光）	IT6~IT7	0.32~0.040	
5	粗车—半精车—磨削	IT6~IT7	1.25~0.63	主要用于淬火钢，也可用于未淬火钢，但不宜加工有色金属
6	粗车—半精车—粗磨—精磨	IT5~IT6	0.63~0.160	
7	粗车—半精车—粗磨—精磨—超精加工（或轮式超精磨）	IT5	0.160~0.020	
8	粗车—半精车—精车—金刚石车	IT5~IT6	0.63~0.040	主要用于要求较高的有色金属的加工
9	粗车—半精车—粗磨—精磨—超精磨或镜面磨	IT5 以上	0.040~0.010	极高精度的外圆加工
10	粗车—半精车—粗磨—精磨—研磨	IT5 以上	0.160~0.010	

表 2.15 平 面 加 工 方 案

序号	加工方案	经济公差等级	表面粗糙度 $Ra/\mu m$	适用范围
1	粗车—半精车	IT8~IT9	10~5.0	端面
2	粗车—半精车—精车	IT6~IT7	2.5~1.5	
3	粗车—半精车—磨削	IT7~IT9	1.25~0.32	
4	粗刨（或粗铣）—精刨（或精铣）	IT7~IT9	10.0~2.5	一般不淬硬平面（端铣的表面粗糙度较好）
5	粗刨（或粗铣）—精刨（或精铣）—括研	IT5~IT6	1.25~0.160	精度要求较高的不淬硬平面
6	粗刨（或粗铣）—精刨（或精铣）—宽刃精刨	IT6	1.25~0.32	批量较大时宜采用宽刃精刨方案
7	粗刨（或粗铣）—精刨（或精铣）—磨削	IT6	1.25~0.32	精度要求较高的淬硬平面或不淬硬平面
8	粗刨（或粗铣）—精刨（或精铣）—粗磨—精磨	IT5~IT6	0.63~0.040	
9	粗铣—拉	IT6~IT9	1.25~0.32	大量生产，较小的平面（精度视拉刀的精度而定）
10	粗铣—精铣—磨削—研磨	IT5 以上		高精度平面

表 2.16 孔 加 工 方 案

序号	加工方案	经济公差等级	表面粗糙度 $Ra/\mu m$	适用范围
1	钻	IT11～IT13	20	加工未淬火钢及铸铁的实心毛坯，也可用于加工有色金属（表面粗糙度稍差），孔径小于 15～20mm
2	钻—铰	IT8～IT9	5.0～2.5	
3	钻—粗铰—精铰	IT7～IT8	2.5～1.25	
4	钻—扩	IT11	20～10.0	加工未淬火钢及铸铁的实心毛坯，也可用于加工有色金属（表面粗糙度稍差），但孔径大于 15～20mm
5	钻—扩—铰	IT8～IT9	5.0～2.5	
6	钻—扩—粗铰—精铰	IT7	2.5～1.25	
7	钻—扩—机铰—手铰	IT6～IT7	0.63～0.160	
8	钻—（扩）—拉	IT6～IT7	2.5～0.160	大批大量生产（精度视）
9	粗镗（或扩孔）	IT11～IT13	20～10.0	除淬火钢外各种材料，毛坯有铸出孔或锻出孔
10	粗镗（粗扩）—半精镗（精扩）	IT8～IT9	5.0～2.5	
11	粗镗（扩）—半精镗（精扩）—精镗（铰）	IT7～IT8	2.5～1.25	
12	粗镗（扩）—半精镗（精扩）—精镗—浮动镗刀块精镗	IT6～IT7	1.25～0.63	
13	粗镗（扩）—半精镗—磨孔	IT7～IT8	1.25～0.32	主要用于加工淬火钢，也可用于不淬火钢，但不宜用于有色金属
14	粗镗（扩）—半精镗—粗磨—精磨	IT6～IT7	0.32～0.160	
15	粗镗—半精镗—精镗—金刚镗	IT6～IT7	0.63～0.080	主要用于精度要求较高的有色金属加工
16	钻—（扩）—粗铰—精铰—珩磨 钻—（扩）—拉—珩磨 粗镗—半精镗—精镗—珩磨	IT6～IT7	0.32～0.040	精度要求很高的孔
17	以研磨代替上述方案的珩磨	IT6 以上	0.160～0.010	

3. 机床设备与工艺设备的选择

（1）机床设备的选择。

1）所选机床设备的尺寸规格与工件的形体尺寸相适应。

2）精度等级应与本工序加工要求相适应。

3）电动机功率应与本工序加工所需功率相适应。

4）机床设备的自动化程度和生产率应与工件生产类型相适应。

（2）工艺设备的选择。工艺设备的选择将直接影响工件的加工精度、生产效率和制造成本，应根据不同情况适当选择。

1）在中、小批量生产条件下，应首先考虑用通用工艺装备（包括夹具、刀具、量具和辅具）。

2）在大批量生产条件下，可根据加工要求设计制造专用工艺设备。

（3）选择要有前瞻性。机床设备和工艺设备的选择不仅要考虑设备投资的当前效益，还要考虑产品改型及转产的可能性，应使其具有足够的柔性。

4. 加工阶段的划分

（1）根据零件的技术要求划分加工阶段。

1）粗加工阶段。在此阶段主要是尽量切除大部分余量，主要考虑生产率。

2）半精加工阶段。在此阶段主要是为主要表面的精加工做准备，并完成次要表面的最终加工（钻孔、攻螺纹、铣键槽等）。

3）精加工阶段。在此阶段主要是保证各主要表面达到图样要求，主要任务是保证加工质量。

4）光整加工阶段。在此阶段主要是为了获得高质量的主要表面和尺寸精度。

（2）划分加工阶段的目的。

1）利于保证零件加工质量。因为工件有内应力变形、热变形和受力变形，精度、表面质量只能逐步提高。

2）便于及时发现毛坯缺陷，并得到及时处理。

3）有利于合理利用机床设备。

4）便于穿插热处理工序。穿插热处理工序必须将加工划分为几个阶段；否则很难充分发挥热处理的效果。此外，将工件加工划分为几个阶段，还有利于保护精加工过的表面少受磕碰损坏。

5. 工序的划分

在制定工艺过程中，为便于组织生产、安排计划和均衡机床的负荷，常将工艺工程划分为若干个工序。划分工序时有两个不同的原则，即工序的集中和工序的分散。

（1）工序集中。工序集中是指每道工序包含的工步内容很多，工艺路线短。其主要特点如下。

1）采用高效专用设备和工艺设备，提高生产率，可以减少机床的数量，相应地减少工人的数量和机床的占地面积。

2）减少了工件的装夹次数，有利于保证各表面之间的相互位置精度。最大限度的集中是在一个工序内完成工件所有表面的加工。

3）减少工序数目，缩短了工艺路线，也简化了生产计划和组织工作。

4）专用设备和工艺设备较复杂，操作和调整工作也较复杂。

（2）工序分散。工序分散是指工序的数目多，工艺路线长，每个工序所包括的工步少。最大限度的分散是在一个工序内只包括一个简单的工步。其主要特点如下。

1）工序分散可以使所需要的设备和工艺装备结构简单、调整容易、操作简单，对操作工人技术水平要求不高。

2）工艺路线长，设备和工人数量多，生产占地大。

3）可采用合理的切削用量，减少基本时间。

4）容易变换产品。在拟定工艺路线时，工序集中或工序分散的程度，主要取决于生产类型、零件的结构特点及技术要求。生产批量大时，可采用工序集中，也可采用工序分散。由于工序集中的优点较多以及数控机床、柔性制造单元和柔性制造系统等的发展，现在生产多趋于工序集中。工序集中与工序分散的比较见表2.17。

表 2.17　　　　　　　　　　　　　工序集中与工序分散的比较

类型	说明	应用
工序集中	按工序集中原则组织工艺过程，就是使每个工序所包括的加工内容尽量多些，将许多工序组成一个集中工序 　　最大限度的集中工序，就是在一个工序内完成工件所有表面的加工	采用数控机床、加工中心按工序集中原则组织工艺过程，生产适应性反而好，转产相对容易，虽然设备的一次性投资较高，但由于有足够的柔性，仍然受到越来越多的重视
工序分散	按工序分散原则组织工艺过程，就是使每个工序所包括的加工内容尽量少些 　　最大限度的工序分散，就是每个工序只包括一个简单的工步	传统的流水线、自动线生产基本是按工序分散原则组织工艺过程，这种组织方式可以实现提高生产率，但对产品改型的适应性差，转产比较困难

6. 工序顺序的安排

(1) 机械加工工序顺序安排原则（机械加工工序顺序安排原则见表2.18）。

根据上述原则，作为精基准的表面应安排在工艺过程开始时加工。精基准面加工好后，接着对精度要求高的主要表面进行粗加工和半精加工，并穿插进行一些次要表面的加工，然后进行各表面的精加工。要求高的主要表面的精加工一般安排在最后进行，这样可避免已加工表面在运输过程中碰伤，有利于保证加工精度。有时也可将次要的、较小的表面安排在最后加工，如紧固螺钉孔等。

(2) 热处理工序及表面处理工序的安排。根据热处理的目的，安排热处理在加工过程中的位置。各种热处理的安排见表2.19。

表 2.18　　　　　　　　　　　　　机械加工工序顺序安排原则

工序顺序	说明
先基准面后其他表面	先把基准面加工出来，再以基准面定位来加工其他表面，以保证加工质量
先粗加工后精加工	即粗加工在前，精加工在后，粗精分开
先主要表面后次要表面	主要表面是指装配表面、工作表面，次要表面是指键槽、连接用的光孔等
先加工平面后加工孔	平面轮廓尺寸较大，定位安装稳定，通常均以平面定位来加工孔

表 2.19　　　　　　　　　　　　　各 种 热 处 理 的 安 排

热处理	作 用	应 用
退火	消除内应力，提高强度和韧性，降低硬度，改善切削加工性	采用高碳钢以降低硬度。 放在粗加工前，毛坯制造以后
正火	提高钢的强度和硬度，改善切削加工性	采用低碳钢以提高硬度。 放在粗加工前，毛坯制造以后
淬火	提高零件硬度	一般安排在磨削前

热处理	作　用	应　用
回火	稳定组织、消除内应力、降低脆性	
调质处理	获得细致、均匀的组织，提高零件的综合性能	常用于中碳钢和合金钢放在粗加工后，半精加工前
时效处理	消除毛坯制造和机械加工中产生的内应力	常用于大而复杂的铸件。一般安排在毛坯制造和粗加工之后
渗碳处理	提高工件表面的硬度和耐磨性	可安排在半精加工之前或之后
其他热处理	耐磨性、耐蚀性及以装饰为目的的热处理工序	工艺过程最后阶段

（3）检验工序的安排。为保证零件制造质量，防止产生废品，需在下列场合安排检验工序。

1）粗加工全部结束后，精加工之前。

2）送往其他车间加工的前后（特别是热处理工序的前后）。

3）工时较长和重要工序的前后。

4）最终加工之后。

除了安排几何尺寸检验工序以外，有的零件还要安排探伤、密封、称重、平衡等检验工序。

（4）其他工序的安排。

1）去毛刺处理。零件表层或内腔的毛刺对机器装配质量影响甚大，切削加工后，装配工件前应安排去毛刺工序。

2）去磁工序。在用磁力夹紧工件的工序之后，不让带有剩磁的工件进入装配线。

3）清洗工序。安排在零件进入装配之前。

2.1.7　加工余量的确定

2.1.7.1　加工余量概述

1. 加工余量

为了保证零件的质量（表面粗糙度值和精度值），在加工过程中，需要从毛坯表面切去的金属层厚度，称为加工余量。加工余量又分为总余量和工序余量。

2. 总余量

某一表面毛坯尺寸与零件设计尺寸之差称为总余量，以 Z_0 表示。

3. 工序余量

每一工序所切除的金属层厚度称为工序余量 Z_i。可见，某表面的加工总余量 Z_0 与该表面工序余量 Z_i 之间的关系为

$$Z_0 = \sum_{i=1}^{n} Z_i$$

式中　n——某一表面所经历的工序数。

（1）工序余量有单边余量和双边余量之分，如图 2.26 所示。

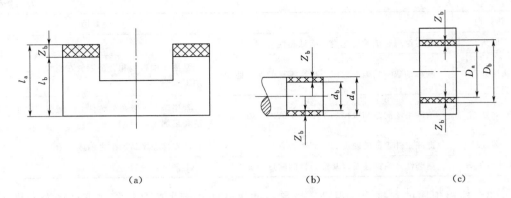

图 2.26 单边余量和双边余量

1）单边余量。零件非对称结构的非对称表面，其加工余量一般为单边余量，用 Z_b 表示，即

$$Z_b = l_a - l_b$$

式中　Z_b——本工序的工序余量；

　　　l_b——本工序的公称尺寸；

　　　l_a——上工序的公称尺寸。

2）双边余量。零件对称结构的对称表面，其加工余量一般为双边余量。

对于外圆与内孔这样的对称表面，其加工余量用双边余量 $2Z_b$ 表示。对于外圆表面有 $2Z_b = d_a - d_b$；对于内圆表面有 $2Z_b = D_b - D_a$。

（2）工序余量有公称余量（简称余量）、最大余量 Z_{max}、最小余量 Z_{min} 之分。由于工序尺寸有偏差，故各工序实际切除的余量值是变化的。因此，工序余量有公称余量（简称余量）、最大余量 Z_{max}、最小余量 Z_{min} 之分。

以图 2.27 所示的被包容面加工情况为例加以介绍。

本工序加工的公称余量为

$$Z_b = l_a - l_b$$

公称余量的变动范围为

$$\delta_Z = Z_{max} + Z_{min} = \delta_a + \delta_b$$

式中　δ_b——本工序尺寸公差；

　　　δ_a——上工序尺寸公差。

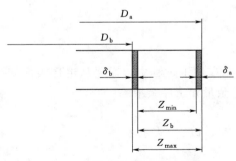

图 2.27 被包容面加工工序余量

工序尺寸公差一般按"入体原则"标注。对被包容尺寸（轴径），上极限偏差为 0，其最大尺寸就是公称尺寸；对包容尺寸（孔径、键槽），下极限偏差为 0，其最小尺寸就是公称尺寸。孔距和毛坯尺寸公差带常取对称公差带标注。

余量过大，浪费材料，成本增加；余量过小，不能纠正加工误差，质量降低。所以，在保证质量的前提下，选择余量尽可能小。

2.1.7.2 影响加工余量的因素

（1）上道工序的表面粗糙度值 Ra 。

（2）上道工序的表面缺陷层深度 Ta 。各种加工方法的 Ta 值见表2.20。

表 2.20　　　　　　　　　　　各种加工方法的 Ta 值　　　　　　　　　　　单位：μm

加工方法	Ta	加工方法	Ta	加工方法	Ta
闭式模锻	500	粗扩孔	40～60	精刨	25～40
冷拉	80～100	粗扩孔	30～40	粗插	50～60
热轧	150	粗铰	25～30	精插	35～50
高精度碾压	300	精铰	10～20	粗铣	40～60
金属模锻造	100	粗镗	30～50	精铣	25～40
		精镗	25～40	拉	10～20
粗车内外圆	40～60	磨外圆	15～25	切断	60
精车内外圆	30～40	磨内圆	20～30	研磨	3～5
粗车端面	40～60	磨端面	15～35	超级光磨	0.2～0.3
精车端面	30～40	磨平面	20～30	抛光	2～5
钻	40～60	粗刨	40～50		

（3）上道工序各表面的形状、位置及方向偏差 ρ_a 。这些偏差包括：轴线的直线度、位移和平行度；轴线与表面的垂直度；阶梯轴内外圆的同轴度；平面的平面度等。

ρ_a 的数值与上道工序的加工方法和零件的结构有关，可用近似计算法或查相关资料确定。若存在两种以上偏差时，可用向量和表示。

（4）本工序的装卡误差 $\Delta_{\varepsilon b}$ 。装卡误差除包括定位误差和夹紧误差外，还包括夹具本身的制造误差，其大小为三者的向量和。

（5）上道工序的尺寸公差 δ_a 。尺寸公差包括几何形状误差，如锥度、椭圆度、平面度等。其大小可根据选用的加工方法所能达到的经济精度，查阅工艺手册确定。

上述前4项之后构成最小余量，即 $Z_{\min}=Ra+Ta+\rho_a+\Delta_{\varepsilon b}$ 。

注意：ρ_a、$\Delta_{\varepsilon b}$ 为矢量和。

最小余量加上上道工序的尺寸公差，即为本道工序的加工余量，即

$$Z_b \geqslant \delta_a + Z_{\min}$$

2.1.7.3 加工余量的确定

加工余量的确定有计算法、查表法和经验估算法。

1. 计算法（较少使用）

根据实验资料和计算公式综合确定，比较科学，数据较准确，一般用于大批量生产。

2. 查表法（各工厂广泛采用查表法）

工厂生产实践和实验研究积累的经验所制成的表格（表2.21～表2.31）为基础，并结合实际情况加以修正，确定加工余量。此法方便、迅速、应用广泛。

3. 经验估算法

其主要用于单件小批量生产，靠经验确定加工余量，因此不够准确。为保证不出废

品，余量往往偏大。

表 2.21 扩孔、镗孔、铰孔余量 单位：mm

直径	扩或镗	粗铰	精铰
3～6		0.1	0.04
>6～10	0.8～1.0	0.15～0.15	0.05
>10～18	1.0～1.5	0.1～0.15	0.05
>18～30	1.5～2.0	0.15～0.2	0.06
>30～50	1.5～2.0	0.2～0.3	0.08
>50～80	1.5～2.0	0.3～0.5	0.10
>80～120	1.5～2.0	0.5～0.7	0.15
>120～180	1.5～2.0	0.5～0.7	0.2
>180～260	2.0～3.0	0.5～0.7	0.2
>260～360	2.0～3.0	0.5～0.7	0.2

表 2.22 磨 孔 余 量 单位：mm

孔的直径	热处理状态	孔的长度				
		≤50	>50～100	>100～200	>200～300	>300～500
≤10	未淬硬	0.2				
	淬硬	0.2				
>10～18	未淬硬	0.2	0.3			
	淬硬	0.3	0.4			
>18～30	未淬硬	0.3	0.3	0.4		
	淬硬	0.3	0.4	0.4		
>30～50	未淬硬	0.3	0.3	0.4	0.4	
	淬硬	0.4	0.4	0.4	0.5	
>50～80	未淬硬	0.4	0.4	0.4	0.4	
	淬硬	0.4	0.5	0.5	0.5	
>80～120	未淬硬	0.5	0.5	0.5	0.5	0.6
	淬硬	0.5	0.5	0.6	0.6	0.7
>120～180	未淬硬	0.6	0.6	0.6	0.6	0.6
	淬硬	0.6	0.6	0.6	0.6	0.7
>180～260	未淬硬	0.6	0.6	0.7	0.7	0.7
	淬硬	0.7	0.7	0.7	0.7	0.8
>260～360	未淬硬	0.7	0.7	0.7	0.8	0.8
	淬硬	0.7	0.8	0.8	0.8	0.9
>360～500	未淬硬	0.8	0.8	0.8	0.8	0.8
	淬硬	0.8	0.8	0.8	0.9	0.9

表 2.23　　　　　　　　　　　**轴的机械加工余量（外圆旋转表面）**　　　　　　单位：mm

公称直径	表面加工方法	轴的长度					
		≤120	>120~260	>260~500	>500~800	>800~1250	>1250~2000
		直径上的余量（分子系用中心孔安装时，分母系用卡盘安装时）					
		车削提高精度的轧钢件					
≤30	粗车和一次车	1.2/1.1	1.7/—				
	精车	0.25/0.25	0.3/—				
	细车	0.12/0.12	0.15/—				
>30~50	粗车和一次车	1.2/1.1	1.5/1.4	2.2/—			
	精车	0.3/0.25	0.3/0.25	0.3/—			
	细车	0.15/0.2	0.16/0.13	0.20/—			
>50~80	粗车和一次车	1.5/1.1	1.7/1.5	2.3/2.1	3.1/—		
	精车	0.25/0.20	0.3/0.25	0.3/0.3	0.4/—		
	细车	0.14/0.12	0.15/0.13	0.17/0.16	0.25/—		
>80~120	粗车和一次车	1.6/1.2	1.7/1.3	2.0/1.7	2.5/2.3	3.3/—	
	精车	0.25/0.25	0.3/0.25	0.3/0.3	0.3/0.3	0.3/—	
	细车	0.14/0.13	0.15/0.13	0.16/0.15	0.17/0.17	0.20/—	
		车削一般精度的轧钢件					
≤30	粗车和一次车	1.3/1.1	1.7/—				
	半精车	0.45/0.45	0.5/—				
	精车	0.25/0.20	0.25/—				
	细车	0.14/0.13	0.15/—				
>30~50	粗车和一次车	1.3/1.1	1.6/1.3	2.2/—			
	半精车	0.45/0.45	0.45/0.45	0.45/—			
	精车	0.25/0.20	0.25/0.25	0.30/—			
	细车	0.14/0.13	0.14/0.13	0.16/—			
>50~80	粗车和一次车	1.5/1.1	1.7/1.5	2.3/2.1	3.1/—		
	半精车	0.45/0.45	0.50/0.45	0.5/0.5	0.55/—		
	精车	0.25/0.20	0.3/0.25	0.3/0.3	0.35/—		
	细车	0.13/0.12	0.14/0.13	0.18/0.16	0.2/—		
>80~120	粗车和一次车	1.8/1.2	1.9/1.3	2.1/1.7	2.6/2.3	3.4/—	
	半精车	0.5/0.45	0.50/0.45	0.5/0.5	0.5/0.5	0.55/—	
	精车	0.26/0.25	0.25/0.25	0.3/0.25	0.3/0.3	0.35/—	
	细车	0.15/0.12	0.16/0.13	0.16/0.14	0.18/0.17	0.2/—	

公称直径	表面加工方法	轴的长度					
		≤120	>120～260	>260～500	>500～800	>800～1250	>1250～2000
		直径上的余量（分子系用中心孔安装时，分母系用卡盘安装时）					
车削一般精度的轧钢件							
>120～180	粗车和一次车	2.0/1.3	2.1/1.4	2.3/1.8	2.7/2.3	3.5/3.2	4.8/—
	半精车	0.5/0.45	0.5/0.45	0.5/0.5	0.5/0.5	0.6/0.55	0.65/—
	精车	0.3/0.25	0.3/0.25	0.3/0.25	0.3/0.25	0.35/0.3	0.4/—
	细车	0.16/0.13	0.16/0.13	0.17/0.15	0.18/0.17	0.21/0.2	0.27/—
>180～260	粗车和一次车	2.3/1.4	2.4/1.5	2.6/1.8	2.9/2.4	3.6/3.2	5.0/4.6
	半精车	0.5/0.45	0.5/0.45	0.5/0.5	0.55/0.5	0.6/0.55	0.65/0.65
	精车	0.3/0.25	0.3/0.25	0.3/0.25	0.3/0.3	0.35/0.35	0.4/0.4
	细车	0.17/0.13	0.17/0.14	0.18/0.15	0.19/0.17	0.22/0.2	0.27/0.26
模锻毛坯的车削							
≤18	粗车和一次车	1.5/1.4	1.9/—				
	精车	0.25/0.25	0.3/—				
	细车	0.14/0.14	0.15/—				
>18～30	粗车和一次车	1.6/1.5	2.0/1.8	2.3/—			
	精车	0.25/0.25	0.3/0.25	0.3/—			
	细车	0.14/0.14	0.15/0.14	0.16/—			
>30～50	粗车和一次车	1.8/1.7	2.3/2	3/2.7	3.5/—		
	精车	0.3/0.25	0.3/0.3	0.3/0.3	0.35/—		
	细车	0.15/0.15	0.16/0.15	0.19/0.17	0.21/—		
>50～80	粗车和一次车	2.2/2	2.9/2.6	3.4/2.9	4.2/3.6	5/—	
	精车	0.3/0.3	0.3/0.3	0.35/0.3	0.40.35	0.45/—	
	细车	0.16/0.16	0.18/0.17	0.2/0.18	0.22/0.2	0.26/—	
>80～120	粗车和一次车	2.6/2.3	3.3/3	4.3/3.8	5.2/4.5	6.3/5.2	8.2/—
	精车	0.3/0.3	0.3/0.3	0.4/0.35	0.45/0.4	0.5/0.45	0.6/—
	细车	0.17/0.17	0.19/0.18	0.23/0.21	0.26/0.24	0.3/0.26	0.38/—
>120～180	粗车和一次车	3.2/2.8	4.6/4.2	5/4.5	6.2/5.6	7.5/6.7	
	精车	0.35/0.3	0.4/0.3	0.45/0.4	0.5/0.45	0.6/0.55	
	细车	0.2/0.2	0.24/0.22	0.25/0.23	0.3/0.27	0.35/0.32	

续表

公称直径	表面加工方法	轴的长度					
		≤120	>120~260	>260~500	>500~800	>800~1250	>1250~2000
		直径上的余量（分子系用中心孔安装时，分母系用卡盘安装时）					
		模削					
≤30	热处理后粗磨	0.3	0.6				
	精车后粗磨	0.1	0.1				
	粗磨后精磨	0.06	0.06				
>30~50	热处理后粗磨	0.25	0.6	0.85			
	精车后粗磨	0.1	0.1	0.1			
	粗磨后精磨	0.06	0.06	0.06			

表 2.24　　　　　铣 平 面 的 加 工 余 量　　　　　单位：mm

零件厚度	铣后粗铣						粗铣后半精铣					
	宽度≤200			宽度>200~400			宽度≤200			宽度>200~400		
	平面长度											
	≤100	>100~250	>250~400	≤100	>100~250	>250~400	≤100	>100~250	>250~400	≤100	>100~250	>250~400
>6~30	1.0	1.2	1.5	1.2	1.5	1.7	0.7	1.0	1.0	1.0	1.0	1.0
>30~50	1.0	1.5	1.7	1.5	1.5	2.0	1.0	1.0	1.2	1.0	1.2	1.2
>50	1.5	1.7	2.0	1.7	2.0	2.5	1.0	1.3	1.5	1.3	1.5	1.5

表 2.25　　　　　磨 平 面 的 加 工 余 量　　　　　单位：mm

零件厚度	第一种					
	经热处理及未经热处理零件的磨削					
	宽度≤200			宽度>200~400		
	加工表面不同长度下的加工余量					
	≤100	>100~250	>250~400	≤100	>100~250	>250~400
>6~30	0.3	0.3	0.5	0.3	0.5	0.5
>30~50	0.5	0.5	0.5	0.5	0.5	0.5
>50	0.5	0.5	0.5	0.5	0.5	0.5

零件厚度	第二种											
	热处理后											
	粗磨						精磨					
	宽度≤200			宽度>200~400			宽度≤200			宽度>200~400		
	加工表面不同长度下的加工余量											
	≤100	>100~250	>250~400	≤100	>100~250	>250~400	≤100	>100~250	>250~400	≤100	>100~250	>250~400
>6~30	0.2	0.2	0.3	0.2	0.3	0.3	0.1	0.1	0.2	0.1	0.2	0.2
>30~50	0.3	0.3	0.3	0.3	0.3	0.3	0.2	0.2	0.2	0.2	0.2	0.2
>50	0.3	0.3	0.3	0.3	0.3	0.3	0.2	0.2	0.2	0.2	0.2	0.2

表 2.26 端面的加工余量 单位：mm

零件长度（全长）	粗车后的精车端面			磨削	
	余量（按端面最大直径取）				
	≤30	>30～120	>120～260	≤120	>120～260
≤10	0.5	0.6	1	0.2	0.3
>10～18	0.5	0.7	1	0.2	0.3
>18～50	0.6	1	1.2	0.2	0.3
>50～80	0.7	1	1.3	0.3	0.4
>80～120	1	1	1.3	0.3	0.5
>120～180	1	1.3	1.5	0.3	0.5

表 2.27 调质件的加工余量 单位：mm

直径	长度			
	<500	500～1000	1000～1800	>1800
10～20	2～2.5	2.5～3		
22～45	2.5～3	3.0～3.5	3.5～4	
48～70	2.5～3	3.0～3.5	4～4.5	5～6
75～100	3.0～3.5	3.0～3.5	5～5.5	6～7

表 2.28 不渗碳局部加工余量 单位：mm

设计要求渗碳深度	不渗碳表面每面的留余量
0.2～0.4	1.1＋淬火时留余量
0.4～0.7	1.4＋淬火时留余量
0.7～1.1	1.8＋淬火时留余量
1.1～1.5	2.2＋淬火时留余量
1.5～2.0	2.7＋淬火时留余量

表 2.29 轴、套、环类零件内孔热处理后的磨削余量 单位：mm

孔径公称尺寸	<10	11～18	19～30	31～50	51～80	81～120	121～180	181～200	261～360	361～500
一般孔余量	0.2～0.3	0.25～0.35	0.3～0.45	0.35～0.5	0.4～0.6	0.5～0.75	0.6～0.9	0.65～1	0.8～1	0.85～1.3
复杂孔余量	0.25～0.4	0.35～0.45	0.4～0.5	0.5～0.65	0.6～0.8	0.7～1	0.8～1.2	0.9～1.35	1.05～1.5	1.15～1.75

注 1. 碳素钢工件一般均用水或水—油淬，孔变形较大，应选用上限；薄壁零件（外径/内径<2）应取上限。

2. 合金钢薄壁零件（外径/内径小于 1.25 时应取上限）。

3. 合金钢零件渗碳后采用二次淬火者应取上限。

4. 同一工件上有大小不同的孔时，应以大孔计算。

5. "一般孔"指零件形状简单、对称，孔是光滑圆孔或内花键；"复杂孔"指零件形状复杂，不对称、薄壁、孔形不规则。

6. 外径/内径<1.5 的高频感应淬火件，内孔留余量应减少 40%～50%，外圆留余量加大 30%～40%。

94

表 2.30　　　　　　　　　　　　渗 碳 零 件 磨 削 余 量　　　　　　　　单位：mm

公称渗碳深度	0.3	0.5	0.9	1.3	1.7
放磨量	0.15～0.2	0.2～0.25	0.25～0.3	0.35～0.4	0.45～0.5
实际工艺渗碳深度	0.4～0.6	0.7～1	1～1.4	1.5～1.9	2～2.5

表 2.31　　　　　　　　轴、杆类零件外圆热处理后的磨削余量　　　　　　　单位：mm

直径或厚度	长度										
	≤50	51～100	101～200	201～300	301～450	451～600	601～800	801～1000	1001～1300	1301～1600	1601～2000
≤5	0.25～0.45	0.45～0.55	0.55～0.65								
6～10	0.3～0.4	0.4～0.5	0.5～0.6	0.55～0.65							
11～20	0.25～0.35	0.35～0.45	0.45～0.55	0.5～0.6	0.55～0.65						
21～30	0.3～0.4	0.3～0.4	0.35～0.45	0.4～0.5	0.45～0.55	0.5～0.6	0.55～0.65				
31～50	0.35～0.45	0.35～0.45	0.35～0.45	0.4～0.5	0.4～0.5	0.4～0.5	0.5～0.6	0.6～0.7			
51～80	0.4～0.5	0.4～0.5	0.4～0.5	0.4～0.5	0.4～0.5	0.4～0.5	0.5～0.6	0.55～0.65	0.6～0.7	0.7～0.8	0.85～1
81～120	0.5～0.6	0.5～0.6	0.5～0.6	0.5～0.6	0.5～0.6	0.5～0.6	0.6～0.7	0.65～0.7	0.65～0.8	0.75～0.9	0.85～1
121～180	0.6～0.7	0.6～0.7	0.6～0.7	0.6～0.7	0.6～0.7						
181～260	0.7～0.9	0.7～0.9	0.7～0.9	0.7～0.9							

注　1. 粗磨后需人工时效的零件，余量应较表中增加 50%。

2. 此表为断面均匀/全部淬火的零件的余量，特别零件另行解决。

3. 全长 1/3 以下局部淬火者可取下限，淬火长度大于 1/3 按全长处理。

4. φ80mm 以上短实心轴可取下限。

5. 高频感应淬火可取下限。

2.1.8　尺寸链计算和工序尺寸确定

零件图上所标注的尺寸公差是零件加工最终所要达到的尺寸要求，工艺过程中许多中间工序的尺寸公差，必须在设计工艺过程中予以确定。工序尺寸及其公差一般都是通过计算工艺尺寸链确定的。为掌握工艺尺寸链的计算规律，这里先介绍尺寸链的概念及尺寸链的计算方法，然后再就工序尺寸及其公差的确定方法进行论述。

2.1.8.1　尺寸链及尺寸链计算公式

1. 尺寸链的定义

在工件加工和机器装配过程中，由相互关联的尺寸从零件或部件中抽出来，按一定顺序构成的封闭尺寸图形，称为尺寸链。尺寸链示例如图 2.28 所示。

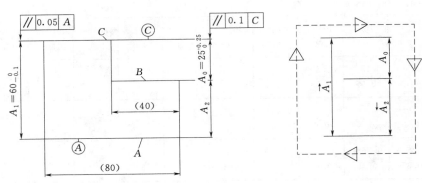

图 2.28　尺寸链示例

图示工件先以 A 面确定加工 C 面，得尺寸 A_1；再以 A 面定位用调整法加工台阶面 B，得尺寸 A_2；要保证 B 面和 C 面间尺寸 A_0。A_1、A_2 和 A_0 这 3 个尺寸构成一个封闭尺寸组，就成了一个尺寸链。

2. 尺寸链的组成

尺寸链中的每一个尺寸称为尺寸链的环，尺寸链由一系列的环组成。环又分为封闭环和组合环。

（1）封闭环（终结环）。在加工过程中间接获得、最后保证的尺寸，称为封闭环。图 2.29 所示的尺寸链中，A_0 是间接得到的尺寸，它就是尺寸链的封闭环。

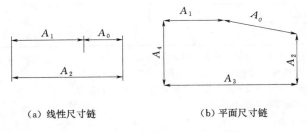

（a）线性尺寸链　　　　　　　　（b）平面尺寸链

图 2.29　尺寸链按空间分布分类

（2）组成环。在加工过程中直接获得的尺寸，称为组合环。尺寸链中，A_1 和 A_2 都是通过加工直接得到的尺寸，A_1 和 A_2 都是尺寸链的组成环。

1）增环。在尺寸链中，自身增大或减小，会使封闭环随之增大或减小的组成环，称为增环。增环在字母上面用箭头→表示。

2）减环。在尺寸链中，自身增大或减小，会使封闭环反而随之减小或增大的组成环，称为减环。减环在字母上面用箭头←表示。

确定增减环的方法：用箭头方法确定，即凡是箭头方向与封闭环箭头方向相反的组成环为增环，相同的组成环为减环。在图 2.28（b）所示尺寸链中，A_1 是增环，A_2 是减环。

3）传递系数 ξ_i。传递系数是组成环对封闭环影响大小的系数，即组成环在封闭环上引起的变动量与组成环本身变动量之比。对直线尺寸链而言，增环的 $\xi_i = 1$，减环的 $\xi_i = -1$。

3. 尺寸链分类

（1）按尺寸链的空间分布的位置关系分类。尺寸链按空间分布分类如图 2.29 所示。

1）线性尺寸链。尺寸链中各环位于同一平面内且彼此平行。

2）平面尺寸链。尺寸链中各环位于同一平面或彼此平行的平面内，各环之间可以不平行。

3）空间尺寸链。尺寸链中各环不在同一或彼此平行的平面内。

（2）按尺寸链应用范围分类。

1）工艺尺寸链。在加工过程中，工件上各相关的工艺尺寸组成的尺寸链。

2）装配尺寸链。在机器设计和装配过程中，各相关的零部件相互联系的尺寸所组成的尺寸链，如图 2.30 所示。

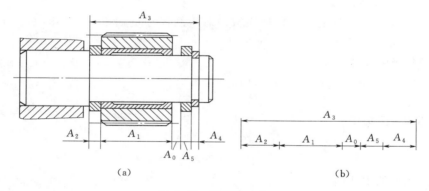

（a）   （b）

图 2.30　装配尺寸链

（3）按尺寸链各环的几何特征分类。

1）长度尺寸链。尺寸链中各环均为长度量。

2）角度尺寸链。尺寸链中各环均为角度量。

（4）按尺寸链之间的相互关系分类。

1）独立尺寸链。尺寸链中所有的组成环和封闭环只从属于一个尺寸链。

2）并联尺寸链。两个或两个以上的尺寸链，通过公共环将它们联系起来并联形成的尺寸链。

4. 尺寸链的计算

尺寸链的计算有正计算、反计算和中间计算等 3 种类型。已知组成环，求封闭环称为正计算；已知封闭环，求各组成环称为反计算；已知封闭环及部分组成环，求其余的一个或几个组成环，称为中间计算。

尺寸链计算有极值法和统计法（或概率法）两种。用极值法求解尺寸链是从尺寸链各

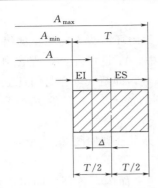

图 2.31　公称尺寸、极限偏差、
公差和中间偏差

环均处于极值条件来求解封闭环尺寸与组成环尺寸之间的关系。用统计法解尺寸链，则是运用概率论理论来解封闭环尺寸与组成环尺寸之间的关系。

5. 极值法尺寸链的计算公式

机械制造中的尺寸公差通常用公称尺寸（A）、上极限偏差（ES）、下极限偏差（EI）表示，还可以用上极限尺寸（A_{max}）与下极限尺寸（A_{min}）或公称尺寸（A）、中间偏差（Δ）及公差（T）表示，它们之间的关系如图 2.31 所示。

（1）封闭环公称尺寸。封闭环公称尺寸 A_0 等于所有增环公称尺寸（A_p）之和减去所有减环公称尺寸（A_q）之和，即

$$A_0 = \sum_{i=1}^{n} \xi_i A_i = \sum_{p=1}^{k} \vec{A}_p - \sum_{q=k+1}^{m} \overleftarrow{A}_q$$

式中　m ——组成环数；

　　　k ——增环数；

　　　ξ_i ——第 i 组成环的尺寸传递系数。对直线尺寸链而言，增环的 $\xi_i = 1$，减环的 $\xi_i = -1$。

（2）环的极限尺寸。

$$A_{max} = A + ES$$
$$A_{min} = A - EI$$

（3）环的极限偏差。

$$ES = A_{max} - A$$
$$EI = A - A_{min}$$

（4）封闭环的中间偏差。

$$\Delta_0 = \sum_{i=1}^{m} \xi_i \Delta_i$$

式中　Δ_i ——第 i 组成环的中间偏差。

结论：封闭环的中间偏差等于所有增环中间偏差之和减去所有减环中间偏差之和。

（5）封闭环公差。

$$T_0 = \sum_{i=1}^{m} |\xi_i| T_i = \sum_{i=1}^{m} T_i$$

结论：封闭环公差等于所有组成环公差之和。

（6）组成环中间偏差。

$$\Delta_i = \frac{ES_i + EI_i}{2}$$

（7）封闭环极限尺寸。

$$A_{0max} = \sum_{p=1}^{k} \vec{A}_{pmax} - \sum_{q=k+1}^{m} \overleftarrow{A}_{qmin}$$

结论：封闭环的上极限尺寸等于所有增环的上极限尺寸减去所有减环的下极限尺寸之和。

$$A_{0\min} = \sum_{p=1}^{k} \vec{A}_{p\min} - \sum_{q=k+1}^{m} \overleftarrow{A}_{q\max}$$

结论：封闭环的下极限尺寸等于所有增环的下极限尺寸减去所有减环的上极限尺寸之和。

（8）封闭环极限偏差。

$$\mathrm{ES}_0 = \sum_{p=1}^{k} \mathrm{ES}_p - \sum_{q=k+1}^{m} \mathrm{EI}_q$$

结论：封闭环的上极限偏差等于所有增环的上极限偏差减去所有减环的下极限偏差之和。

$$\mathrm{EI}_0 = \sum_{p=1}^{k} \mathrm{EI}_p - \sum_{q=k+1}^{m} \mathrm{ES}_q$$

结论：封闭环的下极限偏差等于所有增环的下极限偏差减去所有减环的上极限偏差之和。

6. 竖式计算法口诀

封闭环和增环的公称尺寸和上下极限偏差照抄；减环公称尺寸变号；减环上下极限偏差对调且变号。竖式计算法可用来检验极值法解尺寸链正确与否。

7. 统计法（概率法）解直线尺寸链基本计算公式

应用极限法解尺寸链，具有简便、可靠等优点。当封闭环公差较小、环数较多时，则各组成环就相应地减小，造成加工困难、成本增加。生产实践表明，封闭环的实际误差比用极限法计算出来的公差小得多。为了扩大组成环公差，以便加工容易，可采用统计法（概率法）解尺寸链以确定组成环公差，而不用极限法。

机械制造中的尺寸分布多数为正态分布，但也有非正态分布。非正态分布又有对称分布与不对称分布。统计法计算尺寸链的基本计算公式除可应用极限法解直线尺寸链的有些基本公式外，尚有以下两个基本计算公式。

（1）封闭环中间偏差。

$$\Delta_0 = \sum_{i=1}^{m} \xi_i \left(\Delta_i + \frac{e_i T_i}{2} \right)$$

（2）封闭环公差。

$$T_0 = \frac{1}{k_0} \sqrt{\sum_{i=1}^{m} \xi_i^2 k_i^2 T_i^2}$$

式中　e_i——第 i 组成环尺寸分布曲线的不对称系数；

$\dfrac{e_i T_i}{2}$——第 i 组成环尺寸分布中心相对于公差带的偏移量；

k_0——封闭环的相对分布系数；

k_i——第 i 组成环的相对分布系数。

（3）统计法（概率法）的近似计算。统计法（概率法）的近似计算是假定各环分布曲线是对称分布于公差值的全部范围内（即 $e_i = 0$），并取相同的相对分布系数的平均值 k_m

（一般取 1.2～1.7），所以有

$$T_0 = k_m \sqrt{\sum_{i=1}^{n-1} T_i^2}$$

2.1.8.2 几种工艺尺寸链的分析与计算

1. 定位基准与设计基准不重合时的尺寸换算

例 2.1 如图 2.32 所示，先以 A 面定位加工 C 面，得尺寸 A_1；再以 A 面定位用调整法加工台阶面 B，得尺寸 A_2；要求保证 B 面和 C 面间尺寸 A_0。试求工序尺寸 A_2。

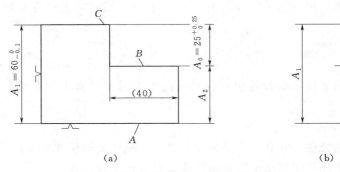

图 2.32 定位基准与设计基准不重合

2. 设计基准与测量基准不重合时的尺寸换算

例 2.2 一批图 2.33 所示的轴套零件，在车床上已加工好外圆、内孔及端面，现需在铣床上铣右端面缺口，并保证尺寸 $5_{-0.06}^{0}$ mm 及 26mm±0.2mm。求采用调整法加工时的控制尺寸 H、A 及其极限偏差，并画出尺寸链图。

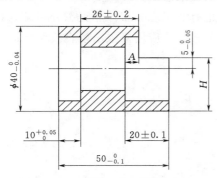

图 2.33 设计基准与测量基准不重合

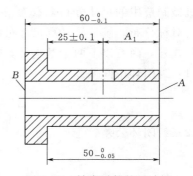

图 2.34 轴套零件的尺寸链

3. 不同工艺基准的尺寸链计算

例 2.3 如图 2.34 所示的轴套零件，其外圆、内孔及端面均已加工。试求：①当以 A 面定位钻 ϕ10 孔时的工序尺寸 A_1 及其极限偏差（要求画出尺寸链图）；②当以 B 面定位钻 ϕ10 孔时的工序尺寸 A_1 及其极限偏差。

4. 保证渗碳、渗氮层深度的工艺尺寸链计算

例 2.4 一批小轴其部分工艺过程为：车外圆至 ϕ20.6$_{-0.04}^{0}$，渗碳淬火，磨外圆至

$\phi 20.6_{-0.02}^{0}$。试计算保证淬火层深度为 $0.7\sim 1.0$mm 的渗碳工序的渗入深度。

解 根据题意可画出工序尺寸图，如图 2.35（a）所示。

（1）按工序要求画工艺尺寸链图，如图 2.35（b）所示，其中尺寸 A_1 是待求的渗入深度。

（2）确定封闭环和组成环。由工艺要求可知，要保证的淬火层深度尺寸为封闭环，即尺寸链中的 A_0，其他尺寸均为组成环。用箭头法可确定出 A_1、A_2 为增环，A_3 为减环。

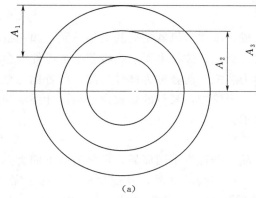
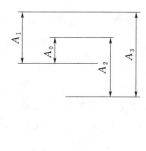

（a）　　　　　　　　　　　　　　　（b）

图 2.35　小轴零件的尺寸链

（3）根据工艺尺寸链的基本计算公式进行计算。

因为 $$A_0 = A_1 + A_2 - A_3$$

所以 $$A_1 = A_0 + A_3 - A_2$$

而 $A_0 = 1_{-0.3}^{0}$mm，$A_2 = 10_{-0.01}^{0}$mm，$A_3 = 10.3_{-0.02}^{0}$mm（按入体偏差标注）

故 $$A_1 = A_0 + A_3 - A_2 = 1\text{mm} + 10.3\text{mm} - 10\text{mm} = 1.3\text{mm}$$

又 $$\text{ES}_0 = \text{ES}_{p1} + \text{ES}_{p2} - \text{EI}_{q3}$$

则 $$\text{ES}_{p1} = \text{ES}_0 - \text{ES}_{p2} + \text{EI}_{q3} = 0\text{mm} - 0\text{mm} - 0.02\text{mm} = -0.02\text{mm}$$

又 $$\text{EI}_0 = \text{EI}_{p1} + \text{EI}_{p2} - \text{ES}_{q3}$$

则 $$\text{EI}_{p1} = \text{EI}_0 - \text{EI}_{p2} + \text{ES}_{q3}$$

$$= -0.3\text{mm} + 0.01\text{mm} - 0.02\text{mm} = -0.04\text{mm}$$

所以渗碳工序的渗入深度为 $A_1 = 1.3_{-0.04}^{-0.02}$mm。

5. 多次加工的工艺尺寸链计算

在制定工艺过程或分析现行工艺时，经常会遇到既有基准不重合的工艺尺寸换算，又有工艺基准的多次转换，还有工序余量变化的影响，整个工艺过程中有着较复杂的基准关系和尺寸关系。为了经济、合理地完成零件的加工工艺过程，必须制定一套正确而合理的工艺尺寸。

以图 2.36 所示的套类零件有关轴向表面的工艺过程为例加以介绍。

工序 1：以大端面 A 定位，车小端面 D，保证全长工序

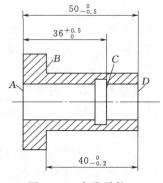

图 2.36　套类零件

尺寸 $53_{-0.5}^{\ 0}$ mm；车小外圆到 B，保证尺寸 $40_{-0.2}^{\ 0}$ mm。

工序 2：以小端面 D 定位，精车大端面 A，保证全长工序尺寸 $50.5_{-0.2}^{\ 0}$ mm；镗大孔，保证到 C 面的孔深工序尺寸 $36.35_{0}^{+0.2}$ mm。

工序 3：以小端面 D 定位，磨大端面 A，保证全长尺寸 $50_{-0.5}^{\ 0}$ mm。

2.1.9　拓展性知识

2.1.9.1　装配工艺基础知识

机械产品一般由许多零件和部件组成。零件是机器制造的最小单元，如一根轴、一个螺钉等；部件由两个或两个以上零件组合而成。按技术要求，将若干个零件结合成部件或若干个零件和部件结合成机器的过程称为装配。前者称为部件装配，后者称为总装配。

装配通常是产品生产过程中的最后一个阶段，其目的是根据产品设计要求和标准，使产品达到其使用说明书的规格和性能要求。

1. 装配工作组织形式

装配工作组织形式随生产类型和产品复杂程度不同而异，可分为以下四类。

（1）单件生产的装配。单个地制造不同结构的产品，并很少重复，甚至完全不重复，这种生产方式称为单件生产。单件生产的装配工作多在固定地点，由一个工人或一组工人，从开始到结束进行全部的装配工作。如夹具、模具的装配就属于此类。特别对于大件的装配，由于装配的设备很大，装配时需要机组操作人员共同进行操作，如生产线的装配。这种组织形式的装配周期长，占地面积大，需要大量的工具和设备，并要求工人具有全面的技能。

（2）成批生产的装配。在一定的时期内，成批地制造相同的产品，这种生产方式称为成批生产。成批生产时装配工作通常分为部件装配和总装配，每个部件的装配由一个或一组工人完成，然后进行总装配，如机床的装配就属于此类。这种将产品或部件的全部装配工作安排在固定地点进行的装配，称为固定式装配。

（3）大量生产的装配。产品制造数量很庞大，每个工作地点经常重复地完成某一工序，并具有严格的节奏，这种生产方式称为大量生产。大量生产中，把产品装配过程划分为部件、组件装配，使某一工序由一个或一组工人完成。同时，只有当从事装配工作的全体工人都按顺序完成了所承担的装配工序以后，才能装配出产品。工作对象（部件或组件）在装配过程中，有顺序地由一个或一组工人转移给另一个或一组工人。这种转移可以是装配对象的转移，也可以是工人的转移。通常把这种装配组织形式称为流水装配法。为了保证装配工作的连续性，在装配线所有的工作位置上，完成某一工序的时间都应相等或互成倍数。在大量生产中，由于广泛采用互换性原则，并使装配工作工序化，因此装配质量好、效率高、生产成本低，是一种先进的装配组织形式，如汽车、拖拉机的装配一般属于此类。

（4）现场装配。现场装配共有两种。第一种为在现场进行部分制造、调整和装配。这里，有些零部件是现成的，而有些零部件则是根据具体的现场尺寸要求进行制造，然后才可以进行现场装配。第二种为与其他现场设备有直接关系的零部件必须在工作现场进行装配。例如，减速器的安装就包括减速器与电动机之间的联轴器的现场校准以及减速器与执行元件之间的联轴器的现场校准，以保证它们之间的轴线在同一条直线上，从而使联轴器的螺母拧紧后不会产生附件的载荷；否则，就会引起轴承超负荷运转或轴的疲劳破坏。

2. 零件精度与装配精度的关系

零件的加工精度是保证装配精度的基础。一般情况下，零件的精度越高，装配出的机器质量越好，即装配精度也越高。例如，车床主轴定心轴颈的径向圆跳动公差，主要取决于滚动轴承内环上辊道的径向圆跳动精度和主轴定心轴颈的径向圆跳动精度。因此，要合理地控制这些有关零件的制造精度，使它们的误差组合仍能满足装配精度的要求。

零件的加工质量必须经过检验合格；装配前零件要仔细清洗，防止在库存与传送中锈蚀、变形及损伤等。目前装配过程中仍需要大量的手工操作劳动，装配质量往往依赖于装配工人的技术水平和高度的责任感。

对于某些要求高装配精度的项目，如果完全由零件的制造精度来直接保证，则零件的制造精度将提得很高，从而给零件的加工制造带来很大难度，甚至用当今的加工方法还无法达到。实际生产中，希望能按经济加工精度来确定零件的精度要求，使之易于加工，而在装配时采用相应的装配方法和装配工艺措施，使装配出的机械产品能达到高的装配精度。这种情况特别是在精密的机械产品装配中显得更为重要，在任何先进的工艺国家都不例外。装配过程中特别需要许多精细的钳工工作，如选配、刮削、研磨、精密计测和精心调整等。虽然增加了装配的劳动量和成本，但是从整个产品制造全局来看，仍然是经济可行的。

2.1.9.2 保证装配精度的工艺方法

在设计装配体结构时，就应当考虑到采用什么装配方法。因为，装配方法直接影响装配尺寸链的解法、装配工作组织、零件加工精度、产品的成本。采用合理的装配方法，实现用较低的零件加工精度，达到较高的产品装配精度，这是装配工艺的核心问题。根据生产纲领、生产技术条件及机器性能、结构和技术要求的不同，常用的装配方法有互换法、选配法、修配法和调整法。这4种方法既是机器或部件的装配方法，也是装配尺寸链的具体计算方法。

1. 互换法

（1）完全互换法。完全互换法就是机器在装配过程汇总每个待装配零件不需要挑选、修配和调整，装配后就能达到装配精度的一种装配方法。装配工作较为简单，生产率高，有利于组织生产协调和流水作业，对工人技术要求较低，也有利于机器的维修。

为了确保装配精度，要求相关零件的公差之和不大于装配公差。这样，装配后各相关零件的累积误差变化范围就不超过装配公差范围。这一原则用公式表示为

$$T_0 \geqslant T_1 + T_2 + \cdots + T_m \qquad (2.1)$$

式中　T_0——装配公差；

　$T_1 \sim T_m$——各相关零件的制造公差；

　　　m——组成环数。

因此，只要制造公差能满足机械加工的经济精度要求，不论何种生产类型，均应优先采用完全互换法。

当装配精度较高、零件加工困难而又不经济时，在大量生产中就可以考虑采用部分互换法。

（2）部分互换法。部分互换法又称不完全互换法。它是将各相关零件的制造公差适当放大，使加工容易又经济，还能保证绝大多数产品达到装配要求的一种方法。

部分互换法是以概率论原理为基础。在零件的生产数量足够大时，加工后的零件尺寸一般在公差带上呈正态分布，而且平均尺寸在公差带中点附近，且出现的概率最大；在接近上下极限尺寸处，零件尺寸出现的概率很小。在一个产品的装配中，各相关零件的尺寸恰巧都是极限尺寸的概率就更小。当然，出现这种情况，累积误差就会超出装配公差。因此，可以利用这个规律，将装配中可能出现的废品率控制在一个极小的比例之内。对于这一小部分不能满足要求的产品，也需进行经济核算或采取补救措施。

根据概率论原理，装配公差必须大于或等于各相关零件公差值平方和的平方根。用公式可以表达为

$$T_0 \geqslant \sqrt{T_1^2 + T_2^2 + \cdots + T_m^2} \qquad\qquad (2.2)$$

显然，当装配公差 T_0 一定时，与式（2.1）比较，式（2.2）中各相关零件的制造公差 $T_1 \sim T_m$ 增大许多，零件的加工也容易了许多。

2. 选配法

选配法是将尺寸链中组成环的公差放大到经济可行程度，然后选择合适的零件进行装配，以保证规定的装配精度要求。选配法主要有 3 种形式。

（1）直接选配法。从待装配的零件群中，凭装配经验和必要的判断性测量，选择一对符合规定要求的零件进行装配，这就是直接选配法。

这种装配方法的优点是能达到很高的装配精度，但与工人的技术水平和测量方法有关，且劳动量大，不宜用于生产节拍要求较严格的大批量流水作业中。另外，直接选配法还有可能造成无法满足要求的"剩余零件"现象。

（2）分组选配法。分组选配法是先将装配的零件进行逐一测量，再按照公差间隔预先分成若干组，按对应组进行装配的装配方法。显然，分组越多，所获得的装配质量越高。但过多的分组会因零件测量、分类和存储工作量的增大而使生产组织工作变得复杂。一般地，零件分组数以 3～5 组为宜。

这种装配方法的主要优点是在零件的加工精度不高的情况下，也能获得很高的装配精度。同时，同组内零件可以互换，具有互换法的优点，因此又称为分组互换法，适用于装配精度要求很高且组成环较少的大批量生产中。

分组时，各组的装配公差应相等，配合件公差增大的方向也应相同，但零件表面粗糙度及几何公差等不能放大。同时，要尽量使同组内相配零件数相等，若不相等，则需要另外专门加工一些零件与其相配。

（3）复合选配法。复合选配法是上述两种方法的复合，即先测量分组再直接选配。其优点是：配合公差件可以不等，装配精度高，装配速度快，能满足一定生产节拍的要求。在发动机气缸与活塞的装配中，多采用这种方法。

下面举例说明选配法的应用。图 2.37 所示为某活塞销和活塞的装配关系图，要求活塞销和活塞销孔在冷状态下装配时，有 0.0023～0.0075mm 的过盈量。

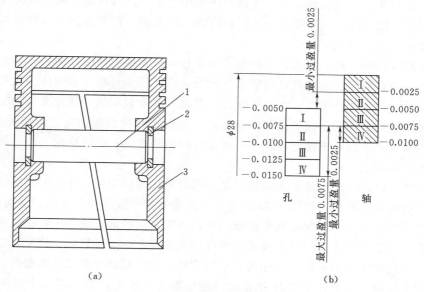

图 2.37　某活塞销和活塞的装配关系图
1—活塞销；2—挡圈；3—活塞

若采用完全互换法装配，并设活塞和活塞销孔的公差做"等公差"分配，则它们的公差都仅为 0.0025mm，因为封闭环公差为 0.0075mm－0.0025mm＝0.0050mm。活塞销和活塞销孔的尺寸为

$$d = 28_{-0.0025}^{0} \, \text{mm}, \quad D = 28_{-0.0075}^{-0.0050} \, \text{mm}$$

显然，加工这样的活塞销和活塞销孔既困难又不经济。在实际生产中可采用分组选配法，将活塞销和活塞销孔的公差在相同方向上放大 4 倍，即

$$d = 28_{-0.01}^{0} \, \text{mm}, \quad D = 28_{-0.015}^{-0.005} \, \text{mm}$$

按此公差加工后，再分 4 组进行相应装配，既可保证配合精度和性质，又可减少加工难度。分组时，可涂上不同颜色或分装在不同容器中，便于进行分组装配。活塞销和活塞销孔分组互换装配见表 2.32。

表 2.32　　　　　　　　　　活塞销和活塞销孔分组互换装配　　　　　　　　　单位：mm

组别	标志颜色	活塞直径 $d = 28_{-0.01}^{0}$	活塞销孔直径 $D = 28_{-0.015}^{-0.005}$	过盈情况	
				最小过盈	最大过盈
I	白	$\phi 28_{-0.0025}^{0}$	$\phi 28_{-0.0075}^{-0.0050}$	0.0025	0.0075
II	绿	$\phi 28_{-0.0050}^{-0.0025}$	$\phi 28_{-0.0100}^{-0.0075}$		
III	黄	$\phi 28_{-0.0075}^{-0.0050}$	$\phi 28_{-0.0125}^{-0.0100}$		
IV	红	$\phi 28_{-0.0100}^{-0.0075}$	$\phi 28_{-0.0150}^{-0.0125}$		

3. 修配法

在装配精度要求高且组成环又较多的单件小批量生产或成批生产中，常用修配法装配。修配法是用钳工或机械加工的方法修整产品中某个零件（该零件称为修配件，该组成环称为修配环）的尺寸，以获得规定装配精度的一种方法，而其他有关零件仍可以按照经济加工精度进行加工。

作为解尺寸链的一种方法而言，修配法就是修改尺寸链中修配环的尺寸，补偿其他组成环的累积误差，以保证装配精度的要求。因此，修配环也可称为补偿环。通常所选择的补偿环应是形状简单、便于拆卸、易于修配，并且对其他装配尺寸链没有影响的零件。

修配法的优点是能利用较低的制造精度，来获得很高的装配精度。但修配劳动量大，对工人技术水平要求高，不便组织流水作业。常用的修配法有单件修配法、合并加工修配法和自身加工修配法3种。

（1）单件修配法。单件修配法是选定某一固定零件为修配件，在装配时进行修配以保证装配精度的方法。例如，在图2.38中车床尾座地板的修配是为保证前后顶尖的等高度。应用广泛的平键的修配是为保证其与键槽的配合间隙。这种修配法在生产中应用最广泛。

（2）合并加工修配法。将两个或多个零件预先装配在一起进行加工修配，这就是合并加工修配法。这些零件组成的尺寸作为一个组成环，这样就减少组成环的数目，相应地也减少了修配工作量。但是用于零件合并后再进行加工和装配，给组织生产带来了一定不便，因此多用于单件小批量生产中。如图2.38中进行尾座装配时，也可采用合并加工修配法，即先将加工好的尾座体和尾座底板两个零件装配为一体，再以尾座底板的底平面为定位基准，镗削加工尾座顶尖套锥孔，这样组成环 A_1 和 A_3 就合并为一个组成环 A_{2-3}，此环公差可放大，并且可以给尾座底板的平面留有较小的刮研量，使整个装配工作变得更加简单。

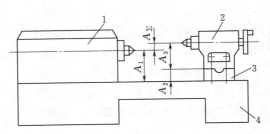

图2.38 主轴箱主轴与尾座套中心线等高装配简图
1—主轴箱；2—尾座体；3—尾座底板；4—床身

（3）自身加工修配法。对于某些装配精度要求很高的产品或部件，若单纯依靠限制各个零件的加工误差来保证，势必要求各个零件具有很高的加工精度，甚至无法加工，而且不易选择一个适当的修配件。此时，可采用自己加工自己的方法来保证装配精度，这就是自身加工修配法。例如，牛头刨床总装后，可采用自刨的方法加工工作台面，使滑枕与工作台面平行；平面磨床装配时，自己磨自己的工作台面，以保证工作台面与砂轮轴平行。

4. 调整法

对于精度要求高且组成环数又较多的产品和部件，在不能用互换法进行装配时，除了用分组互换和修配法外，还可用调整法来保证装配精度。在装配时，用改变产品中可调整零件的相对位置或选用合适的可调整零件，以达到装配精度的方法称为调整法。

调整法和修配法的实质相同，即各零件公差仍按经济加工精度的原则来确定，选择一个零件为调整环（也可称为补偿环，此环的零件称为调整件），来补偿其他组成环的累积误差。但两者在改变补偿环尺寸的方法上有所不同：修配法采用机械加工的方法去除补偿环零件上的金属层；调整法采用改变补偿环零件的相对位置或更换新的补偿环零件，以保证装配精度的要求。常用的调整法有可动调整法、固定调整法和误差抵消调整法 3 种。

（1）可动调整法。可动调整法是通过改变调整件的相对位置来保证装配精度的方法。图 2.39 所示为丝杠与螺母副调整间隙的装置。当发现丝杠螺母副间隙不合适时，可转动中间螺钉，通过斜楔块的上下移动来改变间隙的大小。

采用可动调整法可获得很高的装配精度，并且可以在机器使用过程中随时补偿由于磨损、热变形等原因引起的误差。可动调整法比修配法操作简单、易于实现，在成批生产中应用广泛。

（2）固定调整法。固定调整法是在装配体中选择一个零件作为调整件，根据各组成环所形成的累积误差的大小来更换不同的调整件，以保证装配精度的要求。固定调整法多应用于装配精度要求高的大批大量生产中。调整件是按一定尺寸间隙级别预先制成的若干组专门零件，根据装配时的需要，选用其中的某一级别的零件来补偿误差，常用的调整件有垫圈、垫片、轴套等。

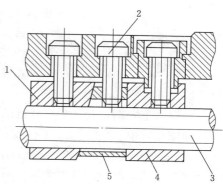

图 2.39 丝杠与螺母副调整间隙装置
1—前螺母；2—调节螺钉；3—丝杠；
4—后螺母；5—楔块

采用固定调整法时必须处理好 3 个问题：①选择调整范围；②确定调整件的分组数；③确定每组调整件的尺寸。

（3）误差抵消调整法。在产品或部件装配时，通过调整有关零件的相互位置，使其加工误差（大小和方向）相互抵消一部分，以提高装配精度的方法称为误差抵消调整法。这种装配方法在机床装配时应用广泛，如在机床主轴部件装配中，通过调整前后轴承的径向圆跳动方向来控制主轴的径向圆跳动；在滚齿机工作台分度涡轮装配中，可以采用调整两者的偏心量和偏心方向，提高其装配精度。

2.1.9.3 装配尺寸链

无论是产品设计时，还是在制定装配工艺、确定装配方法及解决装配质量问题时，都须应用尺寸链理论来分析计算装配尺寸链。

在设计产品时，根据机械产品性能指标及装配工艺的经济性确定装配精度要求，然后通过装配尺寸链的分析计算，确定出各部件、零件的尺寸精度、形状精度和位置精度。

在制定装配工艺时，通过装配尺寸链的分析计算，以确定最佳的装配工艺方案；在装配过程中，通过装配尺寸链的分析计算，找到确保装配精度的措施。

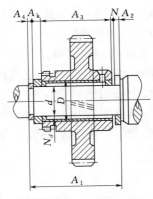

图 2.40　CA6140 车床主轴局
部的装配简图

1. 装配尺寸链的基本概念

图 2.40 为 CA6140 车床主轴局部的装配简图。双联齿轮块空套于轴上，其径向配合应有间隙 N_d，N_d 的大小决定于齿轮内孔尺寸 D 和配合处主轴的尺寸 d。这 3 个尺寸构成了一个最简单的装配尺寸链。由于孔轴配合问题，已有国家标准可以选用，在通常的场合下不必另行计算。

图 2.40 中齿轮在轴向也必须有适当的间隙，以保证转动灵活，又不至于引起过大的轴向窜动，故又规定了轴向间隙量 N 为 0.05～0.2mm。由图中可见，N 的大小决定于尺寸 A_1、A_2、A_3、A_4、A_k 的数值，有

$$N = A_1 - A_2 - A_3 - A_4 - A_k$$

由于它们处于平行的状态，此装配尺寸链为一线性装配尺寸链。

根据以上实例，对装配尺寸链的概念归纳如下：在机械的装配关系中，由相关零部件的尺寸或相对位置关系（如平行度、垂直度、同轴度等）所组成的尺寸链，称为装配尺寸链。

装配尺寸链的封闭环即为装配精度或技术要求。因为它是由零部件上有关尺寸和位置关系所间接保证的。

在装配关系中，对装配精度产生直接影响的那些零件的尺寸和位置关系，是装配尺寸链的组成环。组成环也可分为增环和减环。

装配尺寸链可以按照各环的几何特征和所处空间位置大致分为线性尺寸链（由长度尺寸组成，彼此平行）、角度尺寸链（由角度或平行度、垂直度所做成）、平面尺寸链（由成角度关系布置的长度尺寸构成，且处于同一个平面或彼此平行的平面内）和空间尺寸链。通常的装配尺寸链大部分是线性尺寸链或角度尺寸链。

由于机械结构较为复杂，因此装配尺寸链也相应复杂。一般同一台机械会有若干个装配尺寸链，其中某些装配尺寸链之间彼此有关联。尺寸链和尺寸链间也存在复杂的串联和并联关系。某一个组成环也许会是几个不同装配尺寸链的公共组成环。

2. 装配尺寸链的建立

当运用装配尺寸链的原理去分析和解决装配精度问题时，首先要正确地建立起装配尺寸链，即正确地确定封闭环，并根据封闭环的要求查明各组成环。

如前所述，装配尺寸链的封闭环决定产品或部件的装配精度。为了正确地确定封闭环，必须深入了解产品的使用要求及各部件的作用，明确设计者对产品及部件提出的装配技术要求。为正确查找各组成环，须仔细分析产品或部件的结构，了解各零件连接的具体情况。查找组成环的一般方法是：取封闭环两端的那两个零件为起点，沿着装配精度要求的位置方向，以相邻件装配基准间的联系为线索，分别由近及远地查找装配关系中影响装配精度的有关零件，直至找到同一个基准零件或同一基准表面为止。这样，各有关零件上直线连接相邻零件装配基准间的尺寸或位置关系，即为装配尺寸链的组成环。组成环又分为增环和减环。

建立装配尺寸链就是准确地找出封闭环和组成环，并画出尺寸链简图。

图 2.41 为车床主轴与尾座套筒中心线不等高简图，在机床检验标准中规定为 $0\sim 0.06\mathrm{mm}$，且只许尾座高，这就是封闭环。分别由封闭环两端那两个零件，即主轴中心线和尾座套筒孔的中心线起，由近及远沿着垂直方向可以找到 3 个尺寸，即 A_1、A_2 和 A_3，它们直接影响装配精度，为组成环。其中 A_1 是主轴中心线至主轴箱的安装基准之间的距离，A_3 是尾座套筒孔中心至装配基准之间的距离，A_2 是尾座体的安装基准至尾座垫板的安装基准之间的距离。A_1 和 A_2 都以导轨平面为共同的安装基准，尺寸封闭。图 2.42 为车床不等高尺寸链简图。

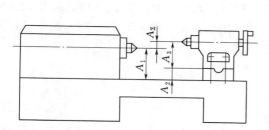

图 2.41 车床主轴与尾座套筒中心线不等高简图

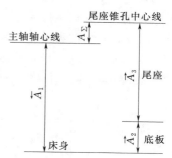

图 2.42 车床不等高尺寸链简图

由于装配尺寸链比较复杂，并且同一装配结构中装配精度要求往往有几个，需在不同方向（如垂直方向、水平方向、径向和轴向等）分别查找，容易混淆，因此在查找时要十分细心。通常，易将非直接影响封闭环的零件尺寸拉入装配尺寸链，使组成环数增加，每个组成环可能分配到的制造公差较小，增加了制造的困难。为避免出现这种情况，遵循下面两个原则是十分必要的。

（1）装配尺寸链的简化原则。机械产品的机构通常都比较复杂，对某项装配精度有影响的因素很多，在查找装配尺寸时，在保证装配要求的前提下，可略去那些影响较小的因素，从而简化装配尺寸链。

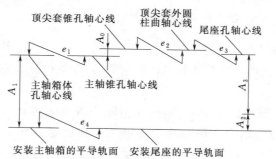

图 2.43 车床主轴与尾座套筒中心线等高装配尺寸链

图 2.43 所示为车床主轴与尾座套筒中心线等高装配尺寸。影响该项装配精度的因素除 A_1、A_2、A_3 这 3 个尺寸外，还有以下几个。

e_1——主轴滚动轴承外圈与内孔的同轴度误差。

e_2——尾座顶尖套锥孔与外圆的同轴度误差。

e_3——尾座顶尖套与尾座孔配合间隙引起的向下偏移量。

e_4——床身上安装主轴箱和尾座的平行导轨件的高度差。

由于 e_1、e_2、e_3、e_4 的数值相对于 A_1、A_2、A_3 的误差是较小的，故装配尺寸链可简化。但在精密装配中，应计入对装配精度有影响的所有因素，不可随意简化。

（2）尺寸链组成的最短路线原则。由尺寸链的基本理论可知，在装配要求给定的条件下，组成环数目越少，则各组成环所分配到的公差值越大，零件的加工越容易和经济。

在查找装配尺寸链时，每个相关的零部件只能由一个尺寸作为组成环列入装配尺寸链，即将连接两个装配基准面间的位置尺寸直接标注在零件图上。这样，组成环的数目就应等于有关零部件的数目，即一件一环，这就是装配尺寸链的最短路线（环数最少）原则。

图 2.44（a）中的齿轮装配轴向间隙尺寸链就体现了一件一环的原则。如果把图中的主轴尺寸标注成图 2.44（b）所示的两个尺寸，则违反了一件一环的原则，如主轴以两个尺寸进入装配尺寸链，则显然会缩小各环的公差。

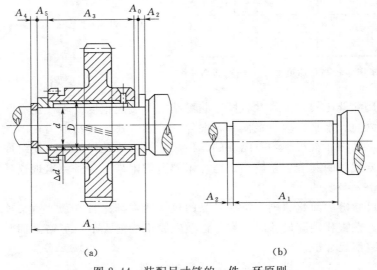

(a)　　　　　　　　　　　　(b)

图 2.44　装配尺寸链的一件一环原则

3. 装配尺寸链的计算方法

（1）极值法。极值法的基本公式是 $T_0 \geqslant \sum T_i$。有关计算式用于装配尺寸链时，常有下列几种情况。

"正计算"用于验算设计图样中某项精度指标是否能够达到，即专供尺寸链中的各组成环的公称尺寸和公差定得正确与否，这项工作在制定装配工艺规程时也是必须进行的。

"反计算"就是已知封闭环，求解组成环，用于产品设计阶段，根据装配精度指标来计算和分配各组成环的公称尺寸和公差。这种问题，解法多样，需根据零件的经济加工精度和恰当的装配工艺方法来具体确定分配方案。

"中间计算"常用在结构设计时，将一些难加工的和不宜改变其公差的组成环的公差先确定下来，其公差值应符合国家标准，并按照"入体原则"标注。然后将一个比较容易加工或容易装拆的组成环作为试凑对象，这个环称为"协调环"。

（2）概率法。概率法的基本算式是 $T_0 \geqslant \sqrt{\sum T_i^2}$ 。

极值法的优点是简单、可靠，但是其封闭环与组成环的关系是在极端情况下推演出来的，即各项尺寸要么是上极限尺寸，要么是下极限尺寸。这种出发点与批量生产中工件尺寸的分布情况显然不符，因此造成组成环的公差很小、制造困难。在封闭环要求高、组成环数目较多时，尤其如此。

从加工误差的统计分析中可以看出，加工一批零件时，尺寸处于公差中心附近的零件属多数，接近极限尺寸是极少数。在装配中，碰到极限尺寸零件的机会不多，而在同一装配中的零件恰恰都是极限尺寸的机会就更为少见。所以应从统计角度出发，把各个参与装配的零件尺寸当作随机变量才是合理的、科学的。

用概率法的好处在于放大了组成环公差，而仍能保证达到装配精度要求。对这个问题，在前面进行过论述。尚需说明的是，由于应用概率法时需要考虑各环的分布中心，算起来比较繁琐。因此，在实际计算时常将各环改为平均尺寸，公差按双向等偏差标注。计算完毕后再按"入体原则"标注。

4. 装配尺寸链计算举例

例 2.5 图 2.45 所示为双联转子泵的轴向装配关系图，要求的轴向间隙为 $0.05 \sim 0.15$mm，$A_1 = 41$mm，$A_3 = 7$mm，$A_2 = A_4 = 17$mm。求各组成环的公差及偏差。

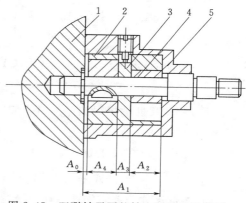

图 2.45 双联转子泵的轴向装配关系简图
1—机体；2—外转子；3—隔板；4—内转子；5—壳体

解 本题属于"反计算"问题。各组成环公差可利用"相依尺寸公差法"进行，即选定一个"相依尺寸"。现就"极值法"和"概率法"分别计算如下。

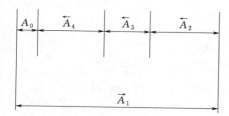

图 2.46 轴向装配尺寸链简图

（1）极值法计算。

1）分析和建立尺寸链。尺寸链如图 2.46 所示。封闭环的尺寸是 $A_0 = 0^{+0.15}_{+0.05}$mm，验算封闭环的尺寸为 $A_0 = \vec{A}_1 - (\vec{A}_2 + \vec{A}_3 + \vec{A}_4) = 41$mm $- (17 + 7 + 17)$mm $= 0$ 各环的公称尺寸正确。

2）确定各组成环公差。隔板 3 容易在平面磨床上磨削，精度容易达到，公差可以给小些，因此选定为协调环，其尺寸 A_3 就是"相依尺寸"。如用符号 $T(A)$ 表示尺寸 A 的公差，则有

因为 $\qquad T(A_0) = (0.15 - 0.05)$mm $= 0.1$mm

所以 $\qquad T_{cp}(A_i) = \dfrac{T(A_0)}{n-1} = \dfrac{0.1}{5-1}$mm $= 0.025$mm

根据加工的难易程度，调整各组成环的公差为

$T(\vec{A_1})=0.049\text{mm}$，$T(\overleftarrow{A_2})=T(\overleftarrow{A_4})=0.018\text{mm}$，计算"相依尺寸"公差为

$$T(\overleftarrow{A_3})=T(A_0)-[T(\vec{A_1})+T(\overleftarrow{A_2})+T(\overleftarrow{A_4})]$$
$$=[0.1-(0.049+0.018+0.018)]\text{mm}=0.015\text{mm}$$

在调整各组成环的公差时，可根据零件上各加工面的经济加工精度以及生产实践的经验进行。

3）计算"相依尺寸"极限偏差。按单向入体原则确定各组成环极限偏差：$\overleftarrow{A_2}=\overleftarrow{A_4}=17_{-0.018}^{\ 0}\text{mm}$，$\vec{A_1}=41_{\ 0}^{+0.049}\text{mm}$。由于相依尺寸是减环，相依尺寸 $\overleftarrow{A_3}$ 的极限偏差可由尺寸链计算公式求得。若用 $B_s(A)$ 表示尺寸 A 的上极限偏差；$B_x(A)$ 表示 A 的下极限偏差，则有

$$B_s(\overleftarrow{A_3})=-B_x(A_0)+B_x(\vec{A_1})-B_s(\overleftarrow{A_2})-B_s(\overleftarrow{A_4})$$
$$=(-0.05+0-0-0)\text{mm}=-0.05\text{mm}$$

$$B_x(\overleftarrow{A_3})=-B_s(A_0)+B_s(\vec{A_1})-B_x(\overleftarrow{A_2})-B_x(\overleftarrow{A_4})$$
$$=[-0.15+0.049-(-0.018)-(-0.018)]\text{mm}=-0.065\text{mm}$$

所以相依尺寸的极限偏差为 $\overleftarrow{A_3}=7_{-0.065}^{-0.05}\text{mm}$。

（2）概率法。

1）分析与建立尺寸链，并验算相依尺寸。

$$\overleftarrow{A_3}=-A_0+\vec{A_1}-\overleftarrow{A_2}-\overleftarrow{A_4}=(0+41-17-17)\text{mm}=7\text{mm}$$

2）相依尺寸公差。先求各环的平均公差，即

$$T_{cp}(A_i)=\frac{T(A_0)}{\sqrt{n-1}}=\frac{0.1}{\sqrt{5-1}}\text{mm}=0.05\text{mm}$$

再根据各零件加工的难易程度及经济加工精度确定各环的公差，并按"入体原则"，求得 $\vec{A_1}=41_{\ 0}^{+0.07}\text{mm}$、$\overleftarrow{A_2}=\overleftarrow{A_4}=17_{-0.043}^{\ 0}\text{mm}$。因为 $\overleftarrow{A_3}$ 容易加工确定为"相依尺寸"，并且是减环，故 A_3 的公差为

$$T(\overleftarrow{A_3})=\sqrt{T(A_0)^2-T(\vec{A_1})^2-T(\overleftarrow{A_2})^2-T(\overleftarrow{A_4})^2}$$
$$=\sqrt{0.1^2-0.07^2-0.043^2-0.043^2}\text{mm}=0.037\text{mm}$$

3）求相依尺寸的平均偏差。按平均偏差的定义，可知各环的平均偏差为

$$B_M(\vec{A_1})=\frac{0.07}{2}\text{mm}=0.035\text{mm}$$

$$B_M(\overleftarrow{A_2})=B_M(\overleftarrow{A_4})=\frac{0-0.043}{2}\text{mm}=-0.0215\text{mm}$$

$$B_M(A_0)=\frac{0.15+0.05}{2}\text{mm}=0.1\text{mm}$$

$$B_M(\overleftarrow{A_3})=-B_M(A_0)+B_M(\vec{A_1})-B_M(\overleftarrow{A_2})-B_M(\overleftarrow{A_4})$$
$$=(-0.1+0.035+0.0215+0.0215)\text{mm}=-0.022\text{mm}$$

4）求相依尺寸的上、下极限偏差。

$$B_s(\overleftarrow{A_3}) = \left(-0.022 + \frac{0.037}{2}\right)\mathrm{mm} = -0.035\mathrm{mm}$$

$$B_x(\overleftarrow{A_3}) = \left(-0.022 - \frac{0.037}{2}\right)\mathrm{mm} = -0.0405\mathrm{mm}$$

5）求相依尺寸。

$$\overleftarrow{A_3} = 7^{-0.035}_{-0.0405}\mathrm{mm}$$

例 2.6 车床的主轴与尾座锥孔的等高度计算，其装配尺寸链如图 2.47 所示。

已知主轴轴线到车床床身的距离 $\overleftarrow{A_1} = 202\mathrm{mm}$，尾座高度 $\overleftarrow{A_3} = 156\mathrm{mm}$，底板厚度 $\overleftarrow{A_2} = 46\mathrm{mm}$，封闭环为主轴轴线与尾座锥孔中心线的不等高度。$A_0 = 0^{+0.06}_{0}$ mm，只允许尾座中心线高于主轴中心线。采用修配法。

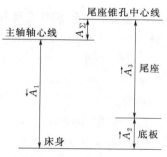

图 2.47 车床装配尺寸链

解 计算修配法装配尺寸链时应注意正确选择好修配环，在保证修配量足够且最小原则下计算修配环尺寸。修配环修配后对封闭环尺寸变化的影响有两种情况，解尺寸链时应分别保证以下条件。

1）随着修配环尺寸的修配（减小），而封闭环尺寸变大，则必须使封闭环的实际上极限尺寸 $A_{0\max}$ 等于装配要求所规定的最大尺寸 $A'_{0\max}$，即 $A_{0\max} = A'_{0\max}$。

2）随着修配环尺寸的修配（减小），而封闭环尺寸变小，则必须使封闭环的实际下极限尺寸 $A_{0\min}$ 等于装配要求所规定的最小尺寸 $A'_{0\min}$，即 $A_{0\min} = A'_{0\min}$。

解题步骤如下。

1）确定修配环，判别修配后对封闭环的影响。根据修配环选择原则，确定 A_2 为修配环，修配后 A_2 减小，使封闭环尺寸也减小，属于第二种情况。

2）确定各组成环的公差及修配环以外的各组成环的极限偏差。根据各种加工方法的经济精度确定各组成环的公差值（查有关工艺手册），并按对称分布标注除修配环以外各组成环的极限偏差。标注为：$A_1 = 202\mathrm{mm} \pm 0.05\mathrm{mm}$，$A_3 = 156\mathrm{mm} \pm 0.05\mathrm{mm}$，$T(A_2) = 0.15\mathrm{mm}$（精刨）。

3）确定修配方法及最小修配余量。如采用刮研法进行修配，则最小修配余量 $Z_n = 0.15\mathrm{mm}$（查表或按经验确定）。

4）计算最大的修配余量。

$$Z_k = \sum_{i=1}^{n-1} T(A_i) - T(A_0) + Z_n$$
$$= [(0.1 + 0.1 + 0.15) - 0.06 + 0.15]\mathrm{mm} = 0.44\mathrm{mm}$$

式中　A_i——所有的组成环。

5）计算修配环的极限偏差。只允许后顶尖高，当前、后顶尖中心线刚好重合时，$A_0 = 0$，最小修刮量为 0。此时若 A_1 处于上极限尺寸，则 A_2、A_3 必须处于下极限尺寸。因

而有下列等式，即

$$A_{1max} = A_{2min} + A_{3min}$$

由此可求出 $A_{2min} = A_{1max} - A_{3min} = (202.05 - 155.95)$ mm $= 46.10$ mm，由于 $T(A_2) = 0.15$ mm，所以 $A_2 = 46.15^{+0.15}_{0}$ mm $= 46^{+0.40}_{+0.25}$ mm。

但是，这时刮研量为0。为了保证接触刚度，必须保证最小刮研量为0.15mm。那么 A_2 需要加厚0.15mm，即

$$A_2 = 46.15^{+0.25}_{+0.10} \text{ mm} = 46^{+0.40}_{+0.25} \text{ mm}$$

至此，各组成环公称尺寸及上、下极限偏差确定完毕。运用这些尺寸可以计算出最大修刮量为0.44～0.50mm。这个数值对修刮加工来说偏大。

为了减少最大修刮量，可改用合并加工修配法，就是将尾座与尾座垫板组装后镗削尾座套筒孔。此时 A_2、A_3 两个尺寸由一个合并加工尺寸 A_{32} 代替进入装配尺寸链，将原来的四环尺寸链变为三环尺寸链。

若仍取 $T(A_1) = 0.1$ mm，则 $A_1 = 202$ mm ± 0.05 mm，$A_{32} = 202$ mm，$T(A_{32})$ 也取 0.1mm，其公差带未知，须经计算确定。仍按前述算法，当中心线重合时，有 $A_{1max} = A_{32min} = 202.05$ mm，因此

$$A_{32} = 202.05^{+0.1}_{0} \text{ mm} = 202^{+0.15}_{+0.05} \text{ mm}$$

再考虑到最小修刮量0.15mm，则

$$A_{32} = 202.15^{+0.15}_{+0.05} \text{ mm} = 202^{+0.3}_{+0.2} \text{ mm}$$

各尺寸及极限偏差确定完毕，按此可算出最大修刮量为0.29～0.35mm。与前面计算相比，刚好减少一个精刨的经济公差0.15mm。这就是由合并加工修配法所得到的效果。

例2.7 图2.48所示为车床主轴大齿轮装配图。按装配技术要求，当隔套 $(\overrightarrow{A_2})$、齿轮 (A_0)、垫圈固定调整件 (A_k) 和弹性挡圈 $(\overleftarrow{A_4})$ 装在轴上后，齿轮的轴向间隔 A_0 应在0.05～0.2mm范围内。其中，$\overrightarrow{A_1} = 115$ mm、$\overleftarrow{A_2} = 8.5$ mm、$\overleftarrow{A_3} = 95$ mm、$\overleftarrow{A_4} = 2.5$ mm、$\overleftarrow{A_k} = 9$ mm。试确定各尺寸的极限偏差及调整件各组尺寸与极限偏差。

解 装配尺寸链如图2.48（b）所示。

各组成环的公差与极限偏差按经济加工精度及偏差入体原则确定如下。

$$\overrightarrow{A_1} = 115^{+0.20}_{+0.05} \text{ mm}, \overleftarrow{A_2} = 8.5^{0}_{-0.10} \text{ mm}, \overleftarrow{A_3} = 95^{0}_{-0.10} \text{ mm}, \overleftarrow{A_4} = 2.5^{0}_{-0.12} \text{ mm}$$

按极值法计算，应满足下式，即

$$T_0 \geqslant T_1 + T_2 + T_3 + T_4 + T_k$$

代入各公差值，上式为

$$0.15 \geqslant 0.15 + 0.1 + 0.1 + 0.12 + T_k$$
$$0.15 \geqslant 0.47 + T_k$$

上式中，$T_1 \sim T_4$ 的累积值为0.47mm，已大于封闭环公差 $T_0 = 0.15$ mm，故无论调整环公差 T_k 是何值，均无法满足尺寸链的公差关系式，即无法不产生封闭环公差的超差部分。为此，可将尺寸链中未装入调整件 A_k 时的轴向间隙（称为"空位尺寸"，用 A_s 表示）分成若干尺寸段，相应地调整环也分成同等数目的尺寸组，不同尺寸段的空位尺寸用

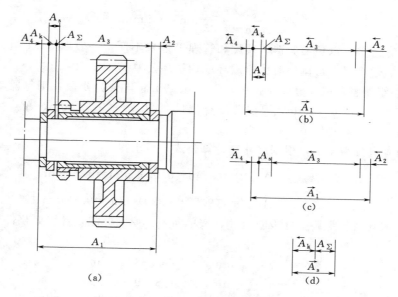

图 2.48　固定调整法装配示意图

相应尺寸组的调整环装入，使各段空位内的公差仍能满足尺寸链的公差关系。

固定调整法计算主要是确定调整环的分组数及各调整环尺寸。

1）确定调整环的分组数。为便于分析，现将图 2.48（b）分解为图 2.48（c）、（d）。分别表示含空位尺寸 A_s 及空位尺寸 A_s 内的尺寸链。

在图 2.48（c）中，空位尺寸 A_s 可视为封闭环，则

$$T_s = T_1 + T_2 + T_3 + T_4 = 0.47 \text{mm}$$

$$\begin{aligned} A_{smax} &= \overrightarrow{A}_{1max} - (\overleftarrow{A}_{2min} + \overleftarrow{A}_{3min} + \overleftarrow{A}_{4min}) \\ &= [115.20 - (8.4 + 94.9 + 2.38)] \text{ mm} = 9.52 \text{mm} \end{aligned}$$

$$\begin{aligned} A_{smin} &= \overrightarrow{A}_{1min} - (\overleftarrow{A}_{2max} + \overleftarrow{A}_{3max} + \overleftarrow{A}_{4max}) \\ &= [115.05 - (8.5 + 95 + 2.5)] \text{ mm} = 9.05 \text{mm} \end{aligned}$$

由此得 $A_s = 9^{+0.52}_{+0.05} \text{mm}$。

由图 2.48（d）所示尺寸链，A_0 为封闭环。

现将空位尺寸 A_s 均分为 Z 段（相应调整环 A_k 也分为 Z 段），则每一段空位尺寸的公差为 $\dfrac{T_s}{Z}$。若各组调整环的公差相等，均为 T_k，则隔断空位尺寸内的公差关系应满足下式

$$\frac{T_s}{Z} + T_k \leqslant T_0$$

由此得出空位尺寸的分段数（即调整环 A_k 的分组数）的计算公式为

$$Z \geqslant \frac{T_s}{T_0 - T_k}$$

本例中，按经济精度，取 $T_k = 0.03 \text{mm}$ 代入，得

$$Z \geqslant \frac{0.47}{0.15-0.03} \text{mm} = 3.9\text{mm}$$

分组数不宜过多，以免给制造、装配和管理等带来不便，一般取 3～4 组为宜。当计算所得的分组数过多时，可调整有关组成环或调整环公差。

2）确定各组调整环的尺寸。本例中，$T_s = 0.49\text{mm}$ 均分为 4 段，则每段空位尺寸的公差为 0.1185mm，取 0.12mm，可得各段空位尺寸为 $A_{s1} = 9^{+0.52}_{+0.4}\text{mm}$、$A_{s2} = 9^{+0.4}_{+0.28}\text{mm}$、$A_{s3} = 9^{+0.28}_{+0.16}\text{mm}$、$A_{s4} = 9^{+0.16}_{+0.04}\text{mm}$。

调整环相应也分为 4 组，根据尺寸链计算公式，可求得

$$\vec{A}_{k1max} = \vec{A}_{s1min} - A_{0min} = (9.40 - 0.05)\text{mm} = 9.35\text{mm}$$

$$\vec{A}_{k1min} = \vec{A}_{s1max} - A_{0max} = (9.52 - 0.20)\text{mm} = 9.32\text{mm}$$

同理，可求其余各组调整件极限尺寸。按单向入体原则标注，各组调整件尺寸及极限偏差为

$$A_{k1} = 9.35^{\,0}_{-0.03}\text{mm}, \quad A_{k2} = 9.23^{\,0}_{-0.03}\text{mm}$$

$$A_{k3} = 9.11^{\,0}_{-0.03}\text{mm}, \quad A_{k4} = 8.99^{\,0}_{-0.03}\text{mm}$$

3）补偿表。为方便装配，列出补偿表。调整件补偿作用表见表 2.33。

表 2.33　　　　　　　　　　　　　调整件补偿作用表　　　　　　　　　　单位：mm

空位尺寸	调整件尺寸级别	调整件分级尺寸增量	装配后间隙
9.52～9.40	$A_{k1} = 9.35^{\,0}_{-0.03}$	$-0.3～0$	0.05～0.20
9.40～9.28	$A_{k2} = 9.23^{\,0}_{-0.03}$	0.09～0.12	0.05～0.20
9.28～9.18	$A_{k3} = 9.11^{\,0}_{-0.03}$	0.21～0.24	0.05～0.20
9.16～9.04	$A_{k4} = 8.99^{\,0}_{-0.03}$	0.33～0.36	0.05～0.20

2.1.9.4　装配工艺过程制定

1. 装配工艺过程

产品的装配工艺包括 4 个过程。

（1）准备工作。各项准备工作的具体内容与装配任务有关。图 2.49 所示为装配准备工作内容简图。

准备工作应当在正式装配之前完成。准备工作包括资料的阅读和装配工具与设备的准备等。充分的准备可以避免装配时出错，缩短装配时间，有利于提高装配的质量和效率。

准备工作包括下列几个步骤。

1）熟悉产品装配图、工艺文件和技术要求，了解产品的结构、零件的作用及相互连接关系。

2）检查装配用的资料与零件是否齐全。

3）确定正确的装配方法和顺序。

4）准备装配所需要的工具与设备。

5）整理装配的工作场地，对装配的零件、工具进行清洁，去掉零件上的毛刺、铁锈、切屑、油污，归类并放置好装配用零部件，调整好装配平台基准。

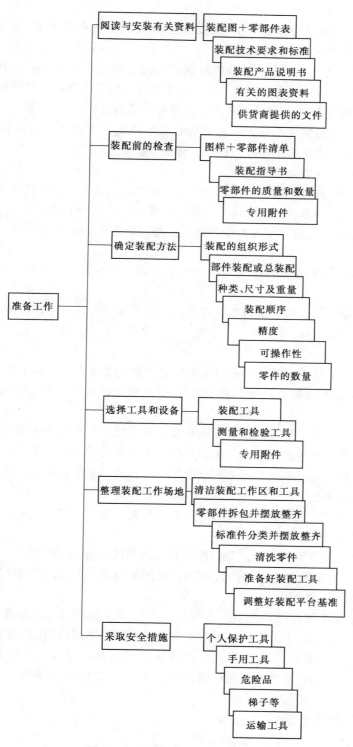

图 2.49　装配准备工作内容简图

6）采取安全措施。

（2）装配工作。在装配准备工作完成之后，才开始进行正式装配。结构复杂的产品，其装配工作一般为部件装配和总装配。

1）部件装配。指产品在进入总装配以前的装配工作。凡是将两个以上的零件组合在一起或将零件与几个组件结合在一起，成为一个装配单元的工作，均称为部件装配。

2）总装配。指将零件和部件组装成一台完整产品的过程。

在装配工作中需要注意的是，一定要先检查零件的尺寸是否符合图样的尺寸精度要求，只有合格的零件才能运用连接、校准、防松等技术进行装配。

（3）调整、精度检验和试车。

1）调整工作是指调节零件或机构的相互位置、配合间隙、结合程度等，目的是使机构或机器工作协调，如轴承间隙、镶条位置、涡轮轴向位置的调整。

2）精度检验包括几何精度和工作精度检验等，以保证满足设计要求或产品说明书的要求。

3）试车是试验机构或机器运转的灵活性、振动、工作温升、噪声、转速、功率等性能是否符合要求。

（4）涂装、油漆、装箱。机器装配好之后，为了使其美观、防锈和便于运输，还要做好涂装、油漆、装箱工作。

2. 装配工艺规程

装配工艺规程是规定产品或零部件装配工艺过程和操作方法等的工艺文件。执行工艺规程能使生产有条理地进行，能合理使用劳动力和工艺设备、降低成本、提高劳动生产率。

（1）装配单元。为了便于组织装配流水线，使装配工作有秩序地进行，装配时，将产品分解成独立装配的组件或分组件。编制装配工艺规程时，为了便于分析研究，要将产品划分为若干个装配单元。装配单元是装配中可以进行独立装配的部件。任何一个产品都能分解成若干个装配单元。

（2）装配基准件。最先进入装配的零件称为装配基准件。它可以是一个零件，也可以是最低一级的装配单元。

（3）装配单元系统图。表示产品装配单元的划分机器装配顺序的图，称为装配单元系统图。图 2.50 所示为锥齿轮轴组件装配图，它的顺序可按图 2.51 的顺序来进行，而图 2.52 则为装配单元系统图。

绘制装配单元系统图时，先画一条横线，在横线左端画出代表基准件的长方格，在横线右端画出代表产品的长方格。然后按装配顺序从左向右将代表直接装到产品上的零件或组件的长方格从水平线引出，零件画在横线上面，组件画在横线下面。用同样的方法可把每一组件及分组件的系统图展开画出。长方格内注明零件或组件名称、编号和件数。

3. 装配工艺规程的制定

（1）制定装配工艺应具备的原始条件。

1）产品的全套装配图样。

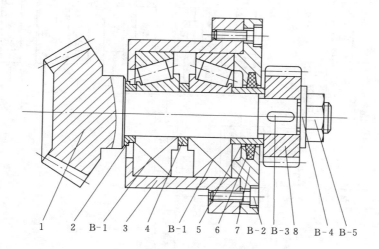

图 2.50　锥齿轮轴组件装配图

1—锥齿轮轴；2—衬垫；3—轴承套；4—隔套；5—套筒；6—毛毡圈；7—轴承盖；8—圆柱齿轮；
B-1—轴承；B-2—螺钉；B-3—键；B-4—垫圈；B-5—螺母

图 2.51　锥齿轮轴组件装配顺序

2）零件明细表。

3）装配技术要求、验收技术标准和产品说明书。

4）现有的生产条件及资料（包括工艺设备、车间面积、操作工人的技术水平等）。

（2）制定装配工艺规程的基本原则。

1）保证并力求提高产品质量，而且要有一定的精度储备，以延长机器使用寿命。

2）合理安排装配工艺，尽量减少钳工装配工作量（钻、刮、锉、研等）以提高装配效率，缩短装配周期。

3）所占车间生产面积尽可能小，以提高单元装配面积的生产率。

（3）制定装配工艺规程的步骤。

1）研究产品的装配图及验收技术标准。

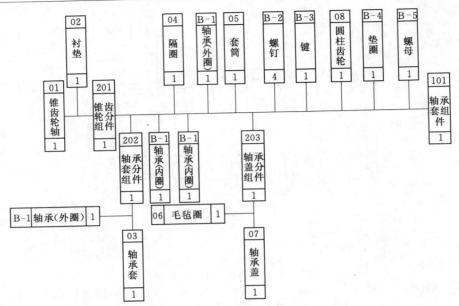

图 2.52 锥齿轮轴组件装配单元系统框图

2）确定产品或部件的装配方法。

3）分解产品为装配单元，规定合理的装配顺序。

4）确定装配工序内容、装配规范及工夹具。

5）编制装配工艺系统图。装配工艺系统图是在装配单元系统图上加注必要的工序说明（如焊接、配钻、攻螺纹、铰孔及检验等），较全面地反映装配单元的划分、装配顺序及方法。

6）确定工序的时间定额。

7）编制装配工序过程卡片。

4. 锥齿轮轴组件的装配工艺规程举例

本书设计了一个工装配训练用的装配工艺规程标准格式，该格式中装配工艺描述清楚、易于操作，适于在装配操作训练中使用。该标准格式描述了装配训练的目的，以及训练所使用的工、量具，并给所选训练方法留有备注的地方。"操作步骤"一栏用于表达装配操作的工序步骤，"标准操作"一栏用于描述每一个装配工序所包含的工步，"解释"一栏用于对每一个标准操作做详尽的说明。现将装配工艺规程训练项目锥齿轮轴组件的装配工艺规程以表格形式列于表 2.34 中，仅供参考。

表 2.34 　　　　　　　　　　　　**锥齿轮轴组件的装配工艺规程**

装配目标：通过本实践操作后，应能够：①学会编制产品的装配工艺规程；②学会锥齿轮轴的装配方法		工具与量具：压力机、塞尺、塑料锤、开口扳手、内六角扳手
备注：		
操作步骤	标准操作	解释
工作准备	熟悉任务	图样和零件清单

续表

装配目标：通过本实践操作后，应能够： ①学会编制产品的装配工艺规程； ②学会锥齿轮轴的装配方法 备注：		工具与量具：压力机、塞尺、塑料锤、开口扳手、内六角扳手
		装配任务
	初检	检查文件和零件的完备情况
	选择工具、量具	见工具、量具列表
	整理工作场地	选择工作场地
		备齐工具和材料
	清洗	用清洁布清洗零件
装配衬垫（02）	定位	将衬垫套装在锥齿轮轴上
装配毛毡圈（06）	定位	将已剪好的毛毡圈塞入轴承盖槽内
装配轴承外圈（B-1）	润滑	在配合面上涂上润滑油
	压入	将轴承内圈压装在轴上，并紧贴衬垫
装配隔圈（04）	定位	将隔圈装在轴上
装配轴承外圈（B-1）	润滑	在配合面上涂上润滑油
	压入	将轴承内圈压装在轴上，直至与隔圈接触
装配套筒（05）	定位	将套筒装在轴上，并与轴承内圈接触
装配轴承盖（07）	定位	将轴承盖放置在轴承套上
	紧固	用手拧紧4个螺钉（B-2）
	调整	调整端面的宽度，使轴承间隙符合要求
	固定	用内六角扳手拧紧4个螺钉
装配圆柱齿轮（08）	压入	将键（B-3）压入齿轮轴键槽内
	压入	将圆柱齿轮压至与套筒接触
	检查	用塞尺检查齿轮与套筒的接触情况
	定位	套装垫圈（B-4）
	紧固	用手拧紧螺母（B-5）
	固定	用扳手拧紧螺母（B-5）
检查	最后检查	检查锥齿轮转动的灵活性及轴向窜动

2.1.10 习题

2.1 工艺基准包括（ ）。

A. 设计基准与定位基准　　　　B. 粗基准和精基准

C. 定位基准、装配基准、测量基准、工序基准

2.2 选择不加工表面为粗基准，其特点是（ ）。

A. 加工余量均匀　　　　　　　B. 无定位误差

C. 不加工表面与加工表面壁厚均匀 D. 金属切削量减小

2.3 基准同一原则的特点是（ ）。

A. 加工表面的相互位置精度高　B. 夹具种类增加

C. 工艺过程复杂　　　　　　　D. 加工余量均匀

2.4 精基准选择采用基准重合原则，其特点是（ ）。

A. 夹具设计简单　　　　　　　B. 保证基准统一

C. 切削余量均匀　　　　　　　D. 没有基准不重合误差

2.5 磨削主轴内孔时，以支承轴颈为定位基准，其目的是使其与（ ）重合。

A. 设计基准　　　B. 装配基准　　　C. 测量基准

2.6 正火处理可安排在（ ）。

A. 粗加工之后　　B. 精加工之前　　C. 机械加工之前

2.7 轴类零件的半精加工应安排在（ ）之后。

A. 淬火　　　　　B. 正火　　　　　C. 调质

2.8 某加工阶段的主要任务是改善表面粗糙度，则该阶段是（ ）阶段。

A. 粗加工　　　　B. 精加工　　　　C. 光整加工　　　D. 半精加工

2.9 什么是装配、部件装配和总装配？装配的目的是什么？

2.10 装配的组织形式有哪几种？各有何特点？

2.11 零件精度和装配精度的关系是什么？

2.12 保证装配精度的方法有哪几种？各适应于什么场合？

2.13 什么是装配尺寸链？

2.14 装配尺寸链如何查找？查找时应注意些什么？

2.15 利用极值法和概率法解装配尺寸链的区别是什么？

2.16 如图 2.53 所示的曲轴、连杆和衬套等零件的装配图，装配后要求间隙为 $N=$ 0.1～0.2mm，而图样设计的 $A_1=150^{+0.016}_{0}$ mm、$A_2=A_3=75^{-0.02}_{-0.06}$ mm。试验算设计图样给定的零件极限尺寸是否合理。

2.17 如图 2.54 所示的齿轮箱部件，根据使用要求齿轮轴肩与轴承端面的轴向间隙应在 1～1.75mm 范围内。若已知各零件的公称尺寸为 $A_1=101$mm、$A_2=50$mm、$A_3=A_5=5$mm、$A_4=140$mm。试确定这些尺寸的公差及极限偏差。

2.18 装配前应做哪些准备工作？其意义何在？

2.19 机器装配工艺包括哪些工作？各自的工作内容是什么？

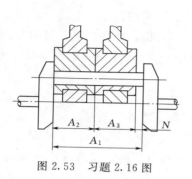

图 2.53 习题 2.16 图

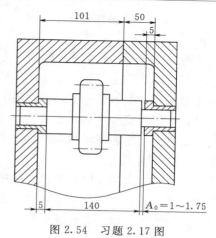

图 2.54 习题 2.17 图

2.2 编制轴类零件的机械加工工艺

2.2.1 传动轴的加工工艺过程分析

图 2.1 所示零件是减速机中的传动轴。它属于台阶轴类零件，是由圆柱面、轴肩、螺纹、螺尾退刀槽、砂轮越程槽和键槽等组成。轴肩一般用来确定安装在轴上零件的轴向位置，各环槽的作用是使零件装配时有一个正确的位置，并使加工中磨削外圆或车螺纹时退刀方便；键槽用于安装键，以传递转矩；螺纹用于安装各种锁紧螺母和调整螺母。

根据工作性能与条件，该传动轴零件图中规定了主要轴颈 $\phi(30 \pm 0.0065)$mm、$\phi(45 \pm 0.008)$mm，外圆 $\phi(35 \pm 0.008)$mm 有较高的尺寸、位置精度和较小的表面粗糙度值，并有热处理要求。这些技术要求必须在加工中给予保证。因此，该传动轴的关键工序是轴颈 $\phi(30 \pm 0.0065)$mm、$\phi(45 \pm 0.008)$mm，外圆 $\phi(35 \pm 0.008)$mm 的加工。

1. 确定毛坯

该传动轴材料为 45 钢，因其属于一般传动轴，故选用 45 钢可满足要求。

本例传动轴属于中、小传动轴，并且各外圆直径尺寸相差不大，故选择 $\phi60$mm 的热轧圆钢做毛坯。

2. 确定主要表面的加工方法

传动轴大多是回转表面，主要采用车削与外圆磨削成型。由于该传动轴的主要表面 $\phi(30 \pm 0.0065)$mm、$\phi(45 \pm 0.008)$mm、$\phi(35 \pm 0.008)$mm 的公差等级较高（IT6），表面粗糙度值较小（$Ra0.8\mu m$），故车削后还需磨削。外圆表面的加工总体方案可选定为：粗车→半精车→磨削。

3. 确定定位基准

合理地选择定位基准，对于保证零件的尺寸和位置精度有着决定性的作用。由于传动轴的两个主要配合表面 $[\phi(35 \pm 0.008)$mm$]$ 对基准轴线均有径向圆跳动的要求，它又是实心轴，所以应选择两端中心孔为基准，采用双顶尖装夹方法，以保证零件的技术要求。

粗基准采用热轧圆钢的毛坯外圆。中心孔加工采用自定心卡盘装夹热轧圆钢的毛坯外圆，车端面、钻中心孔。必须注意，一般不能用毛坯外圆装夹两次钻中心孔，而应该以毛坯外圆作粗基准，先加工一个端面，钻中心孔，车出一端外圆；然后以已车过的外圆作基准，用自定心卡盘装夹（有时在上工步已车外圆处搭中心架），车另一端面，钻中心孔。如此加工中心孔，才能保证两端中心孔同轴。

4. 划分加工阶段

对精度要求较高的零件，其粗、精加工应分开，以保证零件的质量。

该传动轴的加工划分为 3 个阶段：粗车（粗车外圆、钻中心孔等）；半精车（半精车各处外圆、台阶和修研中心孔及次要表面等）；粗磨、精磨（粗磨、精磨各处外圆）。各阶段划分大致以热处理为界。

5. 热处理工序安排

轴的热处理要根据其材料和使用要求确定。对于传动轴，正火、调质和表面淬火用得较多。该轴要求调质处理，并安排在粗车各外圆之前。

综合上述分析，传动轴的工艺路线如下。

下料，车端面，钻中心孔→粗车各外圆→调质→修研中心孔→半精车各外圆，车槽，倒角→车螺纹→划键槽加工线→铣键槽→修磨中心孔→磨削→检验。

6. 加工尺寸和切削用量

传动轴磨削余量可取 0.5mm，半精车余量可选用 1.5mm。加工尺寸可由此而定，见该轴加工工艺过程卡片（表 2.35）的工序内容。

单件小批量生产时，车削用量的选择可根据加工情况由工人确定，一般可从《机械加工工艺手册》或《切削用量手册》中选取。

7. 拟定工艺过程

定位精基准面中心孔应在粗加工之前加工，在调质之后和磨削之前各需安排一次修研中心孔的工序。调质之后修研中心孔可消除中心孔的热处理变形和氧化皮，磨削之前修研中心孔是为提高定位精基准面的精度和减小定位锥面的表面粗糙度值。拟定传动轴的工艺过程时，在考虑主要表面加工的同时，还要考虑次要表面的加工。在半精加工 $\phi52$、$\phi44$ 及 M22 时，应车到图样规定的尺寸，同时加工出各退刀槽、倒角和螺纹；3 个键槽应在半精车后以及磨削之前铣出，这样可保证铣键槽时有较精确的定位基准，又可避免在精磨后铣键槽破坏已加工的外圆表面。

在拟定工艺过程时，应考虑检验工序的安排、检查项目及检验方法的确定。综上所述，所确定的该传动轴的加工工艺过程见表 2.35。

这里要注意的是，这种轴类的生产批量都不大，加工工艺是按中、小批量编制的，车削工序较集中。如果是大批量生产，则可考虑采用专用机床和专用夹具等，工序也可根据生产批量的增加适当分散。

传动轴的机械加工工艺过程卡片见表 2.35。

传动轴工序的机械加工工序卡片见表 2.36。

表2.35

传动轴机械加工工艺过程卡片

机械加工工艺过程卡片		产品型号	JSX	零部件图号	JSX-006	共2页 第1页	
		产品名称	减速机	零部件名称	传动轴		
材料牌号 45	毛坯种类 热轧圆钢	毛坯外形 φ60×265mm		每毛坯可制件数 1	每台件数 1	工时 准终/单件	

工序号	工序名称	工序内容	设备	夹具	刀具	量具	工时 准终/单件
1	锯	φ60×265mm	锯床			钢直尺	
2	车	(1)夹外圆,深处长度30mm,车右端面见平,钻中心孔 (2)拉出,一夹一顶,粗车右端φ46、φ35、M24处外圆,留余量2mm (3)调头,夹φ46mm并靠台阶,车另一端,保证长度250mm,钻中心孔 (4)一夹一顶,粗车左端φ52、φ30、M24处外圆,各挡外圆留余量2mm	车床	自定心卡盘	车刀,中心钻	游标卡尺 0~300mm	
3	热	调质处理220~240HBW					
4	钳	修研两端中心孔	车床	双顶尖			
5	车	(1)两顶尖装卡,半精车φ46、φ35、M24外圆,留余量0.5mm;半精车环槽3处,倒角3处,车螺纹M24×1.5-6g (2)调头,两顶尖装卡,半精车φ35、φ30、M24外圆,留余量0.5mm;半精车环槽3处,倒角4处,车螺纹M24×1.5-6g	车床	双顶尖	车刀,纹车刀	游标卡尺 0~300mm 螺纹环规	
6	钳	划两个键槽及一个止动垫圈槽加工线	钳工台	V形铁,划针			
7	铣	(1)铣键槽12mm×36mm,8mm×16mm,键槽深度要考虑磨削余量 (2)铣止动垫圈槽6mm×16mm,保证20.5mm至尺寸	铣床	分度头,顶尖	铣刀	百分表,游标卡尺 0~300mm	
8	钳	修研两端中心孔	车床	油石		钢直尺	
9	磨	(1)磨外圆φ(45±0.08)mm,φ(35±0.08)mm (2)调头,磨外圆φ(35±0.08)mm,φ(30±0.065)mm至尺寸 (3)检验	外圆磨床	双顶尖	砂轮	外径千分尺 25~50mm,百分表	

编制	日期	编写	校对	日期	校对	审核	日期	审核	日期

表 2.36

机械加工工艺过程卡片

传动轴机械加工工序卡片

产品型号及规格	JSX-减速机	图号	JSX-006	工艺文件编号	
		名称	传动轴	工序名称	磨外圆
	材料牌号及名称	45	毛坯外形尺寸		
	零件毛重	零件净重	硬度		
	设备型号 MW1420C	设备名称 外圆磨床	代号		
	专用工艺装备		每台件数		
	机动时间 15min	单件工时定额 90min	切削液 乳化液		
	技术等级				

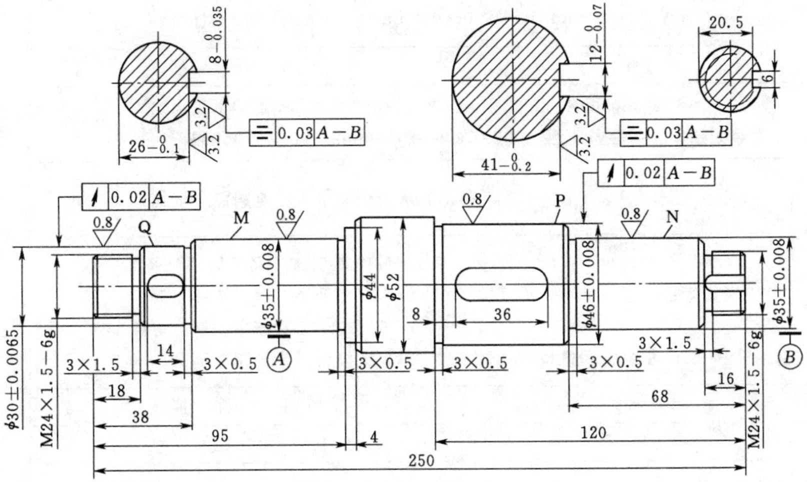

工序名称 / 工序	工序及工步内容	切削用量					刀具 名称规格	量检具
		切削速度/(m/s)	工件速度/(m/min)	切削深度/(m/s)	转速/(r/min)			
1	磨外圆 φ(45±0.008)mm、φ(35±0.008)mm、φ(35±0.008)mm（右侧）至尺寸	30	25	0.03			砂轮	外径千分尺 25～50mm
2	调头，磨外圆 φ(35±0.008)mm（左侧）、φ(30±0.0065)mm 至尺寸	30	25	0.03			砂轮	

编制	日期	编写	日期	校对	日期	审核	日期

126

2.2.2 相关理论知识

2.2.2.1 车削用量的确定

1. 车削要素

a_p：背吃刀量，单位为 mm。

f：进给量，单位为 mm/r。

v：切削速度，单位为 m/s。

$$v = \frac{\pi d n}{1000}$$

式中 d ——工件直径，mm；

      n ——工件转速，r/s。

车削用量的选择可参考表 2.37～表 2.40。

表 2.37   粗车外圆和端面时的进给量（硬质合金车刀和高速钢车刀）

加工材料	车刀刀杆尺寸 $(B \times H)$ /(mm×mm)	工件直径 d/mm	背吃刀量 a_p/mm				
			3	5	8	12	12 以上
			进给量 f/(mm/r)				
碳素结构钢和合金结构钢	16×25	20	0.3～0.4				
		40	0.4～0.5	0.3～0.4			
		60	0.5～0.7	0.4～0.6	0.3～0.5		
		100	0.6～0.9	0.5～0.7	0.5～0.6	0.4～0.5	
		400	0.8～1.2	0.7～1.0	0.6～0.8	0.5～0.6	
	16×25 25×25	20	0.3～0.4				
		40	0.4～0.5	0.3～0.4			
		60	0.5～0.7	0.5～0.7	0.4～0.6		
		100	0.8～1.0	0.7～0.9	0.5～0.7	0.4～0.7	
		600	1.2～1.4	1～1.2	0.8～1.0	0.6～0.9	0.4～0.6
	25×40	60	0.6～0.9	0.5～0.8			
		100	0.8～1.2	0.7～1.1	0.4～0.7	0.5～0.8	
		1000	1.2～1.5	1.1～1.5	0.6～0.9	0.8～1.0	0.7～0.8
	30×45 40×60	500	1.1～1.4	1.1～1.4	1.0～1.2	0.8～1.2	0.7～1.1
		2500	1.3～2.0	1.3～1.8	1.2～1.6	1.1～1.5	1.0～1.5

注   1. 加工断续表面及有冲击加工时，表内进给量应乘以系数 0.75～0.85。

     2. 加工耐热钢及其合金时，不采用大于 1.0mm/r 的进给量。

     3. 在无外皮加工时，表内进给量应乘以系数 1.1。

表 2.38　　半精车与精车外圆和端面时的进给量
（硬质合金车刀和高速钢车刀）

表面粗糙度 $Ra/\mu m$	加工材料	副偏角 $\kappa_r'/(°)$	切削速度范围 $v/(m/s)$	刀尖半径 r_ε /mm		
				0.5	1.0	2.0
				进给量 f /(mm/r)		
12.5	钢和铸铁	5	不限制		1~1.1	1.3~1.5
		10			0.8~0.9	1~1.1
		15			0.7~0.8	0.9~1
6.3	钢和铸铁	5	不限制		0.55~0.7	0.7~0.85
		10~15			0.45~0.6	0.6~0.7
3.2	钢	5	<0.83	0.2~0.3	0.25~0.35	0.3~0.45
			0.833~1.666	0.28~0.35	0.35~0.4	0.4~0.55
			>1.666	0.35~0.4	0.4~0.5	0.4~0.6
		10~15	<0.83	0.18~0.25	0.25~0.3	0.3~0.45
			0.833~1.666	0.25~0.3	0.3~0.35	0.35~0.5
			>1.666	0.3~0.35	0.35~0.4	0.5~0.55
	铸铁	5	不限制		0.3~0.5	0.45~0.65
		10~15			0.25~0.4	0.4~0.6
1.6	钢	≥5	0.5~0.833		0.11~0.15	0.14~0.22
			0.833~1.333		0.14~0.20	0.17~0.25
			1.333~1.666		0.156~0.25	0.23~0.35
			1.666~2.166		0.2~0.3	0.25~0.39
			>2.166		0.25~0.3	0.35~0.39
	铸铁	≥5	不限制		0.15~0.25	0.2~0.35
0.8	钢	≥5	1.666~1.833		0.12~0.15	0.14~0.17
			1.833~2.166		0.13~0.18	0.17~0.23
			>2.166		0.17~0.20	0.21~0.27

加工材料强度不同时的进给量的修正系数				
材料强度 σ_b/GPa	<0.122	0.122~0.686	0.686~0.882	0.882~1.078
修正系数 $K_{料\sigma}$	0.7	0.75	1.0	1.25

表 2.39 车孔进给量（硬质合金车刀和高速钢车刀）

车刀或镗杆		工件材料							
刀杆圆截面直径或矩形截面尺寸/mm	车刀刀杆伸出量	碳素结构钢，合金结构钢和耐热钢				铸铁和铜合金			
		背吃刀量 a_p/mm							
		2	3	5	8	2	3	5	8
10	50					0.12～0.16			
12	60	0.08	0.08			0.12～0.20	0.12～0.18		
16	80	0.10	0.15	0.10		0.20～0.30	0.15～0.25	0.10～0.18	
20	100	0.10～0.20	0.15～0.25	0.12		0.30～0.40	0.25～0.35	0.12～0.25	
25	125	0.15～0.30	0.15～0.40	0.12～0.20		0.40～0.60	0.30～0.50	0.25～0.35	
30	150	0.25～0.5	0.2～0.5	0.12～0.30		0.50～0.80	0.40～0.60	0.25～0.45	
40	200	0.40～0.70	0.25～0.60	0.15～0.40			0.60～0.80	0.30～0.60	
40×40	150		0.60	0.5～0.7			0.7～1.2	0.5～0.9	0.4～0.5
	300		0.4～0.7	0.3～0.6			0.6～0.9	0.4～0.7	0.3～0.4
60×60	150		0.9～1.2	0.8～1.0	0.6～0.8		1.0～1.5	0.8～1.2	0.6～0.9
	300		0.7～1.0	0.5～0.8	0.4～0.7		0.9～1.2	0.7～0.9	0.5～0.7
75×75	300		0.9～1.3	0.8～1.1	0.7～0.9		1.1～1.6	0.9～1.3	0.7～1.0
	500		0.7～1.0	0.6～0.8	0.5～0.7			0.7～1.1	0.6～0.8
	800			0.4～0.7					0.6～0.8

注 1. 加工材料强度低，背刀吃量小的情况下取进给量较大值；反之取进给量较小值。

2. 加工断续表面和有冲击情况下，进给量应乘以系数 0.75～0.85。

3. 加工耐热钢及其合金时，进给量最大不超过 1.0mm/r。

4. 加工淬火钢时，进给量减小，当钢的硬度为 44～56HRC 时，表中数值乘以系数 0.6；当钢的硬度为 57～62HRC 时表中数值乘以系数 0.5。

表 2.40 切断及车槽的进给量（硬质合金车刀和高速钢车刀）

切断刀				车槽刀				
切断刀宽度 B/mm	刀头长度 L/mm	工件材料		车槽刀宽度 B/mm	刀头长度 L/mm	刀杆截面/(mm×mm)	工件材料	
		钢	灰铸铁				钢	灰铸铁
		进给量 f/(mm/r)					进给量 f/(mm/r)	
2	15	0.07～0.09	0.10～0.13	6	16	10×16	0.17～0.22	0.24～0.32
3	20	0.10～0.14	0.15～0.20	10	20		0.10～0.14	0.15～0.21
5	35	0.19～0.25	0.27～0.37	6	20	12×20	0.17～0.22	0.24～0.32
	65	0.10～0.13	0.12～0.16	8	25		0.10～0.14	0.15～0.21
				12	30		0.14～0.18	0.20～0.26
6	45	0.20～0.26	0.28～0.37	10	30	16×25	0.21～0.28	0.3～0.4
	75	0.11～0.15	0.16～0.22	14	30		0.2～0.27	0.29～0.39
8	50	0.27～0.36	0.39～0.52	16	40		0.16～0.21	0.23～0.31
	100	0.13～0.18	0.20～0.26	18	30	20×30	0.34～0.44	0.48～0.64
				20	50		0.18～0.24	0.26～0.35

注 加工 $\sigma_b \leqslant 0.588$GPa 的钢及硬度小于 180HBW 的铸铁时，取进给量较大值；加工 $\sigma_b > 0.588$GPa 的钢及硬度大于 180HBW 的铸铁时，取进给量较小值。

2. 车削用量选择举例

已知条件：工件材料 45 钢，锻件，正火，$\sigma_b = 0.637\text{GPa}$。工件外圆尺寸由 70mm 车至 62mm，表面粗糙度 $Ra3.2\mu\text{m}$。使用机床 CA6140。采用刀具为可转位外圆车刀，刀杆尺寸 16mm×25mm，几何参数粗精加工兼顾。

前角 $\gamma_0 = 15°$，后角 $\alpha_0 = 6°$，主偏角 $\kappa_r = 75°$，副偏角 $\kappa_r' = 15°$，刃倾角 $\lambda_s = 0°$，倒棱宽 $b_r = 0.3\text{mm}$，刀尖圆弧半径 $r_\varepsilon = 1\text{mm}$。

（1）确定粗车时的切削用量。

1）确定背吃刀量 a_p。单边总余量 $= \dfrac{70-62}{2}\text{mm} = 4\text{mm}$，留 1mm 作为半精车余量，取粗车背吃刀量 $a_p = 3\text{mm}$。

2）确定进给量 f。由表 2.37 可查 $f = 0.5 \sim 0.7\text{mm/r}$，根据机床说明书，初步选定 $f = 0.61\text{mm/r}$。

3）选择切削速度 v。由表 2.41 查得 $v = 1.5 \sim 1.83\text{m/s}$。取 $v = 1.7\text{m/s}$。

4）确定主轴转速 n。

$$n = \frac{1000v}{\pi d} = \frac{1000 \times 1.7}{3.14 \times 70}\text{r/s} = 7.73\text{r/s}$$

根据机床说明书，取 $n = 7.5\text{r/s}$，此时切削速度为

$$v = \frac{\pi dn}{1000} = \frac{3.14 \times 70 \times 7.5}{1000}\text{m/s} = 1.65\text{m/s}$$

5）校核机床功率。由表 2.42 可求得切削力的公式及相关数据。

主切削力为

$$F_c = 9.81 \times 60^{Z_{FZ}} C_{FZ} a_p^{X_{FZ}} f^{Y_{FZ}} v^{Z_{FZ}} K_{KF} K_{\Gamma F} K_{\Lambda F}$$
$$= (9.81 \times 60^{-0.15} \times 270 \times 3^1 \times 0.61^{0.75} \times 1.65^{-0.15} \times 0.92 \times 0.95 \times 1)\text{N}$$
$$= 2406\text{N}$$

切削功率为

$$P_c = F_c \times v \times 10^{-8} = (2406 \times 1.65 \times 10^{-8})\text{kW} = 3.97\text{kW}$$

有机床说明书，查得机床电动机功率为 $P_E = 7.5\text{kW}$，取机床传动效率 $\eta = 0.8$，有

$$P_c = 3.97\text{kW} < P_E\eta = (7.5 \times 0.8)\text{kW} = 6\text{kW}$$

所以，机床功率足够。

最后选定粗车的切削用量为

$$a_p = 3\text{mm}, \quad f = 0.61\text{mm/r}, \quad v = 1.65\text{m/s}$$

（2）确定半精车的切削用量。

1）确定背吃刀量。

$$a_p = 1\text{mm}。$$

2）确定进给量 f。按表 2.38，预估切削速度 $v > 1.66\text{m/s}$，查得 $f = 0.35 \sim 0.40\text{mm/r}$，根据机床说明书，取 $f = 0.36\text{mm/r}$。

3）选择切削速度 v 与机床主轴转速 n。按表 2.41 查得 $v = 2.17 \sim 2.667\text{m/s}$。考虑到进给量取得较大，故取 $v = 2\text{m/s}$。按公式得主轴转速为

$$n = \frac{1000v}{\pi d} = \frac{1000 \times 2}{3.14 \times 64} \text{r/s} = 9.95 \text{r/s}$$

根据机床说明书，取 $n = 9.33$ r/s。按公式算得实际切削速度为

$$v = \frac{\pi dn}{1000} = \frac{3.14 \times 64 \times 9.33}{1000} \text{m/s} = 1.87 \text{m/s}$$

此速度大于预估速度，故可用。由于半精车切削力较小，故一般不需验算。最后选定半精车切削用量为

$$a_p = 1 \text{mm}, \quad f = 0.36 \text{mm/s}, \quad v = 1.87 \text{m/s}, \quad n = 9.33 \text{r/s}$$

（3）车削用量标准。车削用量选择可参考下列标准：粗车外圆和端面时进给量见表 2.37；半精车与精车外圆和端面时进给量见表 2.38；车孔进给量见表 2.39；切断及车槽时进给量见表 2.40；车削外圆时切削速度见表 2.41。

表 2.41 外 圆 车 削 速 度

工件材料	热处理状态	硬度/HBW	硬质合金刀			
			$a_p = 0.03 \sim 2\text{mm}$ $f = 0.08 \sim 0.3\text{mm/r}$	$a_p = 2 \sim 6\text{mm}$ $f = 0.3 \sim 0.6\text{mm/r}$	$a_p = 6 \sim 10\text{mm}$ $f = 0.6 \sim 1\text{mm/r}$	
			切削速度 $v/(\text{mm/s})$			
低碳钢 易切钢	热轧	143～207	2.333～3.0	1.667～2.0	1.167～1.5	0.417～0.750
中碳钢	热轧	179～255	2.17～2.667	1.5～1.83	1.0～1.333	0.333～0.5
	调质	200～400	1.667～2.17	1.167～1.5	0.833～1.167	0.25～0.417
	淬火	347～547	1.0～1.333	0.667～1.0		
合金结构钢	热轧	212～269	1.667～2.17	1.167～1.5	0.833～1.167	0.33～0.5
	调质	200～293	1.333～1.83	0.833～1.167	0.667～1.0	0.167～0.333
工具钢	退火		1.5～2	1.0～1.333	0.833～1.167	0.333～0.5
不锈钢			1.1670～1.333	1～1.167	0.833～1	0.25～0.417
灰铸铁		<190	1.5～2	1.0～1.333	0.833～1.167	0.333～0.5
		190～225	1.333～1.83	0.833～1.167	0.67～1.0	0.25～0.417
高锰钢 (13%Mn)			0.167～0.333			
铜及铜合金			3.333～4.167	2～3	1.5～2	0.833～1.167
铝及铝合金			5～10	3.333～6.667	2.5～5	1.667～4.167
铸铝合金 (7%～13%Si)			1.667～3	1.333～2.5	1～1.67	0.667～1.333

注 切削钢及灰铸铁时刀具寿命为 3600～5400s。

（4）车削时切削力及切削功率的计算。车削时切削力及切削功率的计算可参考表 2.42 中的公式及数据。加工条件不变时，切削力的修正系数见表 2.43。

表 2.42　　　　　　　　　　　**车削时切削力及切削功率的计算公式**

计算公式	
主切削力 F_c/N	$F_c = 9.81 \times 60^{Z_{FZ}} C_{FZ} a_p^{X_{FZ}} f^{Y_{FZ}} v^{Z_{FZ}} K_{KF} K_{\Gamma F} K_{\Delta F}$
切削功率 P_c/kW	$P_c = F_Z \times v \times 10^{-3}$

公式中的系数及指数						
加工材料	刀具材料	加工形式	公式中的系数及指数			
			C_{FZ}	X_{FZ}	Y_{FZ}	Z_{FZ}
结构钢及铸钢 $\sigma_b = 0.637\text{GPa}$	硬质合金	外圆纵刀、横刀及车孔	270	1	0.75	−0.15
		切槽及切断	367	0.72	0.8	0
	高速钢	外圆纵刀、横刀及车孔	180	1	0.75	0
		切槽及切断	222	1	1	0
		成型车削	191	1	0.75	0

注　1. 公式中切削速度 v 的单位为 m/s。

　　2. 结构钢及铸钢的强度单位为 GPa（$1\text{kgf/mm}^2 = 9.80665 \times 10^{-5}\text{GPa}$）。

表 2.43　　　　　　　　　　　**加工钢及铸铁时切削力的修正系数**

刀具角度/(°)		刀具材料	修正系数	
名称	数值			
主偏角 κ_r	30	硬质合金	K_{KF}	1.08
	45			1
	60			0.94
	75			0.92
	90			0.89
前角 γ_0	−15	硬质合金	$K_{\Gamma F}$	1.25
	−10			1.2
	0			1.1
	10			1
	20			0.9
刃倾角 λ_s	5	硬质合金	$K_{\Delta F}$	0.75
	0			1
	−5			1.25
	−10			1.5
	−15			1.7

2.2.2.2　钻、扩、铰切削用量的确定

1. 钻孔的切削用量

（1）钻削要素。

a_p：背吃刀量，单位为 mm，$a_p = \dfrac{d_0}{2}$。

d_0：钻头直径，单位为 mm。

132

f：进给量，单位为 mm/r。

v：切削速度，单位为 m/s。

$$v = \frac{\pi d_0 n}{1000}$$

式中　n——钻头或工件的转速，r/s。

（2）车削用量选择举例。已知工件材料：45 钢（$\sigma_b = 0.628\mathrm{GPa}$），热轧；钻孔直径 $d_0 = 20\mathrm{mm}$；孔深 $l = 100\mathrm{mm}$，通孔，孔的公差等级为 H13；采用乳化液冷却。

1）选择钻头和机床。采用高速钢麻花钻，直径 $d_0 = 20\mathrm{mm}$，机床采用 Z525 钻床。

2）选用切削用量。高速钢钻头钻孔时的切削用量可参考表 2.44～表 2.46。

背吃刀量：

$$a_p = \frac{d_0}{2} = \frac{20}{2}\mathrm{mm} = 10\mathrm{mm}$$

进给量：根据表 2.44 查得 $f = 0.35 \sim 0.43\mathrm{mm/r}$，由于 $l/d = 100/20 = 5$，故允许进给量孔深度修正系数 $K_{if} = 0.9$，故 $f = 0.32 \sim 0.39\mathrm{mm/r}$。

按机床说明书，取 $f = 0.36\mathrm{mm/r}$。

切削速度：

由表 2.46 查得 $v = 0.33\mathrm{m/s}$。按公式计算主轴转速为

$$n = \frac{1000v}{\pi d} = \frac{1000 \times 0.33}{3.14 \times 20}\mathrm{r/s} = 5.25\mathrm{r/s}$$

根据机床说明书，取 $n = 4.53\mathrm{r/s}$。故实际切削速度为

$$v = \frac{\pi d n}{1000} = \frac{3.14 \times 20 \times 4.53}{1000}\mathrm{m/s} = 0.28\mathrm{m/s}$$

表 2.44 的数据适用于在大刚度零件上钻孔，公差等级在 IT12 级以下（或自由公差），钻孔后还有用钻头、锪钻或镗刀加工的情况。在下列条件下还乘修正系数。

a. 在低刚度零件上钻孔（箱体形状的薄壁零件、零件上薄的突出部分）时，乘系数 0.75。

b. 用铰刀加工的精确孔，低刚度零件上钻孔，斜面上钻孔，钻孔后用丝锥攻螺纹，乘系数 0.50。

表 2.44　　　　　　　　　　　　　　高速钢钻头钻孔时的进给量

钻头直径	钢 σ_b/GPa			铸铁、钢及铝合金硬度/HBW	
	<0.784	0.784～0.981	>0.981	≤200	>200
	进给量 f/(mm/r)				
≤2	0.05～0.06	0.04～0.05	0.03～0.04	0.02～0.11	0.05～0.07
>2～4	0.08～1	0.06～0.08	0.04～0.06	0.08～0.22	0.11～0.13
>4～6	0.14～0.18	0.1～0.12	0.08～0.1	0.27～0.33	0.18～0.22
>6～8	0.18～0.22	0.12～0.15	0.11～0.13	0.36～0.44	0.22～0.26
>8～10	0.22～0.28	0.17～0.21	0.13～0.17	0.47～0.57	0.28～0.34

钻头直径	钢 σ_b/GPa			铸铁、钢及铝合金硬度/HBW	
	<0.784	0.784～0.981	>0.981	≤200	>200
	进给量 f/(mm/r)				
>10～13	0.25～0.31	0.19～0.23	0.15～0.19	0.52～0.64	0.31～0.39
>13～16	0.31～0.37	0.22～0.28	0.18～0.22	0.61～0.75	0.37～0.45
>16～20	0.35～0.43	0.26～0.32	0.21～0.25	0.7～0.96	0.47～0.57
>20～25	0.39～0.47	0.29～0.35	0.23～0.29	0.78～0.96	0.47～0.57
>25～30	0.45～0.55	0.32～0.4	0.27～0.33	0.9～1.1	0.54～0.66
>30～60	0.6～0.7	0.4～0.5	0.3～0.42	1～1.2	0.7～0.8

孔深度大于 3 倍直径时应乘修正系数。孔深度修正系数见表 2.45。

表 2.45   **孔 深 度 修 正 系 数**

钻孔深度（孔深以直径的倍数表示）	3d	5d	7d	10d
修正系数 K_{if}	1	0.9	0.8	0.75

为避免钻头损坏，当刚要钻穿时应停止自动进给而改用手动进给。

2．扩钻、扩孔及锪孔的切削用量

扩钻和扩孔的切削用量见表 2.46。用麻花钻扩孔称为扩钻，用扩孔钻扩孔称为扩孔。锪沉头孔及孔口端面时，切削速度为钻孔切削速度的 1/3～1/2。

表 2.46   **扩钻和扩孔的切削用量**

加工方法	背吃刀量 a_p	进给量 f	切削速度 v
扩钻	(0.15～0.25)D	(1.2～1.8)$f_{钻}$	(1/2～1/3)$v_{钻}$
扩孔	0.05D	(2.2～2.4)$f_{钻}$	(1/2～1/3)$v_{钻}$

注　1．D 为加工孔径。

    2．$f_{钻}$ 为钻孔进给量。

    3．v 为钻孔切削速度。

3．铰削的切削用量

高速钢钻头钻孔时的切削速度见表 2.47。用机铰刀铰孔时的进给量见表 2.48。高速钢铰刀铰碳钢及合金钢时的进给量及切削速度见表 2.49。金属材料的加工性等级见表 2.50。高速钢铰刀铰灰铸铁时的切削速度见表 2.51。硬质合金铰刀铰孔时的切削用量见表 2.52。

表 2.47   **高速钢钻头钻孔时的切削速度**

加工材料	布氏硬度/HBW	切削速度/(m/s)
低碳钢	100～125	0.45
	125～175	0.4
	175～225	0.35

续表

加工材料	布氏硬度/HBW	切削速度/(m/s)
中高碳钢	125～175	0.37
	175～225	0.33
	225～275	0.25
	275～325	0.20
合金钢	175～225	0.3
	225～275	0.25
	275～325	0.2
	325～375	0.17
灰铸铁	100～140	0.55
	140～190	0.45
	190～220	0.35
	220～260	0.25
	260～320	0.15
球墨铸铁	140～190	0.5
	190～225	0.35
	225～260	0.28
	260～300	0.2
铸钢	低碳	0.4
	中碳	0.3～0.4
	高碳	0.25

表 2.48　　　　　　　　　　　机铰刀铰孔时的进给量

铰刀直径 /mm	工具钢铰刀				硬质合金铰刀			
	钢		铸铁		钢		铸铁	
	$\sigma_b \leqslant 0.88\mathrm{GPa}$	$\sigma_b > 0.88\mathrm{GPa}$	硬度不大于 170HBW 的铸铁、铜及铝合金	硬度大于 170HBW	未淬火钢	淬火钢	硬度不大于 170HBW	硬度大于 170HBW
≤5	0.2～0.5	0.15～0.35	0.6～1.2	0.4～0.8				
>5～10	0.4～0.9	0.35～0.7	1～2	0.65～1.3	0.35～0.5	0.25～0.35	0.9～1.4	0.7～1.1
>10～20	0.65～1.4	0.55～1.2	1.5～3	1～2	0.4～0.6	0.3～0.4	1～1.5	0.8～1.2
>20～30	0.8～1.8	0.65～1.5	2～4	1.2～2.6	0.5～0.7	0.35～0.45	1.2～1.8	0.9～1.4
>30～40	0.95～2.1	0.8～1.8	2.5～5	1.6～3.2	0.6～0.8	0.4～0.5	1.3～2	1～1.5
>40～60	1.3～2.8	1.0～2.3	3.2～6.4	2.1～4.2	0.7～0.9		1.6～2.4	1.25～1.8
>60～80	1.5～3.2	1.2～2.6	3.75～7.5	2.6～5.0	0.9～1.2		2～3	1.5～2.2

注　1. 表内进给量用于加工通孔, 加工不通孔时进给量应取 0.2～0.51.0mm/r。

　　2. 最大进给量用于在钻过孔之后, 精铰之前的粗铰孔。

　　3. 中等进给量用于粗铰之后精铰 7 级精度的孔; 精镗之后精铰 7 级精度的孔。对硬质合金铰刀, 用于精铰 9 级精度、$Ra0.8～0.4\mu m$ 粗糙度的孔。

　　4. 最小进给量用于抛光或衍磨之前的精铰孔; 用一把铰刀铰 9 级精度的孔。对硬质合金铰刀用于精铰 7 级精度、$Ra0.4～0.2\mu m$ 的孔。

表 2.49　高速钢铰刀铰碳钢及合金钢时的进给量及切削速度（用切削液）

粗铰

钢的加工性能等级	进给量 f/(mm/r)												
1	1.3	1.6	2	2.5	3.2	4	5						
2	1	1.3	1.6	2	2.5	3.2	4	5					
3	0.8	1	1.3	1.6	2	2.5	3.2	4	5				
4	0.63	0.8	1	1.3	1.6	2	2.5	3.2	4	5			
5	0.5	0.63	0.8	1	1.3	1.6	2	2.5	3.2	4	5		
6		0.5	0.63	0.8	1	1.3	1.6	2	2.5	3.2	4	5	
7			0.5	0.63	0.8	1	1.3	1.6	2	2.5	3.2	4	5
8				0.5	0.63	0.8	1	1.3	1.6	2	2.5	3.2	4
9					0.5	0.63	0.8	1	1.3	1.6	2	2.5	3.2
10						0.5	0.63	0.8	1	1.3	1.6	2	2.5
11							0.5	0.63	0.8	1	1.3	1.6	2
铰刀直径 /mm	切削速度/(m/s)												
10~20	0.275	0.238	0.216	0.176	0.153	0.131	0.113	0.098	0.085	0.073	0.063	0.055	0.04
21~80	0.238	0.216	0.176	0.153	0.131	0.113	0.098	0.085	0.073	0.063	0.055	0.046	0.04

精铰

精度等级	加工表面粗糙度值 Ra/μm	切削速度/(m/s)
6~7	0.2~0.1	0.033~0.05
	0.4~0.2	0.066~0.083

注　1. 粗铰切削用量可得到 8~11 级精度和表面粗糙度 $Ra3.2\mu m$ 的孔。

　　2. 精铰时，切削速度上限用于铰正火钢，下限用于铰韧性钢。

　　3. 粗铰的切削速度是根据加工余量（直径上）为 0.2~0.4mm 计算的，当加工余量变动 1.5~2 倍时，切削速度的变动为 8%~12%。

　　4. 钢的加工性等级见表 2.50。

　　5. 当铰刀材料为 9SiCr 时，切削速度应乘以修正系数 0.85。

表 2.50　金属材料的加工性等级

加工性等级	名称及种类		相对加工性	代表性材料
1	很容易切削材料	一般有色金属	3 以上	5-5-5 铜铅合金，9-4 铝铜合金铝镁合金
2	容易切削材料	易切削钢	2.5~3	退火 15Cr 钢（$\sigma_b=0.372~0.441GPa$） 自动机钢（$\sigma_b=0.392~0.49GPa$）
3	容易切削材料	较易切削钢	1.6~2.5	正火 30 钢（$\sigma_b=0.441~0.549GPa$）
4	普通材料	一般钢和铸铁	1~1.6	45 钢、灰铸铁、结构钢
5	普通材料	稍难切削材料	0.65~1	20Cr13 钢（$\sigma_b=0.833GPa$） 85 号轧制结构钢（$\sigma_b=0.882GPa$）
6	难加工材料	较难切削材料	0.5~0.65	45Cr 钢（$\sigma_b=1.03GPa$） 65Mn 调质（$\sigma_b=0.931~0.981GPa$）
7	难加工材料	难切削材料	0.15~0.5	59Cr 调质、06Cr19Ni10 不锈钢、某些钛合金
8	难加工材料	很难切削材料	0.15 以下	某些钛合金、耐热钢

表 2.51   高速钢铰刀铰灰铸铁时的切削速度

铸铁硬度/HBW	进给量 f/(mm/r)													
140~152	0.79	1	1.3	1.6	2	2.6	3.3	4.1	5.2					
153~166	0.62	0.79	1	1.3	1.6	2	2.6	3.3	4.1	5.2				
167~181		0.62	0.79	1	1.3	1.6	2	2.6	3.3	4.1	5.2			
182~199			0.62	0.79	1	1.3	1.6	2	2.6	3.3	4.1	5.2		
200~217				0.62	0.79	1	1.3	1.6	2	2.6	3.3	4.1	5.2	
218~250					0.62	0.79	1	1.3	1.6	2	2.6	3.3	4.1	5.2
铰刀直径/mm	切削速度/(m/s)													
10~20	0.278	0.25	0.22	0.195	0.173	0.155	0.136	0.121	0.108	0.096	0.085	0.076	0.068	0.06
21~80	0.25	0.22	0.195	0.173	0.155	0.136	0.121	0.108	0.096	0.085	0.076	0.068	0.06	0.053

注   1. 上列切削用量可得到 7~9 级精度和表面粗糙度 $Ra1.6~0.8\mu m$ 的孔, 如达不到要求, 可将切削速度降至 0.066m/s。

     2. 切削速度是根据加工余量 (直径上) 为 0.2~0.4mm 计算的, 当加工余量变动 1.5~2 倍时, 切削速度的变动为 5%~7%。

     3. 当铰刀材料为 9SiCr 时, 切削速度应乘以修正系数 0.6。

表 2.52   硬质合金铰刀铰孔时的切削用量

加工材料	材料机械性能	铰刀直径/mm	进给量 f/(mm/r)	粗铰		精铰	
				硬质合金牌号	切削速度/(m/s)	硬质合金牌号	切削速度/(m/s)
碳素结构钢及合金结构钢	$\sigma_b=0.539GPa$	10~25	0.3~0.65	P10	0.966~0.433	P10	1.35~0.6
		25~50	0.45~0.9		0.6~0.283		0.833~0.4
		50~80	0.7~1.2		0.366~0.2		0.516~0.283
	$\sigma_b=0.63GPa$	10~25	0.3~0.65	P10	0.833~0.332	P10	1.166~0.33
		25~50	0.45~0.9		0.516~0.283		0.733~0.35
		50~80	0.7~1.2		0.316~0.160		0.45~0.233
	$\sigma_b=0.735GPa$	10~25	0.3~0.65	P10	0.733~0.332	P10	1.033~0.466
		25~50	0.45~0.9		0.45~0.216		0.633~0.3
		50~80	0.7~1.2		0.283~0.15		0.4~0.216
	$\sigma_b=0.833GPa$	10~25	0.3~0.65	P10	0.65~0.3	P10	0.916~0.416
		25~50	0.45~0.9		0.4~0.2		0.566~0.283
		50~80	0.7~1.2		0.25~0.133		0.35~0.183
淬火钢	$\sigma_b=1.569~1.765GPa$	10~25	0.2~0.33	P10	0.916~0.366	P10	1.166~0.516
		25~50	0.25~0.43		0.533~0.216		0.75~0.3
		50~80	0.35~1.5		0.283~0.166		0.4~0.233

加工材料	材料机械性能	铰刀直径 /mm	进给量 f /(mm/r)	粗铰		精铰	
				硬质合金牌号	切削速度 /(m/s)	硬质合金牌号	切削速度 /(m/s)
灰铸铁	170HBW	10～25	0.8～1.6	K01	1.15～0.633	K01	1.233～0.683
		25～50	1.1～2.2		0.733～0.466		0.783～0.5
		50～80	1.5～3		0.516～0.35		0.5～0.383
	190HBW	10～25	0.8～1.6	K01	1.05～0.633	K01	1.133～0.683
		25～50	1.1～2.2		0.733～0.466		0.816～0.5
		50～80	1.5～3		0.516～0.35		0.566～0.4
	210HBW	10～25	0.6～0.13	K01	0.933～0.566	K01	1.0～0.6
		25～50	0.9～1.8		0.666～0.416		0.716～0.45
		50～80	1.1～2.2		0.466～0.333		0.5～0.366
	230HBW	10～25	0.6～0.13	K01	0.833～0.483	K01	0.9～0.516
		25～50	0.9～1.8		0.6～0.366		0.65～0.4
		50～80	1.1～2.2		0.416～0.283		0.45～0.3

2.2.3 习题

2.20 试论述切削用量的选择原则。

2.21 选择车削用量的次序如何？为什么？

2.22 试述粗加工和精加工时如何选择切削用量，两者有何不同？

2.23 在 CA6140 型车床上车削外圆，已知：工件材料为灰铸铁，其牌号为 HT200；刀具材料为硬质合金，其牌号为 K20；刀具几何参数为 $\gamma_0=10°$，$\alpha_0=\alpha_0'=8°$，$\kappa_r=45°$，$\kappa_r'=10°$，$\lambda_s=-10°$，$r_\varepsilon=0.5mm$；切削用量为 $a_p=3mm$，$f=0.4mm/r$，$v_c=80m/min$。试求主切削力 F_c 及切削功率 P_c。

2.24 在 CA6140 型车床上车削外圆，已知：工件毛坯直径为 $\phi70mm$，加工长度为 400mm；加工后工件尺寸 $\phi60_{-0.1}^{0}mm$，表面粗糙度为 $Ra3.2\mu m$；工件材料为 40Gr（$\sigma_b=700MPa$）；采用焊接式硬纸合金外圆车刀（牌号为 P10），刀杆截面尺寸为 $16mm \times 25mm$；刀具切削部分几何参数为 $\gamma_0=10°$，$\alpha_0=6°$，$\kappa_r=45°$，$\kappa_r'=10°$，$\lambda_s=0°$，$r_\varepsilon=0.5mm$，$\gamma_{01}=-10°$，$b_r=0.2mm$。试为该工序确定切削用量（CA6140 型车床纵向进给机构允许的最大作用力为 3500N）。

项目 3　盘套类零件加工

【教学目标】

1. 终极目标

会编制套筒类零件的机械加工工艺。

2. 项目目标

（1）会分析套筒类零件的工艺性能，并选定机械加工内容。

（2）会选用套筒类零件的毛坯，并确定加工方案。

（3）会确定套筒类零件的加工顺序及进给路线。

（4）会确定套筒类零件的切削用量。

（5）会制定套筒类零件的机械加工工艺文件。

【工作任务】

（1）连接套的机械加工工艺分析。

（2）确定连接套的机械加工工艺文件。

连接套零件图如图 3.1 所示。

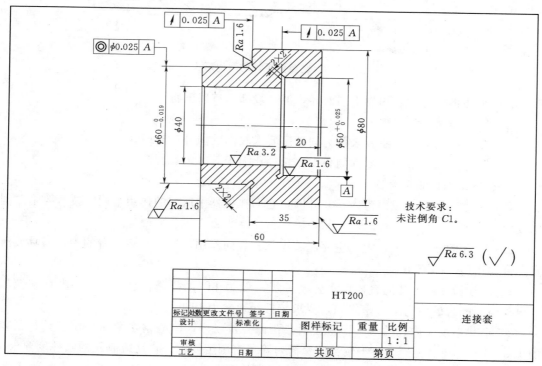

图 3.1　连接套零件图

3.1 套筒类零件的机械加工工艺的相关知识

3.1.1 相关实践知识

3.1.1.1 套筒类零件概述

1. 套筒类零件的结构特点

机器中套筒类零件的应用非常广泛，主要起着支承和导向作用。例如，支承回转轴的各种形式的滑动轴承、夹具中的钻套、内燃机上的汽缸套、液压系统的液压缸及一般用途的套筒等都属于套筒类零件。套筒类零件的结构形式如图 3.2 所示。

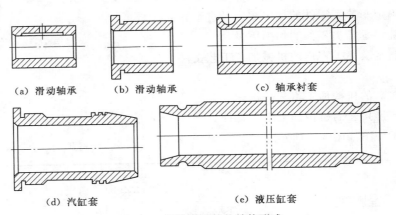

（a）滑动轴承　　（b）滑动轴承　　　　（c）轴承衬套

（d）汽缸套　　　　　　（e）液压缸套

图 3.2　套筒类零件的结构形式

套筒类零件的结构因用途不同而异，但一般都具有以下特点。

（1）零件壁薄，易变形。

（2）零件结构简单，主要表面为同轴度要求较高的内外旋转面。

（3）外圆直径一般小于零件的长度。长径比大于 5 时为长套筒。

2. 套筒类零件的主要技术要求

套筒类零件的主要表面为内孔和外圆，它们在机器中所起的作用不同，技术要求差别也较大。

（1）内孔的技术要求。内孔主要起着支承和导向作用，通常与运动着的轴、刀具或活塞配合起作用。

1）尺寸精度。内孔的直径尺寸公差等级一般为 IT7，精密轴套为 IT6。汽缸和液压缸由于与其配合的活塞上有密封圈，要求较低，通常为 IT9。

2）形状精度。内孔的形状误差控制在孔径公差以内，一些精密套筒控制在孔径公差的 1/3～1/2，甚至更严。对于较长的套筒，除了有圆度要求外，还应有孔的圆柱度要求。

3）表面质量。为了保证零件的功用和提高其耐磨性，孔的表面粗糙度要求为 $Ra2.5～1.6\mu m$，某些精密套筒要求很高，可达 $Ra0.04\mu m$。

（2）外圆的技术要求。套筒类零件的外圆表面多以过盈或过渡配合与机架或箱体孔相配合起到支承作用。

1）外径尺寸公差等级通常为 IT6～IT7。

2）形状公差应控制在外径公差以内。

3）表面粗糙度为 $Ra3.2 \sim 0.63\mu m$。

（3）各主要表面间的位置精度要求。

1）内外圆间的同轴度。内外圆的同轴度大小一般要根据加工与装配要求而定。若套筒内孔是装入机座之后再进行最终加工的，对套筒内外圆间的同轴度要求较低；若内孔是装配前进行最终加工的，则同轴度要求较高，一般为 0.01～0.05mm。

2）孔中心线与端面的垂直度。套筒端面（或凸缘端面）如果在工作中承受轴向载荷，或是作为定位基准和装配基准时，端面与孔中心线有较高的垂直度或端面圆跳动要求，一般为 0.02～0.05mm。

图 3.3 为一液压缸缸体，根据其使用和装配要求，提出主要技术要求如下。

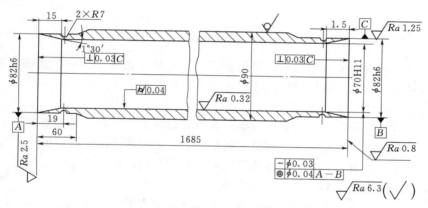

图 3.3 液压缸缸体

a. 若为铸件，组织应紧密，不得有砂眼、针孔及疏松，必要时用泵验漏。

b. 内孔光洁无纵向划痕。

c. 两端面对内孔中心线的垂直度公差为 0.03mm。

d. 内孔圆柱度公差为 0.04mm。

e. 内孔中心线的直线度公差为 0.03mm。

f. 内孔对两端支承外圆（ϕ82h6）的同轴度公差为 0.04mm。

3. 防止套筒产生变形的工艺措施

套筒零件的工艺特点是壁薄，切削加工时常因夹紧力、切削力、内应力和切削热等因素的影响而产生变形，为此应注意以下几点。

（1）为减小切削力和切削热的影响，粗、精加工应分开进行。

（2）为减小夹紧力的影响，可将径向夹紧［图 3.4（a）］改为轴向夹紧［图 3.4（b）、（c）］。当需要径向夹紧时，应尽量使径向夹紧力沿圆周均匀分布，或使用弹性套筒来满足要求，如图 3.5 所示。

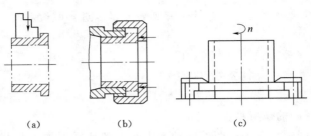

(a)　　　　　　(b)　　　　　　(c)

图 3.4　套筒的夹紧方式

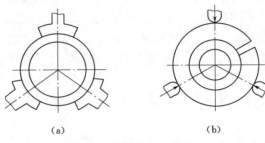

(a)　　　　　　　　(b)

图 3.5　套筒的径向夹紧方式

（3）为减小热处理变形的影响，将热处理工序安排在粗加工之后、精加工之前进行，并适当放大精加工余量，以便使热处理引起的变形在精加工中得以纠正。

4. 套筒类零件的材料和毛坯

套筒类零件一般是用钢、铸铁、青铜或黄铜等材料制成。有些滑动轴承为了节约贵重金属，提高轴承的使用寿命，常采用双金属结构，以离心铸造法在钢或铸铁套内壁上浇注巴氏合金等轴承合金材料。有些强度和硬度要求高的套筒，如镗床主轴套筒等，可选用优质合金钢，如 18CrNi4WA、38CrMoAlA 等。

套筒类零件的毛坯选择与材料和结构尺寸有关。孔径较大（如 $d > 20\text{mm}$）时，一般选用带孔的铸件、锻件或无缝钢管；孔径较小（如 $d \leqslant 20\text{mm}$）时，可采用实心铸件或热轧冷拉棒料。大批量生产时可采用冷挤压和粉末冶金等先进毛坯制造工艺，既提高了生产率又节约了金属材料。

3.1.1.2　套筒类零件的机械加工工艺过程

1. 加工方法的选择

大多数套筒类零件加工的关键，主要是围绕如何保证内孔和外圆表面的同轴度，端面与中心线的垂直度，相应的尺寸精度、形状精度和套筒零件的工艺特点来进行的。在零件的加工顺序上，常采用两种方案。

方案一：粗加工外圆→粗、精加工内孔→最终精加工外圆。这种方案适用于外圆表面是最重要表面的套筒类零件的加工。

方案二：粗加工内孔→粗、精加工外圆→最终精加工内孔。这种方案适用于内孔表面是最重要表面的套筒类零件的加工。

2. 保证套筒类零件表面位置精度的方法

套筒类零件内外表面的同轴度以及端面与孔中心线的垂直度一般均有较高的要求，为保证这些要求通常采用下列方法。

（1）在一次装夹中完成内外表面及端面的全部加工。这种安装方式可消除由于多次安装而带来的安装误差，获得较高的位置精度。但是由于工序较集中，对尺寸较大的长套筒装夹不方便，故多用于尺寸较小的轴套的车削加工。

（2）主要表面的加工在几次装夹中完成。内孔与外圆互为基准，反复加工，每一工序都为下一工序准备了精度更高的定位基准，因而可得到较高的位置精度。以精加工好的内孔作为定位基准时，往往选用心轴作为定位元件。心轴结构简单，制造安装误差较小，可保证外表面较高的同轴度要求，是套筒加工中常见的装夹方法。若以外圆为精基准加工内孔，因卡盘定心精度不高，且易使套筒产生夹紧变形，故常采用经过修磨的自定心卡盘或弹性膜片卡盘等以获得较高的同轴度要求。

3.1.2 相关理论知识

3.1.2.1 机床和工艺装备的确定

在拟定工艺路线时，必须同时确定各工序所采用的机床、设备和工艺装备。机床和工艺装备的选择尽量做到合理、经济，使之与被加工零件的生产类型、加工精度和零件的形状尺寸相适应。

1. 机床的选择

（1）机床的加工规格范围应与零件的外部形状、尺寸相适应。

（2）机床的精度应与工序要求的加工精度相适应。

（3）机床的生产率应与被加工件的生产类型相适应。单件小批量生产宜选用通用机床；大批量生产宜选用生产率较高的专用机床、组合机床或自动机床。

（4）机床的选择应与现有条件相适应，做到尽量发挥现有设备的作用，并尽量做到设备负荷平衡。

2. 刀具的选择

刀具选择包括刀具的类型、构造和材料的选择。主要应根据加工方法，工序应达到的加工精度、粗糙度，工件的材料，生产率和经济性等因素加以考虑。原则上尽量采用标准刀具，必要时采用各种提高生产率的复合刀具。

3. 量具的选择

（1）量具的精度应和零件的加工精度相适应。

（2）量具的量程应与被测零件的尺寸大小相适应。

（3）量具的类型应与被测表面的性质（孔或外圆尺寸值还是形状位置值）相适应。

（4）量具的选择应与零件的生产类型和生产方式相适应。

按量具的极限尺寸选择量具时，应保证

$$TK \geqslant \delta$$

式中　T——被测尺寸的公差值，mm；

　　　K——测量精度系数，见表3.1；

　　　δ——测量工具和测量方法的最大允许误差，见表3.2。

表 3.1　　　　　　　　　　　　　　　测 量 精 度 系 数 **K**

被测尺寸的公差等级	IT5	IT6	IT7	IT8	IT9	IT10	IT11～IT16
测量精度系数 K	0.325	0.3	0.275	0.25	0.2	0.15	0.1

表 3.2　　　　　　　　　　　**千分尺和游标卡尺的最大允许误差**

测量工件名称	被测尺寸分段/mm		
	0～50	>50～100	>100～150
	最大允许误差/μm		
外径千分尺	4	5	6
内径千分尺	4	5	6
测量工件名称	被测尺寸分段/mm		
	0～70	0～150	0～200
	最大允许误差/μm		
用分度值为 0.02mm 的游标卡尺			
测量外尺寸	±0.02	±0.03	±0.03
测量内尺寸	+0.02 0	+0.02 0	+0.02 0
用分度值为 0.05mm 的游标卡尺			
测量外尺寸	±0.05	±0.05	±0.05
测量内尺寸	+0.04 0	+0.04 0	+0.04 0

　　例如，为测量尺寸 $\phi 80f6(^{-0.03}_{-0.06})$mm 的外圆，选用何种测量工具？

　　尺寸 $\phi 80f6(^{-0.03}_{-0.06})$mm，公差值 $T=0.03$mm，在表 3.1 中查得 $K=0.3$。

　　则允许的测量误差为 $TK=0.03\times 0.3$mm$=0.009$mm。

　　查表 3.2 可知，这一尺寸可用 50～100mm 的外径千分尺测量。

　　部分通用量具的技术特性见表 3.3。

表 3.3　　　　　　　　　　　　**部分通用量具的技术特性**　　　　　　　　　　单位：mm

量具名称	用途	测量范围	分度值			
游标卡尺 (GB/T 21389—2008)	用于测量工件的内径、深度、外径、长度、高度	0～70	0.01	0.02	0.05	0.10
		0～150	0.01	0.02	0.05	0.10
		0～200	0.01	0.02	0.05	0.10
		0～300	0.01	0.02	0.05	0.10
游标深度卡尺 (GB/T 21388—2008)	用于测量工件的沟槽身、孔深、台阶高度及类似尺寸	0～70	0.01	0.02	0.05	0.10
		0～150	0.01	0.02	0.05	0.10
		0～200	0.01	0.02	0.05	0.10
		0～300	0.01	0.02	0.05	0.10

量具名称	用途	测量范围	分度值			
游标高度卡尺 （GB/T 21390—2008）	用于测量工件的高度和进行精密划线	0～150	0.01	0.02	0.05	0.10
		150～400	0.01	0.02	0.05	0.10
		400～600	0.01	0.02	0.05	0.10
指示表 （GB/T 1219—2008）	用于测量工件的几何形状和相互位置的正确性及位移量，并可用比较法测量工件的长、宽、高	≤5	0.001			
		≤10	0.002			
		≤100		0.01		0.10
内径指示表 （GB/T 6315—2008）	采用比较法测量工件的内径及其几何形状的正确性和位移量	6～450	0.001	0.01		
游标、带表和数显万能角度尺（GB/T 6315—2008）	用于测量工件或样板内、外角度	0°～320°	2′	5′		
		0°～360°	2′	5′		
各种标准或专用的极限验规（塞规、量规、卡规、环规）	检验相应的孔径、外径、槽宽、螺钉及螺孔等	用于成批以上生产				
检验样板	检验相应的曲线、曲面或组合表面	用于成批以上生产				

3.1.2.2　时间定额与经济分析

1. 时间定额

（1）定义。时间定额是指在一定生产条件（生产规模、生产技术和生产组织）下，规定生产一件产品或完成一道工序所需消耗的时间。时间定额是安排作用计划、进行成本核算、确定设备数量和人员编制等的重要依据。

（2）时间定额的组成。时间定额由基本时间（T_b）、辅助时间（T_a）、布置工作地时间（T_s）、休息和生理需要时间（T_r）以及准备与终结时间（T_e）组成。

1）基本时间 T_b。直接改变生产对象的尺寸、形状、相对位置以及表面状态等工艺过程所消耗的时间，称为基本时间。对机械加工而言，基本时间就是切去金属所消耗的时间。

2）辅助时间 T_a。各种辅助动作所消耗的时间，称为辅助时间，主要指装卸工作、开停机床、改变切削用量、测量工件尺寸、进退刀等动作所消耗的时间。辅助时间可查表确定。

3）作业时间 T_B。

$$T_B = 基本时间\ T_b + 辅助时间\ T_a$$

4）布置工作地时间 T_s。布置工作地时间为正常操作服务所消耗的时间，主要指换刀、修正刀具、润滑机床、清理切屑、收拾工具等所消耗的时间。计算方法：一般按操作时间的 2%～7%进行计算。

5）休息和生理需要时间 T_r。为恢复体力和满足生理卫生需要所消耗的时间，为休息与生理需要时间。计算方法：一般按操作时间的 2%～4%进行计算。

6）准备与终结时间 T_e。为生产一批零件，进行准备和结束工作所消耗的时间，称为准备与终结时间，主要指熟悉工艺文件、领取毛坯、安装夹具、调整机床、拆卸夹具等所消耗的时间。计算方法：根据经验进行估算。

单件计算时间 T_c 的公式为

$$T_c = T_b + T_a + T_s + T_r + T_e/n$$

式中　n——一批工件的数量。

2. 工艺方案的经济性分析

经济分析是研究如何用最少的社会消耗、最低的成本生产出合格的产品，即通过比较各种不同工艺方案的生产成本，选出其中最为经济的工艺方案。

（1）生产成本。生产成本是指制造一个零件或产品所必需的一切费用的总和。生产成本包括两部分费用。

1）第一类费用（工艺成本）。与完成工序直接有关的费用称为第一类费用，也称为工艺成本。工艺成本占零件生产成本的 70%～75%。工艺成本可分为可变费用和不变费用。

a. 可变费用 V（元/件）。可变费用是与零件年产量直接有关的费用。它随产量的增长而增长，如材料和制造费、生产用电费等。

b. 不变费用 C（元）。不变费用是与产品年产量无直接关系的费用。它不随产量的变化而变化，如设备的折旧费。

2）第二类费用。与完成工序无关而与整个车间的全部生产条件有关的费用，称为第二类费用。这类费用包括非生产人员开支、厂房折旧及维护、照明、取暖、通风及运输费等。

（2）工艺方案的工艺成本分析。对各种工艺方案进行经济分析时，只要分析工艺成本（第一类费用）即可，因为在同一生产条件下第二类费用基本上是相等的。工艺成本与年产量的关系如图 3.6 所示。

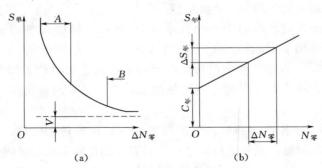

图 3.6　工艺成本与年产量的关系

1）年度工艺成本 $S_年$，即

$$S_年 = N_零 V + C_年$$

式中　$N_零$——零件的年生产纲领。

年度工艺成本 $S_年$ 与零件的年生产纲领 $N_零$ 成线性正比例关系，如图 3.6（b）所示。

2）单件工艺成本 $S_单$，即

$$S_单 = V + \frac{C_年}{N_零}$$

单件工艺成本 $S_单$ 与零件生产纲领 $N_零$ 成双曲线关系，如图 3.6（a）所示。

（3）比较分析。图 3.7 为两种工艺方案的经济分析。其中，方案 Ⅰ 采用通用机床加工；方案 Ⅱ 采用数控机床加工。由年度工艺成本 $S_年 = N_零 V + C_年$ 的分析可知以下几点。

1）年度不变费用 $C_{年2} > C_{年1}$。

2）每件可变费用 $V_2 < V_1$。

比较选择：

a. 当 $N < V_c$ 时，宜采用方案 Ⅰ 通用机床。

b. 当 $N > V_c$ 时，宜采用方案 Ⅱ 专用机床。

c. 当 $N = V_c$ 时，两种加工方案经济性相同。

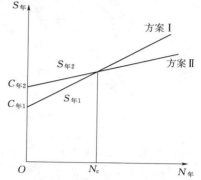

图 3.7 两种工艺方案的经济方案

3.1.2.3 加工精度和表面质量的概念

零件的加工质量包括两个方面的指标，即加工精度和表面质量。

1. 加工精度

在机械加工过程中，由于各种因素的影响，刀具相对于工件的正确位置产生偏移，因而加工出的零件不可能与理想的要求完全符合。加工精度就是指零件加工后在形状、尺寸、表面相互位置等几何参数上与理想零件的相符程度。加工精度由尺寸精度、形状精度和位置精度组成。

零件加工后实际几何参数与理想几何参数的不符合程度称为加工误差。显然，加工误差大，则加工精度低；反之，加工误差小，则加工精度高。实际生产中，加工精度的高低使用加工误差的大小来衡量。

2. 表面质量

经过机械加工的表面，虽然看起来很光亮，实际上都存在着不同程度的凹凸不平和内部组织缺陷。这个缺陷层虽然很薄，但它对零件使用性能的影响却很大。表面质量指零件表面的几何特征和表面层的物理力学性能。表面的几何特征包括表面粗糙度和波纹度；物理力学性能包括塑性变形、组织变化和表层金属中的残余应力。

（1）加工表面的几何形状。加工后的表面几何形状，总是以"峰""谷"交替的形式出现，如图 3.8 所示。

1）表面粗糙度。它是指加工表面的微观几何形状误差，$L/H < 50$ 属于微观几何形状偏差，称为表面粗糙度。国家标准规定，表面粗糙度适用在一定长度内（称为基本长度）轮廓的算术平均偏差值 Ra 或轮廓最大高度 Rz 作为评定指标。

2）表面波纹度。它是介于宏观几何形状误差与微观几何形状误差（即粗糙度）之间的周期性几何形状误差。$L/H < 50 \sim 1000$ 称为表面波纹度。表面波纹度通常是由加工过程中工艺系统的低频振动造成的。

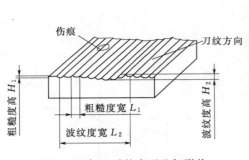

图 3.8　加工后的表面几何形状

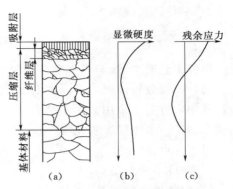

图 3.9　加工表面层沿深度的变化

（2）加工表面层的物理力学性能变化。表面层的材料在加工时会产生物理、力学和化学性质的变化，图 3.9（a）所示为加工表面层沿深度的变化。在最外层生产氧化膜或其他化合物，并吸收、渗进了气体颗粒，故称为吸附层。在加工过程中，由于切削力造成的表面塑性变形区称为压缩区，厚度约在几十至几百微米之内，随加工方法的不同而变化，其上部为纤维层，它由被加工材料和刀具间的摩擦造成。另外，切削热也会使表面层产生各种变化，如同淬火、回火一样使材料产生相变以及晶粒大小的变化等。表面层的物理力学性能不同于基体，它包括以下 3 个方面。

1）表面层的冷作硬化。工件在机械加工过程中，表面层产生的塑性变形使晶粒间发生剪切滑移，晶格被扭曲，晶粒被拉长并产生破碎和纤维化，引起材料的表面强化，使表面层的强度和硬度都有所提高，这种现象称为表面冷作硬化，如图 3.9（b）所示。

2）表面残余应力的形成。在切削或磨削加工过程中，由于切削变形和切削热的影响，加工表面层会产生残余应力，即在加工后表面层与基体材料间产生的相互平衡的弹性应力，如图 3.9（c）所示。

3）表面层的金相组织变化。机械加工特别是磨削加工中，工件表面在切削热产生的高温作用下，常会发生不同程度的金相组织的变化。

3.1.2.4　加工精度的获得方法

1. 尺寸精度的获得方法

机械加工中获得规定尺寸的方法有试切法、定尺寸刀具法、调整法和自动控制法。

（1）试切法。先试切出很小一部分加工表面，测量试切所得尺寸，根据测量结果重新调整刀具位置，再试切，再测量，如此反复，直至测得的尺寸合格为止。这种方法获得的尺寸精度取决于测量精度、机床进给机构的工作精度、刀具的切削性能、工艺系统的刚度以及操作工人的技术水平。此法的生产率比较低，一般只适用于单件小批量生产。

（2）定尺寸刀具法。利用刀具的相应尺寸来保证被加工表面的尺寸。例如，用一定尺寸的钻头和铰刀来加工孔，用铣刀铣键槽，用丝锥加工螺纹等。用这种方法获得的尺寸精度取决于刀具本身的尺寸精度和一系列其他因素，如刀具和工件的安装、机床运动的准确性和稳定性、工件材料的性质、冷却润滑条件等。

（3）调整法。根据要求的工件尺寸，利用机床上的定程装置预先调整好机床、刀具和工件的相对位置，再进行加工。采用这种加工方法获得的加工精度除了受调整精度的影响外，还受诸如工艺系统弹性变形之类的一些因素的影响。和试切法相比，由于省去了反复多次的试切和测量工作，因而生产率比较高，适用于成批大量生产。

（4）自动控制法。采用自动控制系统对加工过程中的刀具进给、工件测量和切削运动等进行自动控制，而获得要求的工件尺寸。这种加工方法生产率高，能够加工形状复杂的表面，且适应性好，已获得了日益广泛的应用。采用这种加工方法得到的工件尺寸精度取决于控制系统中各元件的灵敏度、系统的稳定性以及机械装置的工作精度。

2. 形状精度的获得方法

机械加工中获得一定形状表面的方法可以归纳为以下 3 种。

（1）轨迹法。利用刀具的运动轨迹形成要求的表面几何形状。刀尖的运动轨迹取决于刀具与工件的相对运动（成型运动）。例如，刨刀的直线运动和工件垂直于刀具运动方向的间断直线运动形成平面；工件的回转运动和车刀的直线运动可以形成圆柱面或圆锥面；工件的回转运动和车刀沿靠模具所做的曲线运动可以形成特殊形状的回转表面。用这种方法得到的形状精度取决于刀具与工件成型运动的精度。

（2）成型法。利用成型刀具代替普通刀具来获得要求的表面几何形状。机床的某些成型运动被成型刀具的切削刃取代，从而简化了机床的结构，提高了劳动生产效率，如用成型车刀加工曲面、用成型铣刀铣削成型表面等。用这种方法获得的表面形状精度，既取决于切削刃的形状精度，又有赖于机床成型运动的精度。

（3）展成法。利用刀具和工件做展成切削运动来获得加工表面。展成法中切削刃的形状是被加工面的共轭曲线，它在啮合运动中的包络面就是被加工面，如在滚齿机上加工齿轮的齿面。展成法的加工精度取决于切削刃的几何形状精度和啮合运动的准确精度。

3. 位置精度的获得方法

机械加工中获得一定表面相对位置精度的方法主要有以下两种。

（1）一次装卡获得法。当零件上有相互位置精度要求的各表面在同一次装夹中加工出来的时候，表面相互位置精度是由机床有关部分的相互位置精度来保证的。

（2）多次装卡获得法。当零件上有相互位置精度要求的各表面被安排在不同的安装中加工时，零件表面的相互位置精度主要取决于安装精度。

3.1.2.5 表面粗糙度对零件使用性能的影响

1. 对零件耐磨性的影响

零件表面越粗糙，两相接触表面间的实际有效接触面积越小，单位面积压力越大，表面越容易磨损。但过于光滑的表面不利于润滑油的存储，还会增加两表面的分子吸附作用，磨损也会加剧。

具有一定表面粗糙度的两表面相贴合时，往往是凸峰部分先接触。因此，实际接触面积大大小于理论接触面积，表面越粗糙，实际接触面积越小。在初期磨损阶段，因实际接触面积极小，因此磨损较快。随着磨损的加大，实际接触面积逐渐增大，单位面积的载荷逐渐下降，磨损过程减缓而趋向稳定，进入正常磨损阶段。最后磨损逐渐发展，实际接触面积越来越大，产生了金属分子间的亲和力，使表面容易咬焊，从而进入了急剧磨损阶段。

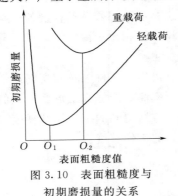

图 3.10　表面粗糙度与
初期磨损量的关系

表面粗糙度与初期磨损量的关系如图 3.10 所示。在一定工作情况下，摩擦副表面有一最佳表面粗糙度值，过大或过小的表面粗糙度值会使初期磨损量增大，使总的耐磨时间缩短。

2. 对零件配合性能的影响

在间隙配合中，如果配合表面粗糙度值较大，则在初期磨损阶段磨损量就大，造成零件的尺寸发生变化，使配合间隙量增大，改变了配合性质。

在过盈配合中，如果配合表面粗糙，则装配后表面的凸峰将被挤压平整，从而使实际过盈量减小，减弱了过盈配合的结合强度。因此，在设计零件时，对于配合精度要求高的零件，应该规定较小的表面粗糙度值。

3. 对零件疲劳强度的影响

在交变载荷作用下，零件上的应力集中区容易产生和发展成疲劳裂纹，导致疲劳损坏。由于表面粗糙度的谷部在交变载荷作用下容易形成应力集中，因此表面粗糙度对零件的疲劳强度有较大的影响。表面粗糙度值大（特别是在零件上应力集中区）将降低零件的疲劳强度。

4. 对零件耐蚀性的影响

零件的表面粗糙度对耐蚀性也有影响，当零件在潮湿的空气中或腐蚀性介质中工作时，会发生化学腐蚀或电化学腐蚀。由于粗糙表面的凹谷处容易积聚腐蚀性介质而发生化学腐蚀，或在两种材料表面粗糙度的凸峰间容易产生电化学作用而引起电化学腐蚀。所以，减小表面粗糙度可以提高零件的耐蚀性。

5. 对零件接触刚度的影响

表面粗糙度对零件的接触刚度有很大的影响。表面粗糙度越小，则接触刚度越高，故减小表面粗糙度是提高接触刚度的一个最有效的措施。

另外，表面粗糙度对零件间的密封性和摩擦因数也有很大的影响，表面粗糙度小则密封性好、摩擦因数小；反之，则零件密封性差、摩擦因数大。

3.1.3　拓展性知识

3.1.3.1　影响表面粗糙度的因素及其控制

影响表面粗糙度的因素主要有几何因素、物理因素和机械加工振动因素 3 个。

1. 切削加工的表面粗糙度

切削加工的表面粗糙度主要取决于切削残留面积的高度，并与切削表面塑性变形及积屑瘤的产生有关。

（1）影响切削残留面积的高度的因素。车削、刨削加工时残留面积的高度计算如图 3.11 所示。如果使用直线切削刃切削，切削残留面积高度为

$$H = \frac{f}{\cot\kappa_r + \cot\kappa_r'}$$

如果使用圆弧切削刃切削，其切削残留面积高度为

$$H = \frac{f^2}{8r_\varepsilon}$$

可见，减小主偏角 κ_r、副偏角 κ_r' 及进给量 f，增大刀尖圆弧半径 r_ε，能降低切削残留面积高度。

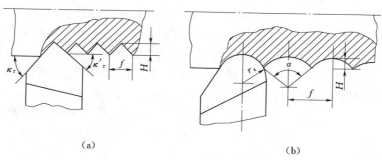

(a)　　　　　　　　　　　　　　　　(b)

图 3.11　车削、刨削加工时残留面积的高度计算

（2）影响切削表面积屑瘤和鳞刺的因素。加工塑性材料时，切削速度对表面粗糙度的影响较大。切削速度 v 为 $20\sim50\text{m/min}$ 时，表面粗糙度值最大，这是由于产生积屑瘤或鳞刺所致。当切削速度超过 100m/min 时，表面粗糙度值下降，并趋于稳定。在实际切削低碳钢、低合金钢等塑性金属时，选择低速宽刀精切和高速精切，往往可以得到较小的表面粗糙度值。

一般说来，材料韧性越大或塑性变形趋势越大，被加工表面粗糙度值就越大。切削脆性材料比切削塑性材料容易达到表面粗糙度的要求。对于同样的材料，金相组织越粗大，切削加工后的表面粗糙度值就越大，为减小切削加工后的表面粗糙度值，常在精加工前进行调质等处理，目的在于得到均匀细密的晶粒组织和较高的硬度。

此外，合理选择切削液、适当增大刀具前角、提高刀具的刃磨质量等，均能有效地减小加工表面粗糙度值。

2. 磨削加工的表面粗糙度

影响磨削加工表面粗糙度的因素主要包括与磨削过程和砂轮结构有关的几何因素、与磨削过程和工件的塑性变形有关的物理因素及工艺系统的振动因素等。

（1）砂轮对表面粗糙度的影响。

1）砂轮粒度。仅从几何因素考虑，砂轮粒度越细，磨削的表面粗糙度值越小。但磨粒太细时，砂轮易被磨屑堵塞，使加工表面塑性变形增大，表面粗糙度值增大；若导热情况不好，还容易在加工表面产生烧伤。

2）砂轮硬度。砂轮的硬度是指磨粒在磨削力的作用下从砂轮上脱落的难易程度。砂轮太硬，磨粒不易脱落，磨钝了的磨粒不能及时被新磨粒替代，使表面粗糙度值增大。砂轮太软，磨粒易脱落，磨削作用减弱，也会使表面粗糙度值增大。

3）砂轮组织。砂轮的组织是指磨粒、结合剂和气孔的比例关系。紧密组织中的磨粒

比例大，气孔小，在成型磨削和精密磨削时，能获得高精度和较小的表面粗糙度值。疏松组织的砂轮不易阻塞，适于磨削软金属、非金属材料和热敏性材料（不锈钢、耐热钢等），可获得较小的表面粗糙度值。

4）砂轮磨粒材料。砂轮磨粒材料选择适当，可获得满意的表面粗糙度。氧化物（刚玉）砂轮适用于磨削钢类零件；碳化物（碳化硅、碳化硼）砂轮适合于磨削铸铁、硬质合金等材料。

5）砂轮整修。砂轮整修对表面粗糙度也有重要影响。修整砂轮时，金刚石笔的纵向进给量越小，砂轮表面磨粒的登高性越好，被磨工件的表面粗糙度值就越小。

另外，采用超硬磨料（人造金刚石、立方氮化硼和陶瓷）砂轮进行磨削，可以获得很小的表面粗糙度值，这是目前精密和超精密磨削的主要方法。砂轮的修整方法也不同于普通砂轮，如金刚石超声波修整等。经过修整后的砂轮，其磨粒具有很高的微刃性、等高性和自锐性，能切除极薄的被加工工件材料，甚至是在工件晶粒内进行切削，可以对各种高硬度、高脆性材料（如硬质合金、陶瓷、玻璃等）和高温合金材料进行精密及超精密加工，在航空、航天、汽车、刀具等行业中应用广泛。采用超硬磨料砂轮顺应了磨削加工向高精度、高效率和高硬度方向发展的趋势。

超硬磨料磨削与普通磨削的最大区别在于超微量切除，可能还伴有塑性流动和弹性破坏等作用，其磨削机理目前还处于探索过程中，本节主要介绍普通磨削对表面质量的影响及其控制。

（2）磨削用量对表面粗糙度的影响。砂轮的速度越高，单位时间内通过被磨表面的磨粒数就越多，因而工件表面粗糙度值就越小。另外，砂轮速度越高，就有可能使表面金属塑性变形的传播速度小于切削速度，工件材料来不及变形，致使表面金属的塑性变形减小，表面粗糙度值也将减小。工件速度对表面粗糙度的影响则与砂轮速度的影响相反，增大工件速度时，单位时间内通过被磨表面的磨粒数减少，表面粗糙度值将增大。

砂轮的纵向进给量减小，工件表面的每个部位被砂轮重复磨削的次数增加，被磨表面的粗糙度值将减小。磨削深度增大，表层塑性变形将随之增大，被磨表面粗糙度值也会增大。

此外，工件材料的性质、切削液的选用等对磨削表面粗糙度也有明显的影响。

3.1.3.2 影响表面层物理力学性能的因素及其控制

1. 表面层的冷作硬化

（1）影响切削加工表面冷作硬化的因素。

1）切削用量的影响。切削用量中以进给量和切削速度的影响最大。加大进给量时，切削力增大，表层金属的塑性变形加剧，冷作硬化程度增大，表层金属的显微硬度将随之增大。但是这种情况只是在进给量比较大时出现，如果进给量很小，如切削速度小于 $0.05\sim0.06\mathrm{m/min}$ 时，继续减小进给量，表层金属的冷作硬化程度不仅不会减小，反而会增大。

切削速度对冷作硬化程度的影响是力因素和热因素综合作用的结果。当切削速度增大时，刀具与工件的作用时间减少，使塑性变形的扩展深度减小，因而有减小冷作硬化程度的趋势。但切削速度增大时，切削热在工件表面层上的作用时间也缩短了，又有使冷作硬化程度增加的趋势。背吃刀量对表层金属冷作硬化的影响不大。

2）刀具几何形状的影响。切削刃钝圆半径的大小对切屑形成过程有较大的影响。实验证明，已加工表面的显微硬度随切削刃钝圆半径的加大而明显增多。这是因为切削刃钝圆半径增大，径向切削力也将随之加大，表层金属的塑性变形程度加剧，导致冷作硬化加剧。

前角在±20°范围内变化时，对表层金属的冷作硬化没有显著影响。后角和主偏角、副偏角等对表层金属的冷作硬化影响不大。

刀具磨损对表层金属的冷作硬化影响很大，这是由于磨损宽度加大后，刀具后刀面与被加工工件的摩擦加剧，塑性变形增大，导致表面冷作硬化增大。

3）加工材料性能的影响。工件材料的塑性越大，冷作硬化倾向越大，冷作硬化程度也越严重。碳钢中含碳量越大，强度越高，其塑性越小，因而冷作硬化程度越小。有色合金材料的熔点低，易回复，冷作硬化现象比钢材轻得多。

（2）影响磨削加工表面冷作硬化的因素。

1）工件材料性能的影响。磨削加工中，工件材料主要从塑性和导热性两个方面影响表面冷作硬化。磨削高碳工具钢 T8，加工表面冷作硬化程度平均可达 160%～165%，个别可达 200%；而磨削纯铁时，加工表面冷作硬化程度可达 175%～180%，有时可达 240%～250%。其原因是纯铁的塑性好，磨削时的塑性变形大，强化倾向大。此外，纯铁的导热性比高碳工具钢高，热不容易集中于表面层，弱化倾向小。

2）磨削用量的影响。磨削深度增大，磨削力随之增大，磨削过程的塑性变形加剧，表面冷作硬化强化倾向增加。加大纵向进给速度，每颗磨粒的切削厚度随之增大，磨削力加大，冷作硬化增大。但提高纵向进给速度，有时会使磨削区产生较大的热量而使冷作硬化减弱。加工表面的冷作硬化状况取决于上述两种因素综合作用的结果。

提高工件转速，会缩短砂轮对工件热作用的时间，使软化倾向减弱，因而表面层的冷作硬化增大。提高磨削速度，每颗磨粒切除的切削厚度变小，减弱了塑性变形程度，而且磨削区的温度增高，弱化倾向增大。所以，高速磨削时加工表面的冷作硬化程度总比普通磨削时低。

3）砂轮的影响。砂轮粒度越大，每颗磨粒的载荷越小，冷作硬化程度也越小。砂轮磨钝修整不良，热回复作用加大，表面硬化现象减弱。

2. 表层的残余应力

（1）影响表层残余应力的因素。

1）切削用量的影响。切削速度增加，使表面沿速度方向的塑性变形减少，工件表层产生的残余拉应力随速度的提高而下降。但加工 20CrNiMo 时，如果再提高切削速度，表层温度逐渐增高至淬火温度，表层金属产生局部淬火，因而在表层金属中产生压缩残余应力。加大进给量，会使表层金属塑性变形增加，切削区发生的热量也增加，其结果会使残余应力的数值及扩展深度相应增大。

2）刀具角度的影响。前角对表层金属残余应力的影响很大。前角的变化不仅影响残余应力的数值和符号，而且在很大程度上影响残余应力的扩散深度。切削 45 钢的实验表明，当前角由正值变为负值或继续增大负前角，拉伸残余应力的数值减小。刀具负前角很大（如 $\gamma_0 = -30°$）时，表层金属发生淬火反应，表层金属产生压缩残余应力。此外，刀具切削刃钝圆半径、刀具磨损状态等都对表层金属残余应力的性质及分布有影响。

3）工件材料的影响。塑性大的材料，切削加工后表层一般产生残余拉应力；脆性材料如铸铁，切削时由于后刀面的挤压与摩擦，表层产生残余压应力。

（2）影响磨削表层残余应力的因素。磨削加工中，热因素和塑性变形对磨削表层残余应力的影响都很大。在一般磨削过程中，若热因素起主导作用，工件表层将产生拉伸残余应力。若塑性变形起主导作用，工件表层将产生压缩残余应力。当工件表面温度超过相变温度且又冷却充分时，工件表层出现淬火烧伤，此时金相组织变化因素起主导作用，工件表层将产生压缩残余应力。

1）磨削用量的影响。背吃刀量对表层残余应力的性质、数值有很大影响。例如，磨削低碳钢时，当背吃刀量很小（如 $a_p = 0.005\text{mm}$）时，塑性变形起主导作用，因此磨削表层形成压缩残余应力。继续加大背吃刀量，塑性变形加剧，磨削热随之增大，热因素的作用逐渐占主导地位，在表层产生拉伸残余应力；且随着背吃刀量的增大，拉伸残余应力的数值将逐渐增大。当 $a_p > 0.025\text{mm}$ 时，尽管磨削温度很高，但因工业铁的含碳量极低，不可能出现淬火现象，此时塑性变形因素逐渐起主导作用，表层金属的拉伸残余应力逐渐减小。当值很大时，表层金属呈现压缩残余应力状况。

提高砂轮速度，磨削区温度增高，而每颗磨粒所切除的金属厚度减小，此时热因素的作用增大，塑性变形因素的影响减小。因此，提高砂轮速度将使表面金属产生拉伸残余应力的倾向增大。

加大工件的回转速度和进给速度，将使砂轮与工件的热作用时间缩短，热因素的影响逐渐减小，塑性变形因素的影响逐渐加大。这样，表面金属中产生拉伸残余应力的趋势逐渐减小，而产生压缩残余应力的趋势逐渐增大。

2）工件材料的影响。一般来说，工件材料的强度越高，导热性越差、塑性越低，在磨削时表面金属产生拉伸残余应力的倾向就越大。

3. 表层金属金相组织的变化

机械加工过程中，在工件的加工区及其邻近的区域，温度会急剧升高，当温度升高到超过工件材料金相组织变化的临界点时，就会发生金相组织变化。特别在磨削加工中，由于磨削比压大，磨削速度高，切除金属所产生的大部分（约 80%）将传给加工表面，使工件表面达到很高的温度。高温使表层金属的金相组织发生变化，造成表层金属硬度下降，工件表面呈现氧化膜颜色，这种现象称为磨削烧伤。磨削烧伤将会严重影响零件的使用性能。

发生磨削烧伤的根本原因是磨削温度过高，因此避免和减轻磨削烧伤的基本途径是减少热量的产生和加速热量的散失，具体措施如下。

（1）正确选择砂轮。为避免产生烧伤，应选择较软的砂轮。选择具有一定弹性的结合剂（如橡胶结合剂、树脂结合剂），也有助于避免烧伤现象的产生。

（2）合理选择磨削用量。背吃刀量 a_p 对磨削温度影响最大，从减轻烧伤的角度考虑，a_p 不宜过大。磨削平面时，加大横向进给量 f_t 有助于减轻烧伤。加大工件回转速度 v_w，磨削表面的温度升高，但其增长速度与背吃刀量 a_p 的影响相比小得多，且 v_w 越大，热量越不容易传入工件内层，具有减小烧伤层深度的作用。但增大工件速度 v_w 会使表面粗糙度值增大，为了弥补这一缺陷，可相应提高砂轮速度 v_s。实践证明，同时提高砂轮速度 v_s 和工件速度 v_w，可以避免烧伤。

从减轻烧伤而同时又尽可能地保持较高的生产率角度考虑，在选择磨削用量时，应选用较大的工作速度 v_w 和较小的背吃刀量 a_p。

（3）改善冷却条件。改善冷却条件的方法如图 3.12 所示。内冷却是一种较为有效的冷却方法。其工作原理是：经过严格过来的切削液通过中控主轴法兰套引入砂轮的中心腔内，由于离心力的作用，这些切削液就会通过砂轮内部的空隙向砂轮四周的边缘洒出，这样切削液就有可能直接进入磨削区，如图 3.12（a）所示。

采用开槽砂轮也是改善冷却条件的一种有效方法，如图 3.12（b）所示。在砂轮的四周开一些横槽，能使砂轮将切削液带入磨削区，从而提高冷却效果；砂轮开槽同时形成剪短磨削，工件受热时间短，金相组织来不及转变。砂轮开槽还能起到风扇作用，可改善散热条件。因此，开槽砂轮可有效地防止烧伤现象的发生。

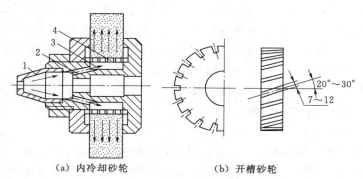

（a）内冷却砂轮   （b）开槽砂轮

图 3.12 改善冷却条件的方法

1—锥形盖；2—切削液通孔；3—砂轮中心腔；4—开孔薄壁套

3.1.4 习题

3.1 试述加工表面产生压缩残余应力和拉伸残余应力的原因。

3.2 什么是时间定额？单件时间定额包括哪些方面？

3.3 什么是工艺成本？工艺成本由哪些部分组成？如何对不同工艺方案进行技术经济分析？

3.4 提高机械加工生产率的工艺措施有哪些？

3.5 零件的表面质量包括哪几方面内容？为什么说零件的表面质量与加工精度对保证机器的工作性能来说具有同等重要的意义？

3.2 编制套筒类零件的机械加工工艺

3.2.1 连接套的机械加工工艺过程分析

图 3.1 所示的连接套，其主要加工表面外圆 $\phi 60_{-0.019}^{0}$ 与 $\phi 50_{0}^{+0.025}$ 孔有较高的尺寸精

度（分别为 IT6 级和 IT7 级）和同轴度要求，内外台阶端面对 $\phi 50^{+0.025}_{0}$ 内孔的中心线有较高的轴向圆跳动要求，并且表面粗糙度值较小。上述 4 个面不可能在一次装夹中加工完成，而 $\phi 50^{+0.025}_{0}$ 内孔的深度较短，又有台阶，不便采用可胀心轴装夹加工其他表面。因此，可将设计中的 $\phi 40\text{mm}$、$Ra2.5\mu\text{m}$ 的内孔改为 $\phi 40^{+0.025}_{0}$、$Ra1.6\mu\text{m}$ 以满足工艺要求，并与 $\phi 50^{+0.025}_{0}$ 内孔和台阶面在一次装夹中车削，并最终一起磨削出来。再以 $\phi 60^{0}_{-0.019}$ 内孔定位安装在心轴上磨削外圆和台阶面，即可保证图样要求。这个 $\phi 40^{+0.025}_{0}$、$Ra1.6\mu\text{m}$ 内孔称为工艺孔。

1. 确定毛坯

连接套为中批量生产，要求采用铸铁材料 HT200，其毛坯尺寸确定为 $\phi(85 \times 65)\text{mm}$。零件上的内孔较大，可在铸件上预制通孔 $\phi 30$。

2. 确定主要表面的加工方法

该零件的主要加工表面为外圆 $\phi 60$、内孔 $\phi 50$ 和两个端面及 $\phi 40$ 工艺孔。其中，内孔、外圆精度较高，表面粗糙度为 $Ra1.6\mu\text{m}$，批量生产时，车削加工很难达到该尺寸精度等级和表面粗糙度要求，需采用磨削加工。内孔的加工方案为：粗镗→半精镗→磨削。

因外圆 $\phi 60^{0}_{-0.019}$ 和孔有同轴要求，表面粗糙度为 $Ra1.6\mu\text{m}$，最终加工需要以孔定位磨削。外圆的加工方案为：粗车→半精车→磨削。

两个端面对 $\phi 50^{+0.025}_{0}$ 内孔的中心线有较高的轴向圆跳动要求，需在加工相应的外圆和内孔时一起加工出来（车削和磨削）。

3. 确定定位基准

$\phi 60^{0}_{-0.019}$ 外圆及其台阶半精加工后采用自定心卡盘进行定位，粗车及半精车内孔，以保证在车削时就有一定的位置精度。上磨床后，再以该外圆及其台阶定位磨削加工两内孔及台阶，再用可胀心轴以 $\phi 40^{+0.025}_{0}$ 孔定位磨削加工 $\phi 60^{0}_{-0.019}\text{mm}$ 外圆及其台阶面。在车削和磨削工序中，充分应用基准同一和互为基准的原则，逐步提高位置精度（同轴度和轴向圆跳动）。

4. 划分加工阶段

对精度要求较高的零件，其粗加工、精加工应分开，以保证零件的质量。根据以上的加工方法，车和磨分别为两道工序，粗加工、精加工已经分开。车削加工时为简化操作，内孔和外圆的粗加工、半精加工可以在一次装夹中完成。

5. 加工尺寸和切削用量

磨削加工的磨削余量可取 0.5mm，半精车余量可取 1.5mm。具体加工尺寸参见该零件加工工艺过程卡片的工序内容。

车削用量的选择，可根据加工情况由工人确定，一般可从《机械加工工艺手册》或《切削用量手册》中选取。

6. 拟定工艺过程

综上所述，连接套的加工路线为：粗车、半精车外圆→粗车、半精车内孔→磨削内孔→磨削外圆→检验。

连接套的机械加工工艺过程卡片见表 3.4。

连接套工序的机械加工工序卡片见表 3.5。

表3.4 连接套机械加工工艺过程卡片

机械加工工艺过程卡片			产品型号	CQJ	零部件图号	CQJ-002		共1页	第1页
			产品名称	花边冲裁机	零部件名称	连接套			
材料牌号	毛坯种类	毛坯外形	每毛坯可制件数	1	每台件数	2			
HT200	铸铁	φ85×65							
工序号	工序名称	工序内容	设备	工艺装备			工时		
				夹具	刀具	量具	准终	单件	
1	铸	φ85×65							
2	车	(1) 夹外圆,φ80(长20mm),车平左端面;粗车φ60至φ60.5,长24.8mm,长度留余量为0.2mm;割槽、倒角两处至尺寸;粗镗孔φ40及沉孔φ50,内孔留余量0.5mm;(2) 调头,夹φ60,车平右端面保证长度60mm,粗、精车外圆φ80,割角、倒角	车床	自定心卡盘	车刀	游标卡尺0~15mm			
3	磨	夹φ60外圆,靠台阶,磨φ40$^{+0.025}_{0}$外圆,靠台阶,磨φ40$^{+0.025}_{0}$(工艺要求),φ50$^{+0.025}_{0}$,带磨出内台阶	磨床	自定心卡盘	砂轮	内径千分尺0~50mm,百分表			
4	磨	以φ40$^{+0.025}_{0}$内孔定位,磨削另一端外圆,φ60$^{+0.025}_{0}$长25mm,带磨出内台阶面	磨床	自定心卡盘	砂轮	内径千分尺0~100mm,百分表			
编制		编写		校对		审核			
日期		日期				日期		日期	

表 3.5

连接套机械加工工序卡片

机械加工工艺过程卡片	产品型号及规格	图号	名称	工序名称	工艺文件编号
	CQJ 花边裁切机	CQJ-002	连接套	车	

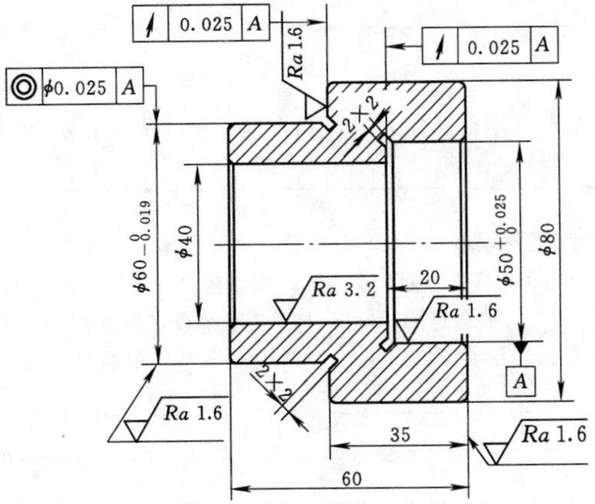
0.025 A
Ra 1.6
0.025 A
ϕ0.025 A
2×2
ϕ60−0.019
ϕ40
Ra 3.2
20
ϕ50+0.025
ϕ80
Ra 1.6
A
2×2
Ra 1.6
35
Ra 1.6
60

材料牌号及名称	毛坯外形尺寸	
HT200	ϕ (85×65) mm	
零件毛重	零件净重	硬度
设备型号	设备名称	
CA6140	普通车床	
专用工艺装备		
名称		代号
机动时间	单件工时定额	每台件数
5min	25min	
技术等级	切削液	
	煤油	

工序	工序名称	工序内容	刀具 名称规格	量检具	切削用量 切削速度/(m/s)	切削深度/(m/s)	工件速度/(m/min)	转速/(r/min)
2	1	夹外圆 ϕ80、长 20mm，车平左端面	45°外圆刀	内外卡钳、钢直尺、游标卡尺，0～125mm 样板规		实测	手动	520
	2	粗车、半精车外圆 ϕ60 至 $\phi60_{-0.01}$、长 $24.8^{+0.1}$mm	90°外圆刀			实测、3 刀	0.41	520
	3	割槽	外圆割槽成形刀				手动	730

续表

工序名称	工序内容	刀具名称规格	量检具	切削用量			
				切削速度/(m/s)	切削深度/(m/s)	工件速度/(m/min)	转速/(r/min)
4	倒角外圆两处	45°外圆刀				手动	520
5	镗内孔 φ40 至尺寸，长度为全长并倒角	45°内孔刀	内外卡钳、钢直尺、游标卡尺、0～125mm样板规		实测，2刀	0.2	730
6	调头夹 φ60 外圆面（长 20mm），车平右端面	45°外圆刀			实测	手动	520
7	车外圆 φ80mm 至尺寸	90°外圆刀			实测，2刀	0.41	400
8	再次装夹 φ60 外圆面、靠台阶、半精镗孔 φ50 至尺寸 $\phi49.5^{+0.1}$，长 20mm				实测，2刀	0.2	730
9	割槽	内孔割槽成型刀				手动	730
10	倒角内外圆各一处	45°内、外圆刀				手动	520

编制		编写	日期	校对	日期	审核	日期

3.2.2　台阶套的机械加工工艺示例

编制图 3.13 所示的花边裁切机的台阶套的机械加工工艺。生产类型为中批量生产。

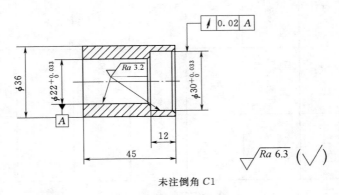

未注倒角 C1

图 3.13　花边裁切机的台阶套

1. **零件图分析**

图 3.13 所示的花边裁切机的台阶套属于套筒类零件，由外圆柱面、内孔面和端面组成。该零件的 $\phi30$mm 和 $\phi22$mm 两内圆柱面有尺寸精度要求和表面粗糙度要求，且 $\phi30$mm 内圆柱面相对于 $\phi22$mm 内圆柱面中心线有 0.02mm 的径向圆跳动要求，因此 $\phi30$mm 和 $\phi22$mm 两内圆柱面为主要加工表面。

2. **确定毛坯**

该零件尺寸较小，且各部分直径相差不大，故毛坯可选用热轧圆钢 $\phi(40\times50)$mm。

3. **确定主要加工表面的加工方法**

该零件的主要加工表面为 $\phi30$ 和 $\phi22$ 两内圆柱面，公差均为 0.033mm，为 IT8 级，可采用钻削、车削方法进行加工。加工方案可为：钻孔→粗车→精车。

4. **确定定位基准**

采用自定心卡盘夹 $\phi36$ 外圆定位来加工两内孔，调头后，通过接刀使外圆表面质量达到要求。

5. **划分加工阶段**

该零件结构简单，精度要求一般，只要划分为粗加工和精加工两个阶段即可。

6. **加工尺寸和切削用量**

车削加工的精车余量可取 0.5mm，粗车余量可取 1.5mm。具体加工尺寸参见该零件加工工艺过程卡片的工序内容（表 3.6）。

车削用量的选择，可根据加工情况由工人确定；一般可从《机械加工工艺手册》或《切削用量手册》中选取。

7. **拟定机械加工工艺过程**

综上所述，台阶套的加工该路线为：下料→粗车→精车→检验。

表 3.6

台阶套机械加工工艺过程卡片

机械加工工艺过程卡片		产品型号	CQJ	零部件图号	CQJ-001	共 1 页
		产品名称	花边冲裁机	零部件名称	台阶套	第 1 页

材料牌号	45	毛坯种类	热轧圆钢	毛坯外形	ϕ（40×50）mm	每毛坯可制件数	1	每台件数	2	备注	

工序号	工序名称	工序内容	设备	工艺装备				工时	
				夹具	刀具	量具		准终	单件
		ϕ（40×50）mm							
1	锯	下料	锯床		钢直尺				
2	车	（1）夹外圆孔长 20mm，车平右端面，钻中心孔 （2）钻通孔 ϕ20、粗、精车通孔 ϕ30 至尺寸，长 20mm （3）粗车通孔 ϕ22 及沉孔 ϕ30，留余量 0.5mm （4）精车两孔 $\phi22^{+0.033}_{0}$、$\phi30^{+0.033}_{0}$ 至尺寸，保证长度 12mm；孔口倒角两处	车床	自定心卡盘、尾座	车刀 麻花钻	游标卡尺 0～125mm 内径千分尺 0～50mm 百分表			
3	车	调头夹已加工过外圆（长 15mm）、校正后 （1）车左端面，保证总长 45mm （2）粗、精车外圆 ϕ36 至尺寸，注意保证连续无连刀痕迹	车床	自定心卡盘	车刀	游标卡尺 0～125mm			

	编制		校对		审核			
编制		日期		日期		日期		日期

3.2.3 习题

3.6 保证套筒类零件的位置精度要求,可采取哪几种方法?试举例说明各种加工方法的特定和使用场合。

3.7 在加工薄壁套筒类零件时,怎样防止受力变形对加工精度的影响?

3.8 图3.14所示零件,图样要求保证尺寸(6 ± 0.1)mm,但这一尺寸不便于测量,只好通过测量 L 来间接保证。试求工序尺寸 L 及其上、下极限偏差。

3.9 图3.15所示零件从 A 面定位,用调整法铣平面 C、D 及槽 E。已知:$L_1=(60\pm0.2)$mm,$L_2=(20\pm0.4)$mm,$L_3=(40\pm0.8)$mm。试确定其工序尺寸及其极限偏差。

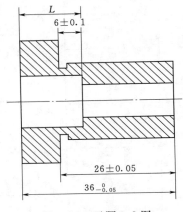

图3.14 习题3.8图

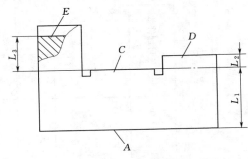

图3.15 习题3.9图

3.10 某零件的加工路线如图3.16所示。

工序Ⅰ:粗车小端外圆、台肩面及端面。

工序Ⅱ:车大端外圆及端面。

工序Ⅲ:精车小端外圆、台肩面及端面。

试校核工序Ⅲ精车小端外圆的余量是否合适?若余量不够应该如何改进?

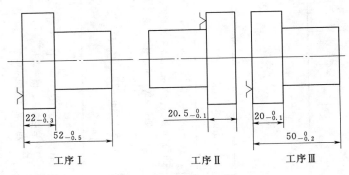

图3.16 习题3.10图

3.11 图3.17所示的套筒零件,除缺口 B 外,其余表面均已加工。试分析当加工缺口 B,保证尺寸 $8^{+0.20}_{0}$mm 时有几种定位方案,并计算出每种定位方案的工序尺寸及极限偏差。

3.12 如图 3.18 所示，加工轴上一键槽，要求键槽深度为 $4^{+0.16}_{0}$ mm，加工过程如下。

(1) 车轴外圆至 $\phi 28.5^{0}_{-0.10}$。

(2) 在铣床上按尺寸 H 铣键槽。

(3) 热处理。

(4) 磨外圆 $\phi 28^{+0.024}_{+0.008}$。

试确定工序尺寸 H 及其上、下极限偏差。

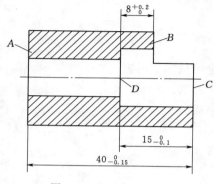

图 3.17 习题 3.11 图

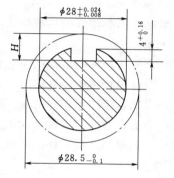

图 3.18 习题 3.12 图

项目4 箱体类零件加工

【教学目标】

1. 终极目标

会编制箱体类零件的机械加工工艺。

2. 项目目标

(1) 会分析箱体类零件的工艺性能，并选定机械加工内容。

(2) 会选用箱体类零件的毛坯，并确定加工方案。

(3) 会确定箱体类零件的加工顺序及进给路线。

(4) 会确定箱体类零件的切削用量。

(5) 会制定箱体类零件的机械加工工艺文件。

【工作任务】

(1) 减速器箱体的机械加工工艺分析。

(2) 确定减速器箱体的机械加工工艺文件。

减速器箱体零件图如图 4.1 所示。

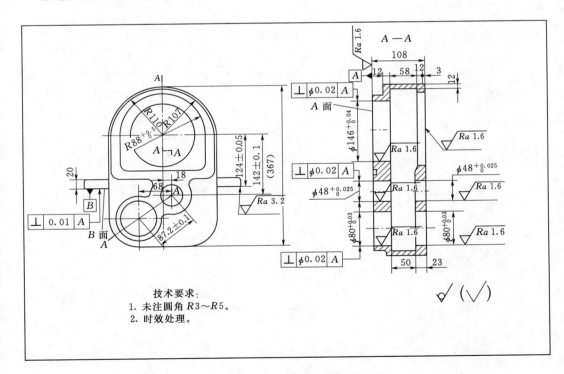

图 4.1 减速器箱体零件图

4.1 箱体类零件的机械加工工艺的相关知识

4.1.1 相关实践知识

1. 箱体类零件概述

（1）箱体类零件的结构特点。箱体是机器的基础零件，它将机器中有关部件的轴、套、齿轮等相关零件连接成一个整体，并使之保持正确的相互位置，以传递转矩或改变转速来完成所需要的运动。因此，箱体的加工质量直接影响到机器的性能、精度和寿命。

箱体类零件的结构复杂，壁薄且不均匀，加工部位多，加工难度大。据统计资料表明，一般中型机床制造厂花在箱体类零件的机械加工工时占整个产品加工工时的15%～20%。

（2）箱体类零件的主要技术要求。箱体类零件中，机床主轴箱的精度要求较高，可归纳为以下 5 项精度要求。

1）孔径精度。孔径的尺寸误差和几何形状误差会造成轴承和孔的配合不良。孔径过大，配合过松，使主轴回转轴线不稳定，并降低了支承刚度，易产生振动和噪声；孔径过小，会使配合偏紧，轴承将因外形变形，不能正常运转而缩短寿命。装轴承的孔不圆，也会使轴承外环变形而引起主轴径向圆跳动超差。

从上面分析可知，对孔的精度要求是较高的。主轴孔的尺寸公差等级为 IT6，其余孔为 IT8～IT7。孔的几何形状精度未作规定的，一般控制在尺寸公差的 1/2 即可。

2）孔与孔的位置精度。同一轴线上各孔的同轴度和孔端面对轴线的垂直度误差，会使轴和轴承装配搭配箱体内出现歪斜，从而造成主轴径向跳动和轴向窜动，也加剧了轴承磨损。孔系之间的平行度误差会影响齿轮的啮合质量。一般孔径公差为 ±0.025～±0.060 mm，而同一轴线上的支承孔的同轴度约为最小孔尺寸公差的 1/2。

3）孔和平面的位置精度。主要孔对主轴箱安装基面的平行度，决定了主轴与床身导轨的相互位置关系。这项精度是在总装时通过刮研来达到的。为了减少刮研工作量，一般规定在垂直和水平两个方向上，只允许主轴前端向上和向前偏移。

4）主要平面的精度。装配基面的平面度影响主轴箱与床身连接时的接触刚度，加工过程中作为定位基面则会影响主要孔的加工精度，因此规定了底面和导向面必须平直。为了保证箱盖的密封性，防止工作时润滑油泄出，还规定了顶面的平面度要求。当大批量生产将其顶面作定位基面时，对它的平面度要求更高。

5）表面粗糙度。一般主轴孔的表面粗糙度为 $Ra0.4\mu m$；其他各纵向孔的表面粗糙度为 $Ra1.6\mu m$；孔的内端面的表面粗糙度为 $Ra3.2\mu m$；装配基准面和定位基准面的表面粗糙度为 $Ra2.5～0.63\mu m$；其他平面的表面粗糙度为 $Ra10～2.5\mu m$。

（3）箱体类零件的材料和毛坯。箱体类零件材料常选用各种牌号的灰铸铁，因为灰铸铁具有较好的耐磨性、铸造性和加工性，而且吸振性好，成本又低。某些符合较大的箱体可采用铸钢件。也有某些简易箱体为了缩短毛坯制造的周期而采用钢板焊接结构。

2. 箱体结构的工艺性

箱体类零件机械加工的结构工艺性对实现优质、高产、低成本具有重要的意义。

(1) 基本孔。箱体的基本孔，可分为通孔、阶梯孔、不通孔、交叉孔等几类。通孔工艺性最好，通孔内又以孔长 L 与孔径 D 之比 $L/D \leqslant 1 \sim 1.5$ 的短圆柱孔工艺性最好；$L/D > 5$ 的孔，称为深孔，若深度精度要求较高，表面粗糙度值较小时，加工就很困难。

阶梯孔的工艺性与"孔径比"有关。孔径相差越小工艺性越好；孔径相差越大，且其中最小的孔径又很小，则工艺性越差。相贯通的交叉孔的工艺性也较差。

不通孔的工艺性最差，应为在精镗或精铰不通孔时，要用手动送进，或采用特殊工具送进。此外，不通孔的内端面的加工也特别困难，应尽量避免。

(2) 同轴孔。同一轴线上孔径大小向一个方向递减（如 CA6140 的主轴孔），可使镗孔时镗杆从一端深入，逐个加工或同时加工同轴线上的几个孔，以保证较高的同轴度和生产率。单件小批量生产时一般采用这种分布形式。

同轴线上的孔的直径大小从两边向中间递减（如 CA6140 的主轴箱轴孔），可使刀杆从两边进入，这样不仅缩短了镗杆长度，提高了镗杆刚度，而且为双面同时加工创造了条件。所以大批量生产的箱体，常采用这种孔径分布形式。

同轴线上的孔的直径的分布形式，应尽量避免中间隔壁上的孔径大于外壁的孔径。因为加工这种孔时，要将刀杆伸进箱体后装刀、对刀，结构工艺性差。

(3) 装配基面。为便于加工、装配和检验，箱体的装配基面尺寸应尽量大，形状应尽量简单。

(4) 凸台。箱体外壁上的凸台应尽可能安排在同一个平面上，以便于在一次走刀中加工出来，而无需调整刀具的位置，使加工简单方便。

(5) 紧固孔和螺纹孔。箱体上的紧固孔和螺纹孔的尺寸规格应尽量一致，以减少刀具数量和换刀次数。

此外，为保证箱体有足够的动刚度和抗震性，应酌情合理使用肋板、肋条，加大圆角半径，收小箱口，加厚主轴前轴承口厚度等。

3. 箱体的机械加工工艺过程和工艺分析

在拟定箱体类零件机械加工工艺规程时，有一些基本原则应该遵循。

(1) 先面后孔。先加工面、后加工孔是箱体加工的一般规律。平面面积大，用其定位稳定可靠。支承孔大多分布在箱体外壁平面上，先加工外壁平面，可切去铸件表面的凹凸不平及夹砂等缺陷，这样可减少钻头引偏，防止刀具崩刃等，对加工孔有利。

(2) 粗精分开、先粗后精。箱体的结构形状复杂，主要平面及孔系精度高，一般应将粗、精加工工序分阶段进行，先进行粗加工，后进行精加工。

(3) 基准的选择。箱体零件一般都用它上面的重要孔和另一个相距较远的孔作粗基准，以保证孔加工时余量均匀。精基准选择一般采用基准统一的方案，常以箱体零件的装配基准或专门加工的以两孔为定位基准，使整个加工工艺过程基准统一，夹具结构类似，基准不重合误差降至最小甚至为零（当基准重合时）。

(4) 工序集中、先主后次。箱体零件上相互位置要求较高的孔系和平面，一般尽量集中在同一工序中加工，以保证其相互位置要求和减少装夹次数。紧固螺纹孔、油孔等次要工序的安排，一般在平面和支承孔等主要加工表面精加工之后再进行加工。

4. 箱体平面的加工方法

箱体平面加工的常用方法有刨、铣和磨3种。刨削和铣削常用作平面的粗加工和半精加工，而磨削则用作平面的精加工。

刨削加工的特点是：刀具结构简单，机床调整方便，通用性好。在龙门刨床上可以利用几个刀架，在工件的一次安装中完成几个表面的加工，能比较经济地保证这些表面间的位置精度要求。精刨还可代替刮研来精加工箱体平面。精研时采用宽直刃精刨刀，在经过拉修和调整的刨床上，以较低的切削速度（一般为 $4 \sim 12 \text{m/min}$），在工件表面上切去一层很薄的金属箱体类零件（一般为 $0.007 \sim 0.1 \text{mm}$）。精刨后的表面粗糙度值可达 $Ra0.63 \sim 2.5 \mu m$，平面度可达 0.002mm/m。因为宽刃精刨的进给量很大（5~25mm/双行程），生产率较高。

铣削生产率高于刨削，在中批量以上生产中多用铣削加工平面。当加工尺寸较大的箱体平面时，常在多轴龙门铣床上，用几把铣刀同时加工各有关平面，以保证平面间的相互位置精度并提高生产率。近年来，面铣刀在结构、制造精度、刀具材料和所用机床等方面都有很大进展，如不重磨面铣刀的齿数少，平行切削刃的宽度大，每齿进给量 f_z 可达数毫米。

平面磨削的加工质量比刨削和铣削都高，而且还可以加工淬硬零件。磨削平面的粗糙度可达 $Ra0.32 \sim 1.25 \mu m$。生产批量较大时，箱体的平面常用磨削来精加工。为了提高生产率和保证平面间的位置精度，还常用组合磨削来精加工平面。

5. 箱体孔系的加工方法

箱体上若干有相互位置精度要求的孔的组合，称为孔系。孔系可分为平行孔系、同轴孔系和交叉孔系，如图 4.2 所示。孔系加工是箱体加工的关键，根据箱体加工批量的不同和孔系精度要求的不同，孔系加工所用的方法也是不同的，现分别予以讨论。

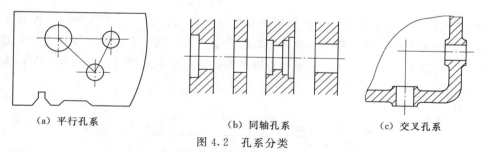

（a）平行孔系   （b）同轴孔系   （c）交叉孔系

图 4.2 孔系分类

（1）平行孔系的加工。下面主要介绍如何保证平行孔系孔距精度的方法。

1）找正法。找正法是在通用机床（镗床、铣床）上利用辅助工具来找正所要加工孔的正确位置的加工方法。这种找正法加工效率低，一般只适用于单件小批量生产。找正时除根据划线用试镗方法外，有时借用心轴和量块或用样板找正，以提高找正精度。

图 4.3 所示为用心轴和量块的找正法。镗第一排孔时将心轴插入主轴孔内（或直接利用镗床主轴），然后根据孔和定位基准的距离组合一定尺寸的量块来校正主轴位置，校正时用塞尺测定量块与心轴之间的间隙，以避免量块与心轴直接接触而损伤量块［图4.3（a）］。镗第二排孔时，分别在机床主轴和已加工孔中插入心轴，采用同样的方法来校

正主轴轴线的位置，以保证孔距的精度 ［图 4.3 （b）］。这种找正法其孔距精度可达±0.03mm。

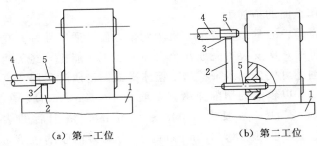

（a）第一工位　　　　　　　　　（b）第二工位

图 4.3　心轴和量块找正法

1—镗床工作台；2—量块；3—塞尺；4—镗床主轴；5—心轴

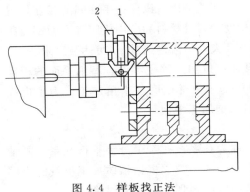

图 4.4　样板找正法

1—千分表；2—样板

图 4.4 为样板找正法，用 10～20mm 厚的钢板制成样板，装在垂直于各孔的端面上（或固定于机床工作台上），样板上的孔距精度较箱体孔系的孔距精度高（一般为±0.01～0.03mm），样板上的孔径较工件的孔径大，以便于镗杆通过。样板上的孔径要求不高，但要有较高的形状精度和较小的表面粗糙度值。当样板准确地安装到工件上后，在机床主轴上装夹、找正方便，孔距精度可达±0.05mm。这种样板的成本低，仅为镗磨成本的 1/9～1/7，单件小批量生产中大型的箱体加工可用此法。

2）镗模法。在成批生产中，广泛采用镗模加工孔系，如图 4.5 所示。工件装夹在镗模上，镗杆支承在镗模的导套里，导套的位置决定了镗杆的位置，装在镗杆上的镗刀将工件上相应的孔加工出来。当用两个或两个以上的镗架支承来引导镗杆时，镗杆与镗床主轴

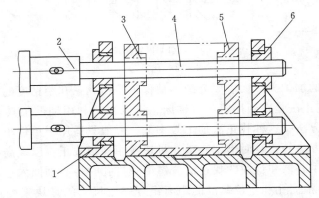

图 4.5　用镗模加工孔系

1—镗架支承；2—镗床主轴；3—镗刀；4—镗杆；5—工件；6—导套

必须浮动连接。当采用浮动连接时，机床精度对孔系加工精度影响很小，因而可以在精度较低的机床上加工出精度较高的孔系。孔距精度主要取决于镗模，一般可达±0.05mm。能加工公差等级IT7的孔，其表面粗糙度可达 $Ra5\sim1.25\mu m$。当从一端加工、镗杆两端均有导向支承时，孔与孔之间的同轴度和平行度公差可达 0.02～0.03mm；当分别由两端加工时，可达 0.04～0.05mm。

用镗磨法加工孔系，既可在通用机床上加工，也可在专用机床上或组合机床上加工，图 4.6 所示为在组合机床上用镗模法加工孔系。

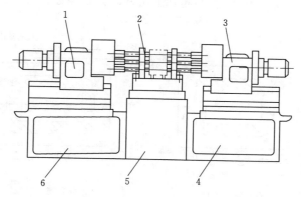

图 4.6　在组合机床上用镗模加工孔系
1—左动力头；2—镗模；3—右动力头；4、6—侧底座；5—中间底座

3）坐标法。坐标法是在普通卧式镗床、坐标镗床或数控镗铣床等设备上，借助精密测量装置，调整机床主轴与工件间在水平和垂直方向的相对位置，来保证孔距紧固的一种镗孔方法。

采用坐标法加工孔系时，要特别注意选择基准孔和镗孔顺序；否则，坐标尺寸累积误差会影响孔距精度。基准孔应尽量选择本身尺寸精度高、表面粗糙度值小的孔（一般为主轴孔），这样在加工过程中便于校验其坐标尺寸。孔距精度要求较高的两孔应连在一起加工；加工时，应尽量使工作台朝同一方向移动，因为工作台多次往复，其间隙会产生误差，影响坐标精度。

现在国内外许多机床厂，已经直接用坐标镗床或加工中心机床来加工一般机床箱体。这样就可以加快生产周期，适应机械行业多品种小批量生产的需要。

（2）同轴孔系的加工。成批生产中，箱体上同轴孔的同轴度几乎都是由镗模来保证。单件小批量生产中，其同轴度用以下几种方法来保证。

1）用已加工孔做支承导向。如图 4.7 所示，当箱体前壁上的孔加工好后，在孔内装一导向套，以支承和引导镗杆加工后壁上的孔，从而保证两孔的同轴度要求。这种方法只适于加工箱壁较近的孔。

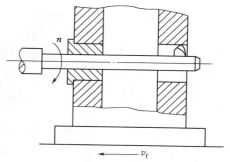

图 4.7　利用已加工孔作支承导向

2）利用镗床后立柱上的导向套支承导向。这种方法其镗杆是两端支承，刚度好。但此法调整麻烦，镗杆长，很笨重，故只适于单件小批量生产中大型箱体的加工。

3）采用调头镗。当箱体与箱壁相距较远时，可采用调头镗。工件在一次装夹下，镗好一端孔后，将镗床工作台回转 180°，调整工作台位置，使已加工孔与镗床主轴同轴，然后再加工另一端孔。当箱体上有一较长并与所镗孔轴线有平行度要求的平面时，镗孔前应先用装在镗杆上的百分表对此平面进行校正 [图 4.8（a）]，使其和镗杆的轴线平行，校正后加工孔 B。孔 B 加工后，回转工作台，并用镗杆上装的百分表沿此平面重新校正，这样就可保证工作台准确回转 180° [图 4.8（b）]。然后再加工孔 A，从而保证孔 A、B 同轴。

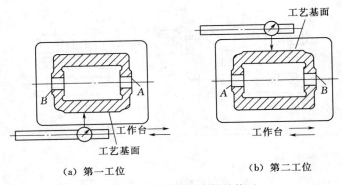

（a）第一工位　　　　　　　　（b）第二工位

图 4.8　调头镗孔时工件的校正

4.1.2　相关理论知识

零件的机械加工是在由机床、夹具、刀具和工件所做成的工艺系统中进行的。因此，工艺系统中各方面的误差都有可能造成工件的加工误差，凡是能直接引起加工误差的各种因素都称为原始误差。

原始误差的存在，使工艺系统各组成部分之间的位置关系或速度关系偏离了理想状态，致使加工后的零件产生了加工误差。例如，在图 4.9 所示的活塞销孔精镗工序中存在以下一些原始误差：由于定位基准不是设计基准而产生的定位误差，以及由于夹紧力过大

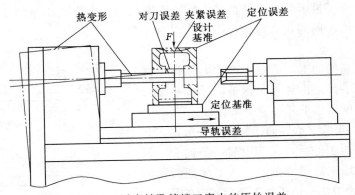

图 4.9　活塞销孔精镗工序中的原始误差

而产生的夹紧误差，称为工件装夹的误差；由于加工前必须对机床、刀具和夹具进行调整，而产生了调整误差；工艺系统在加工过程中受切削力、切削热和摩擦而产生的受力变形、受热变形和磨损，也会造成加工误差。

在加工过程中产生的原始误差称为工艺系统的动误差。在加工前就存在的机床、刀具和夹具本身的制造误差称为工艺系统的几何误差，或工艺系统的静误差。

在加工完毕，对工件进行测量时，由于测量方法和量具本身的误差会产生测量误差。

此外，工件在毛坯制造、切削加工和热处理时，由于力和热的作用而产生的内应力，也会引起工件变形而产生加工误差。有时由于采用了近似的成型方法进行加工，还会造成加工原理误差。原始误差可归纳分类如下。

4.1.2.1 加工原理误差

加工原理误差是指采用了近似的成型运动或进给的切削刃轮廓进行加工而产生的误差。例如，在三坐标数控铣床上采用球头铣刀铣削复杂表面时（图4.10），常采用"行切法"加工，加工时刀具与零件轮廓的切点轨迹是一行一行的。按这种方法加工，是将空间曲面视为众多的平面截线的集合。实际上，数控机床一般只具有直线插补功能，所以实际加工时是按照允许的逼近误差，采用很短的折线取逼近要加工的曲线。因此，在曲线或曲面的数控加工中，刀具相对

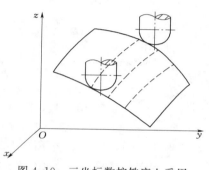

图 4.10 三坐标数控铣床上采用球头铣刀铣削复杂表面

于工件的成型运动对于设计曲面来说是近似的。又如滚齿用的齿轮滚刀为了制造方便，采用阿基米德蜗杆或法向直廓蜗杆代替渐开线蜗杆而产生的切削刃齿廓近似误差；用模数铣刀铣削齿轮时，也采用近似切削刃轮廓，同样会产生加工原理误差。

采用近似的成型运动或近似的切削刃轮廓，虽然会带来加工原理误差，但往往可简化机构或刀具形状，或可提高工作效率，有时因机床结构或刀具形状的简化而使近似加工的精度比使用准确切削刃轮廓及准确成型运动进行加工所得到的精度还要高。因此，有加工原理误差的加工方法在生产中仍在广泛使用。

4.1.2.2 工艺系统的静误差

1. 机床误差

机床误差包括机床的制造误差、安装误差和磨损等。机床误差的项目很多，这里主要分析对加工精度影响较大的主轴回转误差、导轨导向误差和传动链传动误差。

（1）主轴回转误差。机床主轴用来装夹工件或刀具的基准件，并传递切削运动和动力。主轴的回转精度是机床精度的一项重要指标，主要影响被加工零件的几何形状精度、位置精度和表面粗糙度。

1）主轴的回转误差的基本形式。主轴回转时，其回转轴线的空间位置理论上固定不变，实际上，由于主轴部件中轴承、轴颈、轴承座孔等的制造误差和装配质量、润滑条件，以及回转过程中多方面的动态因素的影响，在每一瞬间主轴回转轴线的空间位置都在变化，即存在着回转误差。

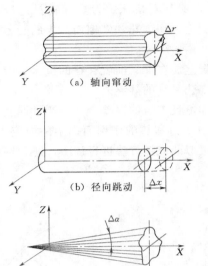

（a）轴向窜动

（b）径向跳动

（c）倾角摆动

图 4.11 主轴回转误差的基本形式

主轴回转误差，是指主轴实际回转轴线相对于理想回转轴线的漂移。实际上，理想回转轴线虽然理论上存在，但无法确定其位置，因此通常是以平均回转轴线（各瞬间回转轴线的平均位置）来代替。

主轴回转轴线的运动误差可分解为径向跳动、轴向窜动和倾角摆动 3 种基本形式，如图 4.11 所示。主轴回转精度可以通过传感器测量，并在示波器上显示出来。

2）主轴回转误差对加工精度的影响。主轴回转误差对加工精度的影响，取决于不同截面内主轴瞬时回转轴线相对于刀尖位置的变化情况。对于不同的加工方法和不同形式的主轴，回转误差所造成的加工误差通常不同。

a. 主轴的径向跳动对加工精度的影响。主轴的径向跳动会使工件产生圆度误差，但径向跳动的方式和规律不同，加工方法不同（如车削和镗削），对加工精度的影响也不同。

在镗床上镗孔如图 4.12 所示，刀具回转，工件不转。假设主轴回转中心在 y 方向上做简谐运动，其频率和主轴转速相同，振幅为 A，则镗刀刀尖的运动轨迹为一椭圆，而加工出的孔即呈现椭圆形状，其圆度误差为 A。

在车床上车外圆如图 4.13 所示，当工件旋转而刀具不动时，若主轴径向跳动规律同前，则车削得到的工件表面接近正圆。但由于加工面轴心 O_M 与工序定位基准轴线 O_0 不重合，可能造成加工面的同轴度误差。

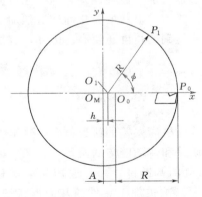

图 4.12 镗床上镗孔

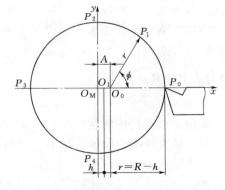

图 4.13 车床上车外圆

上面以特例说明了主轴径向跳动对加工误差的影响。实际上，主轴径向跳动规律很复杂，因而引起的工件圆度误差形式也很复杂，通常只能用实测的方法加以确定。

b. 主轴的轴向窜动对加工精度的影响。主轴的轴向窜动对圆柱面的加工精度没有任何影响，但在加工端面时，会使车出的工件端面与轴线不垂直，如图 4.14（a）所示。如果主轴在回转一周的过程中跳动一次，则加工出的端面近似为螺旋面。加工螺纹时，主轴的轴向窜动将使螺距产生周期误差，如图 4.14（b）所示。

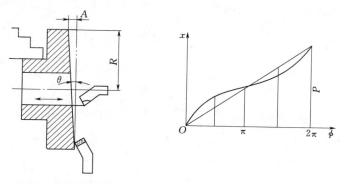

（a）工件端面与轴线不垂直　　　　　（b）螺距周期误差

图 4.14　主轴的轴向窜动对加工精度的影响

因此，对机床主轴轴向窜动的幅值通常都有严格的要求，如精密车床的主轴轴向窜动不能超过 $3\mu m$。

c. 主轴的倾角摆动对加工精度的影响。主轴的倾角摆动对加工精度的影响与径向圆跳动对加工精度的影响相似，其区别在于倾角摆动不仅影响工件加工表面的圆度误差，而且影响工件加工表面的圆柱度误差。图 4.15 为在镗床上镗孔时主轴的倾角摆动对加工精度的影响。

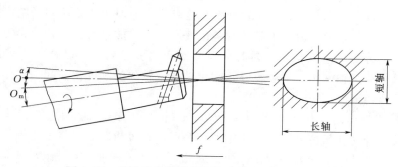

图 4.15　镗孔时主轴的倾角摆动对加工精度的影响

还需指出，主轴实际工作时其回转轴线的漂移运动通常是上述 3 种形式误差运动的合成，故由此而引起的加工误差很复杂，既有圆度误差，也有圆柱度误差，还有端面的形状误差。

3）影响主轴回转精度的主要因素。主轴回转误差与轴承的误差、轴承的间隙、与轴承配合零件的误差以及主轴转速等多种因素有关。对于不同类型的机床和不同类型的主轴结构形式，其主轴轴承原始误差对主轴回转精度的影响不同。

a. 滑动轴承误差对主轴回转精度的影响。主轴采用滑动轴承时，轴承误差主要来源于主轴轴颈和轴承孔的圆度误差。

对于工件回转类机床，切削力的方向大体不变，主轴在切削力的作用下，其轴颈以不同部位和轴承孔的某一固定部位相接触。因此，影响主轴回转精度的因素主要是主轴轴颈的圆度和波纹度，而对轴承孔的形状误差影响较小。如果主轴轴颈是椭圆的，那么主轴回转一周，主轴回转轴向就径向跳动两次，如图4.16（b）所示。主轴轴颈表面如有波纹，主轴回转时将产生高频的径向跳动。

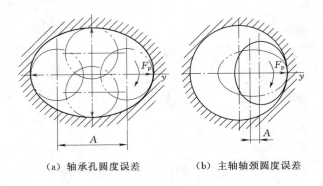

（a）轴承孔圆度误差   （b）主轴轴颈圆度误差

图 4.16   采用滑动轴承时主轴的径向跳动

对于刀具回转类机床，由于切削力方向随主轴的回转而变化，主轴轴颈在切削力作用下总是以某一规定部位与轴承孔内表面的不同位置接触。因此，对主轴回转精度影响较大的是轴承孔的圆度。如果轴承孔是椭圆的，则主轴每回转一周，就径向跳动一次，如图4.16（a）所示。轴承内孔有波纹，主轴同样会产生高频径向跳动。上面的分析仅适用于单油楔动压轴承。如采用多油楔动压轴承，主轴旋转时会产生几个油楔，把轴颈推向中央，油膜刚度也较单油楔为高，故主轴回转精度较高，此时主要影响回转精度的是轴颈的圆度。如果采用静压轴承，由于油膜压力是由液压泵提供的，与主轴转速无关，同时外载荷由油腔间的压力变化差来平衡，因此油膜厚度变化引起的轴线漂移小于动压轴承。此外，静压轴承与动压轴承相比油膜较厚，能对轴孔或轴颈的圆度误差起均化作用，故可得到较高的主轴回转精度。

b. 滚动轴承误差对主轴回转精度的影响。主轴采用滚动轴承时，滚动轴承的内圈、外圈和滚动体本身的几何精度将影响主轴回转精度。在分析时，可将滚动轴承的外圈滚道看作轴承孔，而滚动轴承的内圈看作轴颈。因此，对于工件回转类机床，滚动轴承内圈滚道圆度对主轴回转精度影响较大；而对于刀具回转类机床，滚动轴承外圈滚道圆度对主轴回转精度影响较大。滚动轴承的内、外圈滚道若有波纹，则无论刀具回转类还是工件回转类机床都将引起主轴的高频径向跳动。

推力轴承滚道端面误差会引起主轴轴向窜动，如图4.17所示。若只有一个端面滚道存在误差，对轴向窜动影响很小；只有当两个滚道端面均存在误差时，才会引起较大的窜动量。

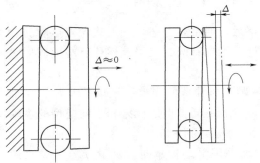

（a）一个滚道端面有误差 （b）两个滚道端面有误差

图 4.17   推力轴承端面误差

c. 轴承配合质量对主轴回转精度的影响。与轴承相配合的零件的制造精度和装配质量对主轴回转精度有重要影响。由于轴承内、外圈或轴瓦很薄，受力后容易变形，因此与之相配合的轴颈或箱体支承孔的圆度误差，会使轴承圈或轴瓦发生变形而产生圆度误差，其结果是造成主轴回转轴线的径向漂移。与主轴端面配合的零件，如果端面平面度超差或与主轴回转轴线不垂直，会使轴承圈滚道倾斜，造成主轴回转轴线的轴线漂移。

轴承间隙对主轴回转精度影响也很大。对于滑动轴承，过大的轴承间隙会使主轴工作时油膜厚度增大，油膜承载能力降低，当工作条件（载荷、转速等）变化时，引起油楔厚度变化，造成主轴轴线漂移。对于滚动轴承，轴承间隙过大也造成主轴轴线的径向漂移。

4）提高主轴回转精度的措施。无论是刀具回转类还是工件回转类机床，主轴回转精度对工件加工表面的形状精度都有重大影响，因此提高主轴的回转精度是获得高精度加工表面的主要手段。提高主轴回转精度的措施包括以下几个方面。

a. 提高主轴部件的设计与制造精度。首先应选用高精度的滚动轴承，或采用高精度的静压轴承或多油楔动压轴承，其次是提高主轴轴颈、箱体支承孔和其他与轴承相配合零件的有关表面的加工精度。

b. 对滚动轴承进行预紧。通过对滚动轴承施加适当的预紧力以消除轴承间隙，甚至产生微量过盈。这样既可增加轴承刚度，又能对轴承内外圈滚道和滚动体的误差起均化作用，从而能有效提高主轴的回转精度。

c. 采用误差转移法。通过采用专用的工艺装备和夹具直接保证工件在加工过程中的回转精度，使主轴的误差不再反映到工件上，这是保证工件形状精度的简单而有效的方法。例如，在外圆磨床上磨削外圆柱面时，为了避免工件头架主轴回转误差的影响，工件采用两个固定顶尖支承，如图4.18所示。此时，主轴只起传动作用，回转精度完全取决于顶尖和顶尖孔的形状误差和同轴度误差，而提高顶尖和顶尖孔的精度要比提高主轴部件的精度容易而且经济得多。

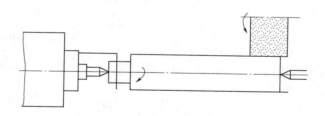

图4.18 用两个固定顶尖支承磨外圆

（2）导轨导向误差。机床导轨是机床中确定主要部件相对位置的基准，也是运动的基准。

机床导轨的导向精度是指导轨副的运动件实际运动方向和理想运动方向的符合程度，这两者之间的偏差值称为导向误差。由于机床导轨副的制造误差、安装误差、配合间隙以及磨损等因素影响，会使导轨产生导向误差。在机床的精度标准中，直线导轨的导向精度一般包括导轨在水平面内的直线度、导轨在垂直面内的直线度、前后导轨的平行度（扭曲）、导轨对主轴回转轴线的平行度（或垂直度）等。

1）导轨导向精度对加工精度的影响。对于不同的加工方法和加工对象，导轨导向误差所引起的加工误差也不一样。在分析导轨导向误差对加工精度的影响时，主要考虑导轨误差引起的刀具与工件在误差敏感方向的相对位移。下面以在车床上车削圆柱面为例，分析导轨导向误差对加工精度的影响。

a. 导轨在水平面内的直线度误差。在卧式车床上车削外圆柱面时，若床身导轨在水平面内存在直线误差 Δx，如图 4.19 所示，则由 Δx 引起的加工半径误差 $\Delta R = \Delta x$。由此可以看出，车床导轨在水平面内的直线度误差对加工精度的影响较大。

b. 导轨在垂直面内的直线度误差。导轨在垂直面内的直线度误差 Δz 引起的加工半径误差为

$$\Delta R = \frac{(\Delta y)^2}{D} \tag{4.1}$$

由于 Δy 引起的加工半径误差 ΔR 取决于 Δy 的二次方，数值很小，因而可以忽略。由此可见，同样大小的原始误差在不同方向上引起的加工误差也不同。当原始误差的方向恰为加工表面的法线方向时，引起的加工误差最大。把对加工精度影响最大的方向称为加工误差敏感方向。

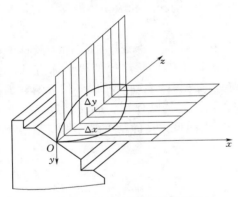

图 4.19　卧式车床导轨直线度误差

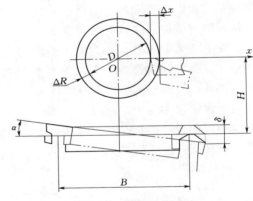

图 4.20　导轨扭曲误差

c. 导轨扭曲误差。如图 4.20 所示，如果机床前后导轨不平行（扭曲），则引起被加工零件半径误差为

$$\Delta R = \Delta x = \alpha H \approx \frac{\delta H}{B} \tag{4.2}$$

式中　　H ——车床中心高；

　　　　B ——导轨宽度；

　　　　α ——导轨倾斜角；

　　　　δ ——前后导轨的扭曲量。

一般卧式车床 $H/B \approx 2/3$，外圆磨床 $H \approx B$，因此导轨扭曲引起的加工误差不容忽略。

2）影响机床导轨导向误差的因素。

a. 机床制造误差。包括导轨的制造误差、溜板的制造误差以及导轨的装配误差等。

b. 机床安装误差。机床安装不正确引起的导轨误差，往往远大于制造误差。特别是车床和导轨长度较大的大型机床，床身导轨刚性较差，在本身自重的作用下容易变形。如果安装不正确或者地基不良，就会造成导轨弯曲变形。因此，机床在安装时应有良好的基础，并严格进行测量和校正，而且在使用期间还应定期复校和调整。

c. 导轨磨损。由于使用程度不同及受力不均，机床使用一段时间后，导轨沿全长上各段的磨损量不等，并且在同一截面上各导轨面的磨损量也不相等。这会引起床鞍在水平面和垂直面内发生位移且有倾斜，从而造成刀具位置误差。机床导轨副的磨损与工作的连续性、负荷特性、工作条件、导轨的材质和结构等有关。

为了提高机床导轨的导向精度，机床设计与制造时，应从结构、材料、加工工艺等方面采取措施，提高制造精度；机床安装时，应校正好水平和保证地基质量；使用时，要注意调整导轨配合间隙，同时保证良好的润滑和防护。

（3）传动链传动误差。

1）机床传动链传动误差及其对加工精度的影响。在加工螺纹、齿轮、涡轮等成型表面时，刀具和工件之间的精确运动关系，是由机床的传动系统来保证的，它是影响加工精度的主要因素。传动链的传动误差是指传动链汇总首末两端传动元件之间相对运动的误差。对于机械传动机床，传动链一般由齿轮副、蜗杆副、丝杠螺母副等组成。

图 4.21 所示为某滚齿机床用单头滚刀加工直齿轮时的传动链。传动链中各组成环节的制造和装配误差都通过传动链影响被加工齿轮的精度。由于各传动件在传动链中所处的位置不同，它们对被加工齿轮的加工精度（即末端件的转角误差）的影响程度不同。

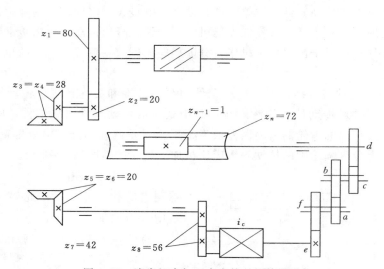

图 4.21　滚齿机床加工直齿轮时的传动链

若齿轮 z_1 的转角误差 $\Delta\Phi_1$；而其他各传动件无误差，则由 $\Delta\Phi_1$ 产生的工件转角误差为

$$\Delta\Phi_{1n} = \Delta\Phi_1 \times \frac{80}{20} \times \frac{28}{28} \times \frac{28}{28} \times \frac{42}{56} \times i_c \frac{e}{f} \times \frac{a}{b} \times \frac{c}{d} \times \frac{1}{72} = k_1\Delta\Phi_1 \qquad (4.3)$$

式中　i_c——差动轮系的传动比，在滚切直齿时，$i_c = 1$；

　　　k_1——z_1 到工作台的传动比。

这里 k_1 反映了齿轮 z_1 的转角误差对终端工作台转动精度的影响，称为误差传递系数。

同理，若第 j 个传动元件有转角误差 $\Delta\Phi_j$，则该转角误差通过相应的传动链传动到工作台上的转角误差为

$$\Delta\Phi_{jn} = k_j \Delta\Phi_j \tag{4.4}$$

式中　k_j——第 j 个传动元件的误差传递系数。

由于传动链中所有传动件都可能存在误差，因此，各传动件对被加工齿轮精度影响的总和 $\Delta\Phi_\varepsilon$ 为

$$\Delta\Phi_\varepsilon = \sum_{j=1}^{n} \Delta\Phi_{jn} = \sum_{j=1}^{n} k_j \Delta\Phi_j \tag{4.5}$$

传动链的传动精度可用磁分度仪和光栅式分度仪等装置来测量。测量得到的传动误差曲线输入频谱分析仪，可以得到传动误差的各阶谐波分量，并可以根据各误差分量幅值的大小找出影响传动误差的主要环节。

2）减少传动链传动误差的措施。由以上分析可得出要减少传动链的传动误差，可以采取以下措施。

a. 缩短传动链长度，减少传动链中传动件数目。传动链的传动误差等于组成传动链各传动件传递误差之和。例如，在车床上加工较高精度的螺纹时，不经过进给箱，而用交换齿轮直接传动丝杠，以缩短传动链长度，减少传动链的传动误差。

b. 采用降速传动链。由前面分析可知，传动比小，传动元件误差对传动精度的影响就小，而传动链末端传动元件的误差对传动精度影响最大。因此，采用降速传动是保证传动精度的重要原则。对于螺纹或丝杠加工机床，为保证降速传动，机床传动丝杠的导程应大于工件螺纹导程；对于齿轮加工机床，分度蜗轮的齿数一般很大，目的也是为了得到大的降速传动比。

c. 提高传动元件，特别是末端传动元件的制造精度和装配精度。传动链中各传动件的加工、装配误差对传动精度均有影响，其中最后的传动元件（末端件）的误差影响最大。如滚齿机上切出的齿轮的齿距误差及齿距累积误差，大部分是由分度蜗轮副引起的。所以，滚齿机上分度蜗轮副的精度等级应比被加工齿轮的精度高 1～2 级。

d. 采用误差补偿的方法。采用测量仪器测出传动误差，根据此测量值在原传动链中人为地加入一个误差，其大小与传动链本身的误差相等而方向相反，从而使之相互抵消。例如，高精度螺纹加工及机床采用机械式的校正装置，或采用计算机控制的传动误差补偿装置。图 4.22 为车床精密丝杠螺距误差补偿装置。在车床主轴上安装光电编码器，用光栅线位移传感器测量刀架的纵向位移。将主轴回转器信号与

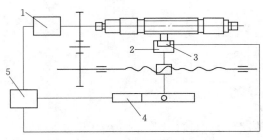

图 4.22　车床精密丝杠螺距误差补偿装置
1—光电编码器；2—刀架；3—压电陶瓷微位移刀架；
4—光栅位移传感器；5—计算机

刀架位移信号同步输入计算机，计算得到误差数据后发出控制信号，驱动压电陶瓷微位移刀架做螺距误差补偿运动。

2. 刀具和夹具误差

（1）刀具误差。刀具误差包括刀具的制造误差、安装误差和磨损。刀具误差对加工精度的影响依刀具种类而异。对于定尺寸刀具，如钻头、铰刀、键槽铣刀、镗刀块圆拉刀等，加工刀具的尺寸精度直接影响工件的尺寸精度；采用成型车刀、成型铣刀、成型砂轮等成型刀具加工时，刀具的形状精度将直接影响到工件的形状精度；采用展成法加工时，如齿轮滚刀、花键滚刀、插齿刀的切削刃形状必须是加工表面的共轭曲线，因此，切削刃的形状误差和尺寸误差会影响加工表面的形状精度。

对于普通刀具，如车刀、镗刀、铣刀等，当采用轨迹法加工时，其制造精度对加工精度无直接影响。但刀具几何参数和形状将影响刀具的耐用度，因此间接影响加工精度。

在切削过程中，刀具会逐渐磨损，使原有形状和尺寸发生变化，由此引起工件尺寸误差和形状误差。在加工工件较大或一次走刀需较长时间时，对尺寸精度发生较大的影响；当用调整法加工一批工件时，刀具的磨损会扩大到工件尺寸的分散范围。

（2）夹具误差。夹具误差将直接影响工件加工表面的位置精度或尺寸精度。夹具的制造精度主要表现在定位元件、对刀装置和导向元件等本身的精度以及它们之间的位置精度。定位元件确定了工件与夹具之间的相对位置，对刀装置和导向元件确定了刀具和夹具之间的相对位置，通过夹具就间接确定了工件与刀具之间的相对位置，从而保证了加工精度。夹具中的定位元件、对刀装置和导向元件的磨损会直接影响加工精度。

4.1.2.3　工艺系统的动误差

1. 工艺系统受力变形引起的误差

（1）工艺系统的刚度。切削加工时，由机床、夹具、刀具和工件组成的工艺系统，在切削力、夹紧力以及重力的作用下，将产生相应的变形。这种变形将破坏刀具和工件在静态下调整好的相互位置，并会使切削成型运动所需要的正确几何关系发生变化，而造成加工误差。例如，在车削细长轴时，工件在切削力的作用下会发生变形，使加工出的轴出现中间粗两头细的情况［图4.23（a）］；在内圆磨床上采用径向进给磨孔时，由于内圆磨头主轴弯曲变形，磨出的孔会出现锥度的圆柱度误差［图4.23（b）］。

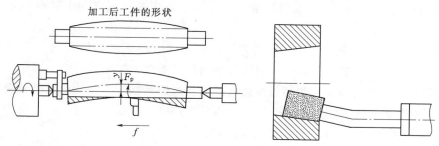

加工后工件的形状

（a）细长轴车削时工件的受力变形　　　　　（b）内圆磨头主轴弯曲变形

图4.23　工艺系统受力变形对加工精度的影响

从影响加工精度的角度出发，工艺系统的刚度可以定义为在加工误差敏感方向上工艺系统所受外力与变形量之比。

根据系统所受载荷的性质不同，工艺系统刚度可分为静刚度和动刚度两种。静刚度主要影响工件的几何精度；动刚度则反映系统抵抗动态力的能力，主要影响工件表面的波纹度和表面粗糙度。本节只讨论静刚度的问题。

（2）机床部件的刚度及其特点。在工艺系统的受力变形中，机床的变形最为复杂，且通常占主要成分。由于机床部件刚度的复杂性，很难用理论公式来计算，一般都是用实验方法来测定（有关机床部分刚度的测定请参阅有关的实验指导书）。图 4.24 是对一台中心高为 200mm 的卧式车床刀架部件施加静载荷得到的静刚度特性曲线，其中曲线 Ⅰ、Ⅱ、Ⅲ 分别表示 3 次加载。

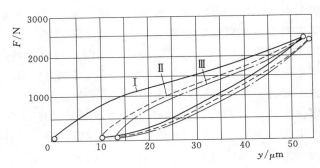

图 4.24　车床刀架部件的静刚度特性曲线

1）由图 4.24 可以看出机床部件刚度的特点。

a. 作用力和变形不是线性关系，反映出刀架的变形不纯粹是弹性变形。

b. 加载和卸载曲线不重合，两曲线间包容的面积代表了加载-卸载循环中所损失的能量，即外力在克服部件内零件间的摩擦力和接触面塑性变形所做的功。

c. 卸载后曲线不回到原点，说明产生了残余变形。在反复加载-卸载后，残余变形逐渐接近于零。

d. 部件的实际刚度远比按实体所估算的要小。由于机床部件的刚度曲线不是线性的，其刚度不是常数，一般取曲线两端点连线的斜率来表示其平均刚度。

2）机床部件一般都由多个零件组成，因而影响机床部件刚度的因素很复杂，主要因素包括以下几个方面。

a. 连接表面间的接触变形。当外力作用时，由于零件表面几何形状误差和表面粗糙度的影响，使得零件之间结合表面的实际接触面积只是理论接触面的一小部分，真正处于接触状态的只是一些凸峰。这些接触点处将产生较大的接触应力，并产生接触变形，其中有表面的弹性变形，也有局部塑性变形。这就是部件刚度曲线不呈直线，以及部分刚度远比同尺寸实体的刚度要低很多的主要原因。

b. 薄弱零件的变形。在机床部件中，薄弱环节零件受力变形对部件刚度的影响很大，如图 4.25 所示。例如，刀架和溜板部件中的楔铁［图 4.25（a）］，由于其结构细长，加上又难以做到平直，以至装配后与导轨配合不好，容易产生变形。又如，滑动轴承衬套因形状误差而与壳体接触不良［图 4.25 （b）］，受载后极易产生变形，故造成整个部件刚度大大降低。

（a）溜板的楔块 　　　　（b）滑动轴承衬套

图 4.25　机床部件薄弱环节

c. 零件表面间摩擦力的影响。机床部件受力变形时，零件接触表面间会发生错动，加载时摩擦力阻碍变形的发生，卸载时摩擦力阻碍变形的恢复，造成加载和卸载刚度曲线不重合。

d. 接触面的间隙。部件中各零件间如果有间隙，那么只要受到较小的力（克服摩擦力）就会使零件相互错动，表现为刚度低。加工过程中，如果单向受载，那么在第一次加载消除间隙后对加工精度的影响较小；如果工作载荷不断改变方向（如镗床、铣床的切削力），则间隙的影响不容忽视。

（3）工艺系统刚度对加工精度的影响。

1）切削力作用点位置变化的工件形状误差。加工过程中，如果总切削力的大小不变，但由于其作用点位置不断变化，使工艺系统刚度随之变化，将会引起工件形状误差。

如在车床顶尖之间装夹加工细长轴时，变形大的地方，从工件上切除的金属层薄；变形小的地方，切除的金属层厚，故加工出来的工件呈两端粗、中间细的鞍形（图 4.26）。

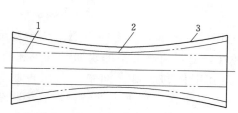

图 4.26　工件的顶尖上车削后的形状

1—车床没有变形的形状；2—考虑主轴、尾座
变形后的形状；3—考虑主轴、尾座
变形及刀架变形后的形状

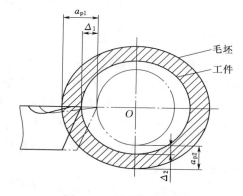

图 4.27　误差复映现象

2）切削力大小变化引起的加工误差。机械加工中，由于毛坯形状误差或相互位置误差较大导致加工余量不均，或材料硬度的不均匀，都会引起切削力大小的变化，从而产生加工误差。图 4.27 所示为误差复映现象。车削一椭圆形截面毛坯，加工时根据设定尺寸（双点画线圆的位置）调整刀具的背吃刀量，车削后的工件呈椭圆形，仍然具有圆度误

差。也就是当车削具有圆度误差 $\Delta m = a_{p1} - a_{p2}$ 的毛坯时，由于工艺系统受力变形，而使工件产生相应的圆度误差 $\Delta g = \Delta_1 - \Delta_2$。这种毛坯误差部分地反映在工件上的现象叫做"误差复映"，并称 $\varepsilon = \Delta g / \Delta m$ 为误差复映系数。由于 Δg 通常小于 Δm，所以 ε 是一个小于 1 的正数，它定量地反映了毛坯误差加工后减小的程度。当毛坯误差较大，一次走刀不能消除误差复映的影响时，可增加走刀次数来减小工件的复映误差，提高加工精度，但会降低生产率。

由上述分析可知，当工件毛坯有形状误差或相互位置误差时，加工后仍然会有同类的加工误差出现。在成批大量生产中用调整法加工时，如毛坯尺寸不一，那么加工后这批工件将会造成尺寸分散。毛坯材料硬度不均匀，同样会造成加工误差。

3) 其他作用力对加工精度的影响。加工过程中，工艺系统除受到切削力的作用外，还受到惯性力、传动力、夹紧力和重力的作用，在这些力的作用下，工艺系统产生变形，从而影响工件的加工精度。

例如，工件在装夹时，工件刚度较低或夹紧力着力点不当，会使工件产生相应的变形，造成加工误差。图 4.28 为套筒夹紧变形误差。用自定心卡盘夹持薄壁套筒镗孔，假定毛坯件是正圆形，夹紧后毛坯呈三棱柱形，虽镗出的孔为正圆形，但松开后，套筒弹性恢复使孔又变成三棱柱形。为了减少套筒因夹紧变形造成的加工误差，可采用开口过渡环或采用圆弧面卡爪夹紧，使夹紧力均匀分布。

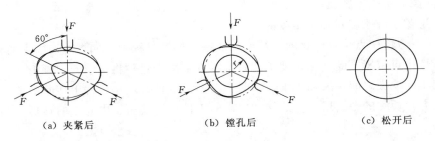

（a）夹紧后　　　　　　　　（b）镗孔后　　　　　　　　（c）松开后

图 4.28　套筒夹紧变形误差

又如，在平面磨床上磨削薄片零件，若工件毛坯件有翘曲，当它被电磁工作台吸紧时，会产生弹性变形，将工件磨平后取下，由于弹性恢复，使已磨平的表面又发生翘曲，如图 4.29（a）、（b）、（c）所示。改进的办法是在工件和吸盘之间垫入一层橡胶垫（0.5mm 以下）或纸片，如图 4.29（d）、（e）所示，当工作台吸进工件时，橡胶垫将受到不均匀压缩，使工件变形减少，翘曲部分就将被磨去，如此正反面多次磨削后，就可得到较平的平面。

工艺系统有关零部件自身的重力所引起的相应变形，也会造成加工误差。图 4.30 为工件自重引起的加工误差。在靠模车床上加工尺寸较大的细长轴时，由于尾座刚度比头架低，在工件重量的作用下，尾座的下沉变形比头架大，加工的外圆柱表面将产生圆柱度误差。而对于大型工件的加工（如磨削床身导轨面），工件自重引起的变形有时成为产生加工形状误差的主要原因。实际生产中，装夹大型工件时，恰当地布置支承可以减小自重引起的变形。

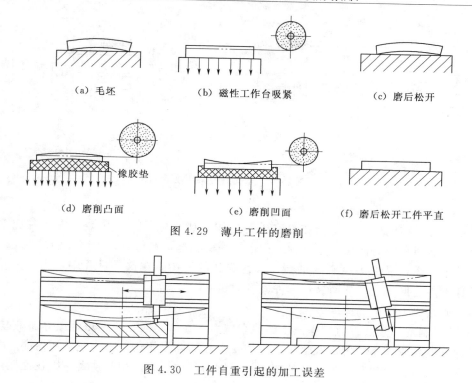

图 4.29 薄片工件的磨削

图 4.30 工件自重引起的加工误差

（4）减小工艺系统受力变形的措施。减小工艺系统受力变形是保证加工精度的有效途径之一。在生产实际中，常从两个主要方面采取措施予以解决。一方面采取适当的工艺措施减小载荷及其变化，如合理选择刀具几何参数和切削用量以减小切削力，特别是背向力，就可以减少受力变形；将毛坯分组，使一次调整中加工的毛坯余量比较均匀，也能减少切削力的变化，从而减小复映误差。另一方面是采取以下的措施加强工艺系统的刚度。

1）合理设计零部件结构。在设计工艺装备时，应尽量减少连接面数目，并注意刚度的匹配，防止有局部低刚度环节出现。在设计基础、支承件时，应合理选择零件结构和截面形状。

2）提高接触表面的接触刚度。由于部件活动结合面的接触刚度大大低于实体零件本身的刚度，所以提高接触刚度是提高工艺系统刚度的重要措施。提高接触刚度的主要措施有以下几个。

a. 提高机床部件中零件间结合表面的质量。提高机床导轨的刮研质量，减小其表面粗糙度值等都能使实际接触面积增加，从而有效地提高表面的接触刚度。

b. 给机床部件以预紧载荷。此措施常用在各类轴承、滚珠丝杠螺母副的调整中。给机床部件以预加载荷，可消除结合面间的间隙，增加实际接触面积，减少受力后的变形量。

3）采用合理的装夹方式和加工方式。加工细长轴时，工件的刚度差，采用中心架或跟刀架有助于提高工件的刚度。图 4.31 所示为转塔车床提高刀架刚度的示例。图 4.31（a）为采用导套、图 4.31（b）为采用导杆辅助支承提高镗刀杆刚度。

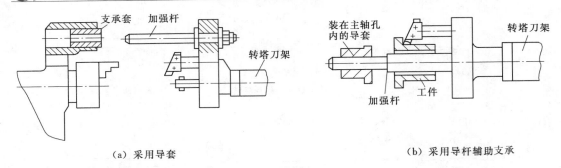

（a）采用导套　　　　　　　　　　　　　　　（b）采用导杆辅助支承

图 4.31　转塔车床提高刀架刚度的示例

2. 工件残余应力引起的误差

残余应力又称内应力，是指在没有外力作用下或去除外力后仍残余在工件内部的应力。零件中的残余应力往往处于一种不稳定的平衡状态，在外界某种因素的影响下，它会使内部的组织很容易失去原有的平衡，并达到新的平衡。在这一过程中，内应力重新分布，导致工件变形产生，从而破坏零件原有的精度。

（1）残余应力产生的原因。

1）毛坯制造和热处理过程中产生的残余应力。在铸、锻、焊、热处理等加工过程中，由于各部分冷热收缩不均匀以及金相组织转变引起的体积变化，将会使毛坯内部产生残余应力。毛坯的结构越复杂，各部分的厚度越不均匀，散热条件相差越大，则在毛坯内部产生的残余应力也越大。

具有残余应力的毛坯由于残余应力暂时处于相对平衡的状态，加工时切去一层金属后，就打破了这种平衡，残余应力将重新分布，零件就会产生明显的变形。

例如，图 4.32 所示为一内外壁厚薄相差较大的铸件在铸造过程中残余应力的形成过程。铸件浇铸后，由于壁 A 和 C 比较薄，容易散热，所以冷却速度较 B 快。当壁 A、C 从塑性变形冷却到了弹性状态时，壁 B 尚处于塑性状态。当 A、C 继续收缩时，B 不阻止其收缩，故不产生残余应力。当 B 也冷却到了弹性状态时，壁 A、C 的温度已降低很多，其收缩速度变得很慢，但这时 B 收缩较快，因而受到 A、C 阻碍。因此，B 内就产生了拉应力，而 A、C 内就产生了压应力，形成相互平衡状态。如果在 A 上开一缺口，A 上的压应力消失，铸件在 B、C 的残余应力作用下，B 收缩，C 伸长，铸件就产生了弯曲变形，直至残余应力重新分布达到新的平衡状态为止。

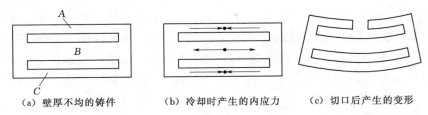

（a）壁厚不均的铸件　　　　（b）冷却时产生的内应力　　　　（c）切口后产生的变形

图 4.32　铸件残余应力的形成过程

各种铸件都难免发生冷却不均匀而产生残余应力的现象。如铸造后的机床床身，其导轨面和冷却快的地方都会出现压应力。粗加工时导轨表面被切去一层后，残余应力就重新分布达到新的平衡，结果使导轨中部下凹。图4.33为床身因内应力引起的变形。

2）冷矫直带来的残余应力。为了纠正细长轴类零件的弯曲变形，有时采用冷矫直方法。此种方法是在与变形相反的方向上施加作用力，如图4.34（a）所示，使工件产生反方

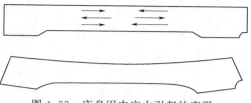

图4.33 床身因内应力引起的变形

向弯曲，并产生一定的塑性变形。当工件外层应力超过屈服强度时，其内层应力还未超过弹性极限，故其应力分布情况如图4.34（b）所示。去除外力后，由于下部外层已产生拉伸的塑性变形，上部外层已产生了压缩的塑性变形，故里层的弹性恢复受到阻碍。结果上部外层产生残余拉应力，上部里层产生残余压应力；下部外层产生残余压应力，下部里层产生残余拉应力，如图4.34（c）所示。冷矫直后虽然弯曲减小了，但内部组织处于不稳定状态，经加工后，又会产生新的弯曲变形。

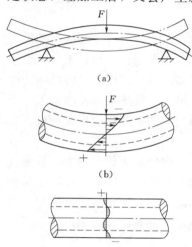

图4.34 冷矫直引起的残余应力

3）切削加工带来的残余应力。在切削加工中，工件表面在切削力、切削热作用下，也会产生残余应力。

（2）减小残余应力的措施。

1）增加时效处理工序。对于一些精密零件，采用自然时效处理、振动时效处理等工序，可有效地减少或消除工件中的残余应力。

2）合理安排工艺过程。将粗、精加工安排在不同工序中进行，使粗加工后有一定时间让残余应力重新分布，以减少对精加工的影响。

在加工大型工件时，粗、精加工往往安排在同一道工序中完成，这时应在粗加工后将工件松开，让工件有自由变形的可能，然后再进行精加工。对于精密丝杠这样的精密零件，在加工过程中不允许进行冷矫直。

3）合理设计零件结构。在设计铸锻件时，尽量使其壁厚均匀，焊接件尽量使其焊缝均匀分布，可减少残余应力的产生。

3. 工艺系统热变形引起的加工误差

（1）概述。在机械加工过程中，工艺系统会受到各种热源的影响，工艺系各个组成部分产生复杂的变形，这种变形称为热变形。它将破坏刀具与工件间的正确几何关系和运动关系，造成工件的加工误差。例如，在精密加工和大件加工中，热变形所引起的加工误差有时会占到工件加工总误差的40%～70%。

1）工艺系统的热源。引起工艺系统热变形的热源可分为内部热源和外部热源两大类，主要包括切削热、摩擦热、环境温度及辐射等。切削热是切削加工过程中最主要的热源，它对工件加工精度的影响最为直接。在切削（磨削）过程中，消耗与切削的弹、塑性变形能及刀具、工件和切屑之间摩擦的机械能，绝大部分都转化成了切削热。

工艺系统中的摩擦热，主要是机床和液压系统中运动部件产生的，如电动机、轴承、齿轮、丝杠副、导轨副、液压泵等各运动部分产生的摩擦热。尽管摩擦热比切削热少，但

摩擦热在工艺系统中是局部发热，会引起局部温升和变形，破坏系统原有的几何精度。

外部热源的热辐射及周围环境温度对机床热变形的影响，有时也是不容忽视的。例如，在加工大型工件时，往往要昼夜连续加工，由于昼夜温度不同，从而影响了加工精度。又如，照明灯光、加热器等对机床的热辐射往往是局部的，因而会引起机床各部分不同的温升和变形，这在大型零件、精密加工时不能忽视。

2）温度场与工艺系统热平衡。在各种热源作用下，工艺系统各部分温度不同，工艺系统各部分的温度分布称为温度场。工艺系统开始工作时，受到热源的作用温度会逐渐升高，处于一种不稳定状态，同时它们通过各种传热方式向周围的介质散发热量。此时，工艺系统各部分温度不仅是空间位置的函数，也是时间的函数。经过一段时间后，当工件、刀具和机床的温度达到某一数值时，单位时间内散出的热量与热源传入的热量趋于相等，工艺系统就达到了热平衡状态。在热平衡状态下，工艺系统各部分的温度保持在一相对固定的数值上，不再随时间变化，形成稳定的温度场，此时工艺系统各部分的热变形也相应地趋于稳定。

目前，对于温度场和热变形的研究，仍然着重于模型试验与实测。传统的测温手段包括热电偶、热敏电阻、半导体温度计等。近年来，红外测温、激光全息照相、光导纤维测温等先进测量手段已开始在机床热变形中得到应用。例如，利用红外热像仪可将机床的温度场拍摄成热像图，用激光全息技术拍摄变形场，用光导纤维引出发热信号而测出工艺系统内部的局部温升。此外，应用有限元法和有限差分法来研究工艺系统热变形也取得了很大的进展。

（2）机床热变形对加工精度的影响。机床工作过程中，在内外热源的影响下，各部分的温度将逐渐升高，各部分的热源分布不均匀和机床结构的复杂性，形成不均匀的温度场，使机床各部件之间的相互位置发生变化，从而破坏机床原有的几何精度，造成加工误差。由于各类机床的结构和工作条件相差较大，引起机床热变形的热源和变形形式也多种多样。

对于车、铣、钻、镗类机床，主轴箱中的齿轮、轴承摩擦发热和润滑油发热是其主要热源，使主轴箱及与之相连部分（如床身或立柱）的温度升高而产生较大变形。例如，车床主轴箱的温升将使主轴升高［图 4.35（a）］，又因主轴前后轴承的发热量大于后轴承的发热量，主轴前端将比后端高。同时由于主轴箱的热量传给床身导轨向上凸起，故而加剧了主轴的倾斜。对于图 4.35（b）所示的万能铣床，主传动系统轴承的发热，使其左箱壁温度升高，造成主轴轴向升高并倾斜。

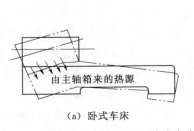

（a）卧式车床

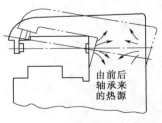

（b）卧式铣床

图 4.35　卧式车床和卧式铣床的热变形

（3）刀具热变形对加工精度的影响。刀具热变形主要是由切削热引起的。通常传入刀具的热量虽然不多，但由于热量集中在切削部分，以及刀体小、热容量小，因此刀具切削部分的温度高，变化大。

刀具热伸长量与切削时间的关系如图 4.36 所示。连续切削时，刀具的热变形在切削初始阶段增加很快，随之变得较缓慢，经过不长的时间后便趋于热平衡状态。此后，热变形变化量就非常小，见图 4.36 中的曲线 A。间断切削时，由于刀具具有短暂的冷却时间，故其热变形曲线具有热胀冷缩双重特性，且总的变化量比连续切削时要小一些，最后趋于稳定，在 Δ_1 范围内变动（图 4.36 中的曲线 C）。当切削停止时，刀具稳定立即下降，开始冷却较快，以后逐渐减慢（图 4.36 中的曲线 B）。

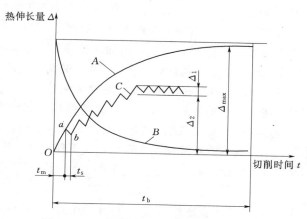

图 4.36　刀具热伸长量与切削时间的关系

加工大型零件，刀具热变形往往造成加工工件的几何形状误差。如车长轴或在立式车床上加工大直径平面时，由于刀具在长时间的切削过程中逐渐膨胀，往往引起工件圆柱度或平面度超差。

（4）工件热变形对加工精度的影响。工件主要受切削热的影响而产生热变形。对于不同形状和尺寸的工件，采用不同的加工方法，工件的热变形也不同。加工一些形状较简单的轴类、套类、盘类零件的内、外圆时，工件受热比较均匀。此时，可依据物理学公式计算工件长度或者直径上的热变形量，即

$$\Delta L = \alpha_l L \Delta t \tag{4.6}$$

式中　L ——工件原有长度或直径，mm；

　　　α_l ——工件材料的线膨胀系数；

　　　Δt ——温升，℃。

一般来说，如杆件的长度尺寸精度要求不高，热变形引起的伸长可以不用考虑。但当工件以两顶尖定位，工件受热伸长时，如顶尖不能轴向位移，则工件受顶尖的压力降产生弯曲变形，这对加工精度影响就大了。因此，当加工精度较高的轴类零件时，如磨外圆、丝杠等，宜采用弹性或液压尾顶尖。

工件热变形在精加工中影响比较严重。例如，丝杠磨削时的温升会使工件伸长，产生螺距累积误差。若丝杠的长度为 400mm，如果工件温度相对于机床丝杠升高 1℃，则丝

杠将会产生 $4.4\mu m$ 累积误差。而 5 级丝杠累积误差在全长上不允许超过 $5\mu m$，由此可见热变形的严重性。

对于工件受热不均匀的零件，在铣、刨、磨加工时，由于工件单面受到切削热的作用，上下表面间的温度将导致工件向上拱起，加工时中间凸起部分被切去，冷却后工件变成下凹，造成平面度误差。例如，在磨床上进行机床导轨的磨削加工时，被加工床身的上下温差可达 $3℃$，在垂直面内的热变形可达到 $0.1mm$，严重影响导轨的磨削加工精度。

（5）减少热变形对加工精度影响的措施。

1）减少热源的发热与隔离热源。在精加工中，为了减小切削热和降低切削区域温度，应合理选择切削用量和刀具几何参数，并给予充分冷却和润滑。如果粗、精加工在一个工序内完成，粗加工的热变形将影响精加工精度。一般可以在粗加工后停机一段时间使工艺系统冷却，同时还应将工件松开，待精加工时再夹紧。这样就可减少粗加工热变形对精加工精度的影响。当零件精度要求较高时，则粗、精加工分开为宜。

为了减少工艺系统中机床的发热，凡是有可能从主机中分离出去的热源，如电动机、变速箱、液压系统、冷却系统等最好放置在机床外部，使之成为独立的单元。对不能和主机分离的热源，如主轴轴承、高速运动的导轨副等，则可以从结构、润滑等方面改善其摩擦特性，减少发热，也可用隔热材料将发热部件和机床大件（如床身、立柱等）隔离开来。

对发热量大的热源，如果既不能从机床内部移出，又不便隔热，则可采用强制性风冷、水冷等散热措施。例如，一台坐标镗床的主轴箱采用恒温喷油循环强制冷却后，主轴与工作台之间在垂直方向的热变形减少到 $15\mu m$，且机床运转不到 2h 时就达到热平衡。而不采用强制冷却时，机床运转 6h 后，上述热变形产生了 $190\mu m$ 的位移，而且机床尚未达到热平衡。因此，目前大型数控机床、加工中心机床普遍采用冷冻机对润滑油、切削液进行强制冷却，以提高冷却效果。精密丝杠磨床的母丝杠中则通以冷却液，减少其热变形。

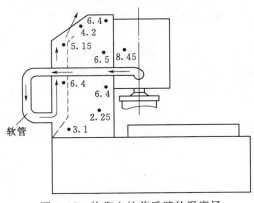

图 4.37　均衡立柱前后壁的温度场

2）均衡温度场。图 4.37 所示为立式平面磨床，采用热空气加热温升较低的立柱后壁，以均衡立柱前后壁的温度场，减小立柱的向后倾斜。图中热空气从电动机风扇排出，通过特设的软管引向立柱的后壁空间。采用这种措施后，磨削平面的平面度误差可降低到未采取措施前的 $1/4\sim1/3$。

3）采用合理的机床结构。在变速箱中，将轴、轴承、传动齿轮等对称布置，可使箱壁温升均匀，箱体变形减小。机床大件的结构和布局对机床的热特性有很大影响。以加工中心机床为例，在热源影响下，单立柱结构会产生较大的扭曲变形，而双立柱结构由于左右对称，仅产生垂直方向的热位移，很容易通过调整的方法予以补偿。

4）控制环境温度，加速达到热平衡状态。精密机床应安装在恒温车间，其恒温精度一般控制在 $±1℃$ 以内。对于精密机床特别是大型机床，达到热平衡的时间较长，为了缩短这个时间，可以在加工前使机床高速空运转，或人为地给机床加热，使机床较快地达到热平衡状态，然后进行加工。

4.1.2.4　保证和提高加工精度的工艺措施

保证和提高加工精度的技术措施可分成两大类。

一是误差预防，指减少原始误差或减少原始误差的影响。实践表明，当加工精度要求高于某一程度后，利用误差预防技术来提高加工精度所花费的成本将按指数规律增长。

二是误差补偿，通过分析、测量误差源，建立数学模型，然后人为地在系统中引入附加误差，使之与系统中现存的表现误差抵消，以减少或消除零件的加工误差。在现有工艺系统条件下，误差补偿技术是一种有效而经济的方法，特别是借助计算机技术，可以达到很好的效果。

1. 减少误差法

直接减少误差的最根本方法是合理采用先进的工艺与设备。在制定零件的加工工艺规程时，应对零件每道加工工序的能力进行评价，并合理地采用先进的工艺和设备，以使每道工序都具备足够的工序能力。生产中为了有效地提高加工精度，首先要查明影响加工精度的主要原始误差因素，然后设法将其消除或减少。

2. 误差转移法

误差转移法是把影响加工精度的原始误差转移到误差的非敏感方向上。

3. 误差分组法

机械加工中有时某工序的加工状态是稳定的，但如果毛坯误差较大，误差复映的存在会造成加工误差扩大。解决这类问题可采用分组调整的方法，把毛坯按误差大小分为 n 组，每组毛坯的误差大小范围就缩小为原来的 $1/n$；然后按照各自分别调整刀具与工件的相对位置或选用合适的定位元件，就可大大缩小整批工件的尺寸分散范围。

4. 误差平均法

研磨时，研具的精度并不很高，分布在研具上的磨料粒度大小也可能不一样。但由于研磨时工件和研具间有复杂的相对运动轨迹，使工件上各点均有机会与研具的各点相互接触并受到均匀的微量切削。同时工件和研具相互修整，精度也逐步共同提高，进一步使误差均化，因此可获得精度高于研具原始精度的加工表面。

5. 误差补偿法

误差补偿的方法就是人为地加入一个附加输入，尽量使得引入的误差与原始误差之间大小相等、方向相反，从而达到减少加工误差、提高加工精度的目的。

图 4.38 为龙门铣床横梁导轨预加变形。由于横梁立铣头自重的影响，产生向下的弯曲变形。生产实际中通过刮研横梁导轨，按照变形曲线使导轨面预先产生一个向上凸的变形，从而抵消由于铣头自重产生向下的弯曲变形，保证机床的加工精度。

用误差补偿的方法来消除或减小常值系

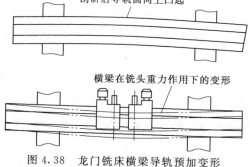

图 4.38　龙门铣床横梁导轨预加变形

误差一般来说是比较容易的，因为用于抵消常值系统误差的补偿量是固定不变的。对于变值系统误差的补偿就不是一种固定的补偿量能解决的，于是生产中就发展了积极控制的误差补偿方法。

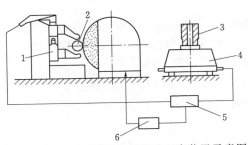

图 4.39 高压油泵偶件的自动配磨装置示意图
1—测轴仪；2—柱塞；3—柱塞套；4—测孔仪；
5—比较控制仪；6—执行机构

偶件自动配磨法是将相互配件中的一个零件作为基准，取控制另一个零件的加工精度。在加工过程中自动测量工件的实际尺寸，并和基准尺寸相比较，直至达到规定的差值时机床就自动停止加工，从而保证精密偶件间要求很高的配合间隙。柴油机高压油泵偶件的自动配磨采用的就是这种形式的积极控制。图 4.39 为以自动测量出的柱塞套的孔径为基准去磨削柱塞外径。该装置除了能连续测量工件尺寸和自动操纵机床动作以外，还能够按照偶件预先规定的间隙，自动决定磨削的进给量，在粗磨到一定尺寸后自动变换为精磨，达到要求的配合尺寸后自动停机。

另外，在线自动补偿法是在加工中随时测量出工件的实际尺寸（形状、位置精度），根据测量结果按一定的模型或算法，随时给刀具以附加的补偿量，从而控制刀具和工件间的相对位置，使工件尺寸的变动范围始终在控制之中。

4.1.3 拓展性知识

4.1.3.1 加工误差的性质

1. 系统误差

在顺序加工的一批工件中，如果加工误差的大小和方向都保持不变，或者按一定规律变化，则称为系统误差。系统误差又分为常值系统误差和变值系统误差两类。加工原理误差、机床（或刀具、夹具与量具）的制造误差、工艺系统静力变形等引起的加工误差均与加工时间无关，其大小和方向在一次调整中也基本不变，因此都属于常值系统误差。机床、刀具和夹具等在热平衡前的热变形误差以及刀具的磨损等，随加工过程（或加工时间）而有规律地变化，由此产生的加工误差属于变值误差。

2. 随机误差

在顺序加工的一批工件中，如果加工误差的大小和方向呈不规则的变化，则称为随机误差。随机误差是由许多相互独立因素随机综合作用的结果。如毛坯的余量大小不一致或硬度不均匀时将引起切削力的变化，在变化的切削力作用下由于工艺系统的受力变形而导致的加工误差就带有随机性，属于随机误差。此外，定位误差、夹紧误差、多次调整的误差、残余应力引起的工件变形等都属于随机误差。

4.1.3.2 加工误差的统计分析方法

1. 分布曲线分析法

分布曲线分析法是将一批工件的实际尺寸或误差，根据测量结果做出尺寸或误差的分布图，然后按照此图来分析和判断加工误差的情况。

（1）实际分布曲线（直方图）。成批加工某种零件，随机抽取其中 n 个（称为样板）进行测量，由于随机误差和变值系统误差的存在，所测零件的加工尺寸或偏差（用 x 表示）是一个在一定范围内变动的随机变量。按工件尺寸或偏差大小将它们分为 k 组，分组数按表 4.1 选取，各组尺寸的间隔范围一定（称为组距），组内的零件数量称为频数，频数与样本容量之比称为频率。

表 4.1   **分 组 数 k 的 选 定**

样本数 n	50～100	100～160	160～250	250 以上
分组数 k	7～8	8～11	9～12	10～20

以工件尺寸（或误差）为横坐标，以频率或频数为纵坐标，就可以作出该批工件加工尺寸（或误差）的实际曲线图，即直方图。

为了分析该工序的加工精度情况，可在直方图上标出该工序的加工公差带位置，并计算出该样本的统计数字特征——平均值 $\overline{x}$ 和标准差 S。

样本的平均值 $\overline{x}$ 表示该样本的分布中心，其计算公式为

$$\overline{x} = \frac{1}{n}\sum_{i=1}^{n} x_i \tag{4.7}$$

式中 x_i——各工件的实测尺寸（或误差）。

样本的标准差反映了该样本的分散程度，其计算公式为

$$S = \sqrt{\frac{1}{n-1}\sum_{i=1}^{n}(x_i - \overline{x})^2} \tag{4.8}$$

下面举例说明直方图的绘制步骤。

在无心磨床上磨削一批轴承外圈，直径要求为 $\phi30^{+0.015}_{+0.005}$，绘制工件直径尺寸的直方图，具体步骤如下。

1）采集数据。首先确定样本容量。若样本容量太小，不能准确地反映总体的实际分布；若容量太大，则又增加测量与计算的工作量。在实际生产中，通常取样本容量 $n=50\sim250$，本例取 $n=100$ 件。对随机抽取的 100 个样本，用外径千分尺逐个进行测量，将外径尺寸偏差的实测数据列于表 4.2 中。

表 4.2   **外径尺寸偏差的实测数据**   单位：μm

随机抽取的 100 个样本																			
10	8	10	7	14	8	4	8	9	10	9	8	9	11	10	9	6	6	6	
5	10	6	12	9	10	8	8	13	10	9	5	11	9	10	8	8	7	7	
13	9	11	10	10	5	6	11	9	8	9	9	12	7	7	10	9	9	6	8
10	10	11	11	7	9	9	4	7	12	9	7	8	8	11					
85	10	10	5	11	9	7	7	9	8	9	8	8	7	6	10				

2）确定分组数 k、组距 h、各组组界和组中值。

a．初选分组数按表 4.1 确定分组数为 $k=10$。

b．确定组距，找出最大值 $x_{\max}=14\mu$m、最小值 $x_{\min}=4\mu$m，计算组距。外径千分尺

的分度值为 1，组距应是分度值的整数倍，故取组距 $h=1\mu m$。

c. 确定分组数。

$$k=\frac{x_{max}-x_{min}}{h}+1=\frac{14-4}{1}+1=11$$

d. 确定各组组界。

$$x_{min}+(i-1)h\pm\frac{h}{2}\quad i=1,\ 2,\ \cdots,\ k$$

本例中各组组界分别为 3.5，4.5，…，14.5。

e. 统计各组频数。本例中各组频数分别为 2、6、8、12、19、21、17、8、4、2、1。

3）计算平均值和标准差。由式（4.7）和式（4.8）可得 $\bar{x}=8.75$，$S=2.04$。

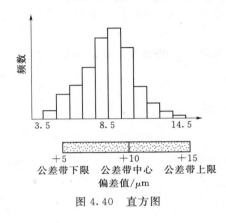

图 4.40　直方图

4）画出直方图。直方图如图 4.40 所示，横坐标表示偏差值，纵坐标表示频数。

（2）理论分布曲线。研究加工误差时，常应用数理统计学中一些理论分布曲线来近似代替实验分布曲线，这样做常可使问题得到简化。与加工误差有关的常用理论分布曲线有以下几种。

1）正态分布曲线。概率论已经证明，相互独立的大量微小随机变量，其总和的分布符合正态分布。实验表明，在机械加工中，用调整法连续加工一批零件时，如不存在明显的变值系统误差因素，则加工后零件的尺寸近似于正态分布。正态分布曲线的形状如图 4.41 所示。正态分布曲线具有以下性质。

a. 曲线呈钟形，是关于直线 $x=\mu$ 的对称曲线。

b. 当 $x=\mu$ 时，曲线取得最大值 $y_{max}=1/\sigma\sqrt{2\pi}$。由于分布曲线所围成的面积总是等于 1，因此 σ 越小，分布曲线两侧越向中间收紧；反之，当 σ 增大时，y_{max} 减小，分布曲线越平坦地沿横轴伸展 [图 4.42（a）]。可见，σ 是表征分布曲线形状的参数，它反映了随机变量 x 取值的分散程度。

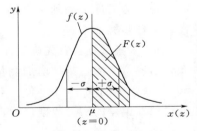

图 4.41　正态分布

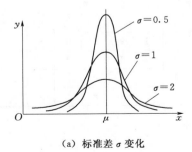

（a）标准差 σ 变化　　　　（b）平均值 μ 变化

图 4.42　μ、σ 对正态分布曲线的影响

c. 如果改变 μ 值，分布曲线将沿横坐标移动而不改变其形状 [图 4.42（b）]，这说明 μ 是表征分布曲线位置的参数。

平均值 $\mu=0$、标准差 $\sigma=1$ 的正态分布，称为标准正态分布。由分布函数的定义可知，正态分布函数是正态分布概率密度函数的积分，即

$$F(x) = \frac{1}{\sigma\sqrt{2\pi}} \int_{-\infty}^{x} e^{-\frac{1}{2}(\frac{x-\mu}{\sigma})^2} \, dx \tag{4.9}$$

由式（4.9）可知，$F(x)$ 为正态分布曲线上下积分限间包含的面积，它表示了随机变量 x 落在区间（$-\infty$，x）上的概率。任何非标准的正态分布都可以通过坐标变换为标准的正态分布，故可以利用标准正态分布的函数值，求得各种正态分布的函数值。

令 $z=(x-\mu)/\sigma$，则有

$$F(z) = \frac{1}{\sigma\sqrt{2\pi}} \int_{0}^{x} e^{\frac{1}{2}z^2} \, dz \tag{4.10}$$

$F(z)$ 为图 4.41 中阴影部分的面积。对于不同 z 值的 $F(z)$ 可由表 4.3 查出。

当 $z=\pm3$，即 $x-\mu=3\sigma$ 时，由表 4.3 查得 $2F(3)=2\times0.49865=99.73\%$。这说明随机变量 x 落在 $\pm3\sigma$ 范围内的概率为 99.73%，落在此范围以外的概率仅为 0.27%。因此，可以认为正态分布的随机变量的分散范围是 $\pm3\sigma$，这就是 $\pm3\sigma$ 原则。

$\pm3\sigma$ 的概念在研究加工误差时应用很广泛，是一个重要的概念。6σ 的大小代表了某种加工方法在一定条件下所能达到的加工精度。所以在一般情况下，应使所选择的加工方法的标准差 σ 与公差带宽度 T 之间具有下列关系，即

$$6\sigma \leqslant T \tag{4.11}$$

正态分布总体的 μ 和 σ 通常是不知道的，但是可以通过它的样本平均值 $\bar{x}$ 和样本标准差 S 来估计。这样，成批加工一批工件，抽检其中一部分，即可判断整批工件的加工精度。

2）非正态分布曲线。几种非正态分布如图 4.43 所示。工件尺寸的实际分布有时并不近似于正态分布。例如，将两次调整下加工的工件或两台机床加工的工件混在一起，尽管每次调整时加工的工件都接近正态分布，但是由于其常值系统误差不同，即两个正态分布中心位置不同，叠加在一起就会得到图 4.43（a）所示的双峰曲线。

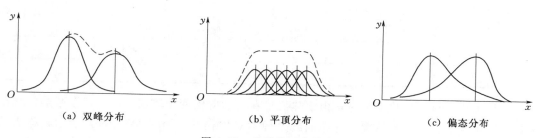

| (a) 双峰分布 | (b) 平顶分布 | (c) 偏态分布 |

图 4.43 几种非正态分布

当加工中刀具或砂轮的尺寸磨损比较显著，所得一批工件的尺寸分布如图 4.43（b）所示。尽管在加工的每一瞬时，工件的尺寸呈正态分布，但是随着刀具和砂轮的磨损，不同瞬时尺寸分布的算术平均值是逐渐移动的（当均匀磨损时，瞬间平均值可看成是均匀移动），因此分布曲线呈现平顶形状。

表 4.3 $F(z)$ 值

z	$\Phi(z)$	z	$\Phi(z)$	z	$\Phi(z)$	z	$\Phi(z)$	z	$\Phi(z)$
0.00	0.0000	0.26	0.1026	0.52	0.1985	1.05	0.3531	2.60	0.4953
0.01	0.0040	0.27	0.1064	0.54	0.2054	1.10	0.3643	2.70	0.4965
0.02	0.0080	0.28	0.1103	0.56	0.2123	1.15	0.3749	2.80	0.4974
0.03	0.0120	0.29	0.1141	0.58	0.2190	1.20	0.3849	2.90	0.4981
0.04	0.0160	0.30	0.1179	0.60	0.2257	1.25	0.3944	3.00	0.49865
0.05	0.0199	—	—	—	—	—	—	—	—
0.06	0.0239	0.31	0.1217	0.62	0.2324	1.30	0.4032	3.20	0.49931
0.07	0.0279	0.32	0.1255	0.64	0.2389	1.35	0.4115	3.40	0.49966
0.08	0.0319	0.33	0.1293	0.66	0.2454	1.40	0.4192	3.60	0.499841
0.09	0.0359	0.34	0.1331	0.68	0.2517	1.45	0.4265	3.80	0.499928
0.10	0.0398	0.35	0.1368	0.70	0.2580	1.50	0.4332	4.00	0.499968
0.11	0.0438	0.36	0.1406	0.72	0.2642	1.55	0.4394	4.50	0.499997
0.12	0.0478	0.37	0.1443	0.74	0.2703	1.60	0.4452	5.00	0.49999997
0.13	0.0517	0.38	0.1480	0.76	0.2764	1.65	0.4505	—	—
0.14	0.0557	0.39	0.1517	0.78	0.2823	1.70	0.4554	—	—
0.15	0.0596	0.40	0.1554	0.80	0.2881	1.75	0.4599	—	—
0.16	0.0636	0.41	0.1591	0.82	0.2939	1.80	0.4641	—	—
0.17	0.0675	0.42	0.1628	0.84	0.2995	1.85	0.4678	—	—
0.18	0.0714	0.43	0.1664	0.86	0.3051	1.90	0.4713	—	—
0.19	0.0735	0.44	0.1700	0.88	0.3106	1.95	0.4744	—	—
0.20	0.0793	0.45	0.1736	0.90	0.3159	2.00	0.4772	—	—
0.21	0.0832	0.46	0.1772	0.92	0.3212	2.10	0.4821	—	—
0.22	0.0871	0.47	0.1808	0.94	0.3264	2.20	0.4861	—	—
0.23	0.0910	0.48	0.1844	0.96	0.3315	2.30	0.4893	—	—
0.24	0.0948	0.49	0.1879	0.98	0.3365	2.40	0.4918	—	—
0.25	0.0987	0.50	0.1915	1.00	0.3413	2.50	0.4938	—	—

当系统存在显著的热变形时，由于热变形在开始阶段变化较快，以后逐渐减弱，直至达到热平衡状态，在这种情况下分布曲线呈现不对称状态，如图 4.43（c）所示，称为偏态分布。又如试切法加工时，由于主观上不愿意产生废品，加工孔时宁小勿大，加工外圆时宁大勿小，使分布图也常常出现不对称现象。

（3）分布曲线分析法的应用。

1）判别加工误差性质。如果加工过程中没有明显的变值系统误差，其加工尺寸分布接近正态分布（几何误差除外），这是判别加工误差性质的基本方法之一。

生产中对工件抽样后算出 $\bar{x}$ 和 S，绘出分布图，如果 $\bar{x}$ 值偏离公差带中心，则加工过程中工艺系统有常值系统误差，其值等于分布中心与公差带中心的偏移量。

正态分布的标准差 σ 的大小表明随机变量的分散程度。如果样本的标准差 S 较大，说明工艺系统随机误差显著。

2）确定工序能力及其等级。工序能力是指工序处于稳定、正常状态时，此工序加工误差正常波动的幅值。当加工尺寸服从正态分布时，根据 $\pm 3\sigma$ 原则，其尺寸分散范围是 6σ，所以工序能力就是 6σ。当工序处于稳定状态时，工序能力系数 C_P 按式（4.12）计算，即

$$C_P = \frac{T}{6\sigma} \tag{4.12}$$

式中　　T——工序尺寸公差。

工序能力等级是以工序能力系数来表示的，它代表了工序能满足加工精度要求的程度。根据工序能力系数 C_P 的大小，可将工序能力分为五级，见表4.4。一般情况下，工序能力不应低于二级，即要求 $C_P > 1$。

表 4.4　　　　　　　　　　　　　工 序 能 力 等 级

工序能力系数	工序等级	说明
$C_P > 1.67$	特级工艺	工艺能力过高，可以允许有异常波动，不经济
$1.67 \geqslant C_P > 1.33$	一级工艺	工艺能力足够，可以允许有一定的波动
$1.33 \geqslant C_P > 1.0$	二级工艺	工艺能力勉强，必须密切注意
$1.0 \geqslant C_P > 0.67$	三级工艺	工艺能力不足，会出现少量不合格品
$0.67 \geqslant C_P$	四级工艺	工艺能力很差，必须加以改进

必须指出，$C_P > 1$ 只说明该工序的工序能力可以满足加工精度要求，但加工中是否会产生不合格品，还要看调整是否正确。如加工中有常值系统误差，μ 与公差带中心位置 A_M 不重合，只有当 $T \geqslant 6\sigma + 2|\mu - A_M|$ 时才会出现不合格品。如 $C_P < 1$，则无论怎样调整，不合格品总是不可避免的。

3）估算合格品率或不合格品率。如在表4.3中，查得 $F(z) = 0.4599$，则不合格频率即为 $Q = 0.5 - F(z) = 0.0401 = 4.01\%$。

分布曲线分析法的缺点在于没有考虑一批工件加工的先后顺序，不能反映误差变化的趋势，难以区别变值系统误差与随机误差的影响，而且必须达到一批工件加工完毕后才能绘制分布图，因此不能在加工过程中及时提供控制精度的信息。采用下面介绍的控制图分析法，可以弥补这些不足。

2. 控制图分析法

控制图是按加工顺序展开的各瞬时工件尺寸的分布图。利用控制图可分析工艺过程的稳定性，以便及时检查和调整机床，达到预防废品产生的目的。控制图有多种形式，下面介绍单值控制图和 $\bar{x} - R$ 图两种。

（1）单值控制图。按加工顺序逐个测量一批工件的尺寸，以工序序号为横坐标，工件尺寸（或误差）为纵坐标，就可作出图4.44（a）所示的控制图。为了缩短图的长度，可

将顺次加工出的几个工件编为一组，以工件组序为横坐标，而纵坐标保持不变，同一组内各工件可根据尺寸，分别点在同一组号的垂直线上，就可得到图 4.44（b）所示的控制图。假如把控制图的上、下极限点包络成两根平滑的曲线，并作出这两根曲线的平均值曲线，就能较清楚地揭示出加工过程中误差的性质及其变化趋势，如图 4.44（c）所示。平均值曲线表示了瞬时分散中心的变化情况，而上、下两条包络线的宽度则反映了分散范围随时间变化的情况。

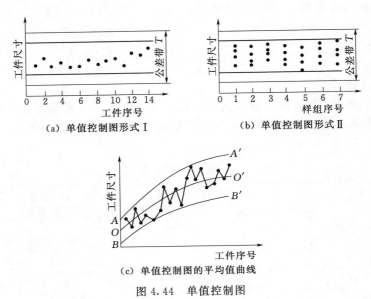

图 4.44　单值控制图

单值控制图上画有上、下两条控制界限线（图 4.44 中实线）和两极限尺寸（图 4.44 中虚线），作为控制不合格品的参考界限。

（2）$\overline{x}-R$ 图。$\overline{x}-R$ 图是平均值 $\overline{x}$ 控制图和极差 R 控制图联合使用时的统称。前者控制工艺过程质量指标的分布中心，后者控制工艺过程质量指标的分散程度。

在 $\overline{x}-R$ 图上，横坐标是按时间先后采集的小样本（称为样组）的组序号，纵坐标分别为各小样本的平均值 $\overline{x}$ 和极差 R。在 $\overline{x}-R$ 图上各有 3 根线，即中心线（CL）、上控制线（UCL）和下控制线（LCL）。

绘制 $\overline{x}-R$ 图是以小样本顺序随机抽样为基础的。在加工过程进行中，每隔一定时间连续抽取容量为 $n=2\sim10$ 件的一个小样本，求出小样本的平均值 $\overline{x}$ 和极差 R。经过若干时间后，就可取得若干个（如 k 个）小样本，将各组小样本的 $\overline{x}$ 和 R 值分别点在相应的 $\overline{x}$ 图和 R 图上，即制成了 $\overline{x}-R$ 图。

由概率论可知，当总体是正态分布时，$\overline{x}$ 的分散范围是 $\mu\pm3\sigma/\sqrt{n}$。R 的分布虽然不是正态分布，但当 $n\leqslant10$ 时，其分布与正态分布也是比较接近的，因而 R 的分散范围也可取 $\overline{R}+3\sigma_R$（$\overline{R}$、σ_R 分别是 R 分布的均值和标准差）。

（3）$\overline{x}-R$ 控制图分析。控制图上数据点的变化反映了工艺过程是否稳定。例如，在自动车床上加工工艺品销轴，按时间顺序先后抽 4 组，每组取样 5 件进行分析。做出的

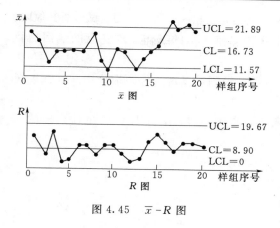

图 4.45 $\bar{x}-R$ 图

$\bar{x}-R$ 图如图 4.45 所示。从图中可以看出，有 4 个点越出控制线，表面工艺过程不稳定，应及时查找原因，加以解决。

控制图上数据点的波动情况通常有两种情况：一种是随机性波动，其特点是浮动的幅值一般不大，这是正常波动时工艺系统稳定的表现；另一种是工艺过程中存在某种占优势的误差因素，以至图上数据点具有明显的上升或下降倾向，或出现幅值很大的波动，这种情况称为工艺系统不稳定。$\bar{x}$ 在一定程度上代表了瞬时的分布中心，R 在一定程度上代表了瞬时的尺寸分散范围，故必须将主要反映系统误差及其变化趋势的 $\bar{x}$ 控制图和反映随机误差及其变化趋势的 R 控制图结合起来应用，才能全面反映加工误差的情况。

3. 工件加工误差的计算机辅助检测与统计分析

工件加工误差的统计分析是一项非常复杂、烦琐的工作，随着传感器技术及计算机技术的普及与发展，可利用它们自动、方便、准确地对工件进行检验或误差分析。

图 4.46 为对某一工件进行尺寸检测与误差分析的计算机辅助检测与分析系统示意图。工件放在测试平台或测量夹具上，系统通过电感测微仪测得工件尺寸，并将其转化为电压信号，经 A/D 转换后送入计算机进行分析和处理。该系统能自动完成工件尺寸检测，及时处理现场质量数据，自动绘制分布图及控制图，进行工序能力判断、打印加工质量报告，并及时反馈给操作者，起到指导生产的作用。

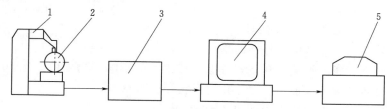

图 4.46 计算机辅助检测与统计分析示意图
1—电感测微仪；2—工件；3—A/D 转换器；4—计算机；5—打印机

4.1.4 习题

4.1 机床的几何误差指的是什么？试以车床为例说明机床几何误差对零件加工精度的影响。

4.2 何谓调整误差？在单件小批量或大批大量生产中各会产生哪些方面的调整误差？它们对零件的加工精度会产生怎样的影响？

4.3 试举例说明在加工过程中，工艺系统受力变形、热变形、磨损和残余应力怎样影响零件的加工精度，各采取什么措施来克服这些影响。

4.4　车削细长轴时，工人经常在车削一刀后，将后顶尖松一下再车一刀。试分析其原因。

4.5　试说明车削前工人经常在刀架上装上镗刀修整三爪的工作面或花盘的端面的目的是什么？能否提高机床主轴的回转精度？

4.6　在卧式铣床上铣削键槽，如图 4.47 所示，经测量发现工件两端比中间的深度尺寸大，且都比调整的深度尺寸小。分析产生这一现象的原因。

4.7　分析磨削外圆时（图 4.48），若磨床前后顶尖不等高，工件将产生什么样的几何形状误差？

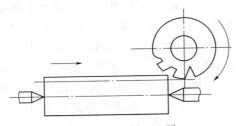

图 4.47　习题 4.6 图

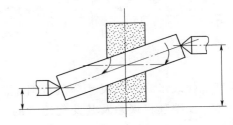

图 4.48　习题 4.7 图

4.8　在车床上加工一批细长轴的外圆，加工后经测量发现工件有以下几种几何误差（图 4.49），试分别说明产生上述误差的各种可能因素。

4.9　试分析在车床上加工时工件产生下面误差的原因。

（1）在车床上车孔时，产生被加工孔的圆度误差和圆柱度误差。

（2）在车床自定心卡盘上车孔时，产生内孔和外圆的同轴度误差、端面和外圆的垂直度误差。

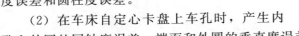

（a）

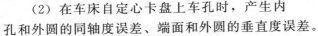

（b）

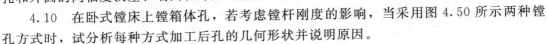

（c）

（d）

图 4.49　习题 4.8 图

4.10　在卧式镗床上镗箱体孔，若考虑镗杆刚度的影响，当采用图 4.50 所示两种镗孔方式时，试分析每种方式加工后孔的几何形状并说明原因。

（1）镗杆进给，镗杆前端支承 [图 4.50 (a)]。

（2）镗杆进给，镗杆前端无支承 [图 4.50 (b)]。

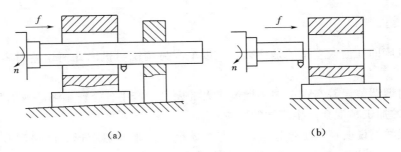

（a）　　　　　　　　　　　　（b）

图 4.50　习题 4.10 图

4.2 编制箱体类零件的机械加工工艺

4.2.1 减速器箱体的机械加工工艺过程分析

减速器箱体的机械加工工艺过程卡片见表 4.5。

减速器箱体工序的机械加工工序卡片见表 4.6。

表 4.5　　　　　　　　　　　　减速器箱体机械加工工艺过程卡片

机械加工工艺过程卡片		产品型号		JSQ	零部件图号		JSQ - 001	共 1 页		第 1 页
		产品名称		减速器	零部件名称		减速器箱体			
材料牌号	ZL107	毛坯种类	铸铝	毛坯外形		每毛坯可制件数		1	每台件数	1
工序	工序名称	工序内容			设备	工艺装备			工时	
						夹具	刀具	量具	准终	单件
1	铸	铸造毛坯								
2	热	时效								
3	钳	划线（划中心孔位置线及 A、B 平面加工线）			平板	千斤顶、划针		钢直尺		
4	铣	（1）按划线找正平面，粗铣 A 面。（2）以 A 面为基准粗铣另一大端面，厚度尺寸加工至 110mm。（3）以 A 面为基准粗铣 B 面，注意垂直度要求			铣床	专用铣夹具、划针	铣刀	游标卡尺 $0 \sim$ 125mm，百分表		
5	铣	（1）精铣 A 面及另一大端面，保证厚度尺寸至 108mm 及粗糙度要求。（2）以 A 面为基准精铣 B 面，保证垂直度要求			铣床	专用铣夹具、划针	铣刀	游标卡尺 $0 \sim$ 125mm，百分表		
6	镗	（1）粗镗 $\phi146^{+0.04}_{0}$ 孔至 $\phi145$。（2）粗镗 $\phi48^{+0.025}_{0}$ 孔至 $\phi47$。（3）粗镗 $\phi80^{+0.03}_{0}$ 孔至 $\phi79$			镗床		镗刀	游标卡尺 $0 \sim 200$mm		
7	镗	精镗 $\phi146^{+0.04}_{0}$、$\phi48^{+0.025}_{0}$、$\phi80^{+0.03}_{0}$ 三孔至要求			镗床		镗刀	内径百分表、芯轴、直角尺、塞尺		
8	钳	清洗、去毛刺			钳工台		锉刀			
9	检验	检验			平板			游标卡尺、内径百分表、芯轴、直角尺、塞尺		
编制		日期		编写		日期		校对		日期

表 4.6

机械加工工艺过程卡片

减速器箱体机械加工工序卡片

产品型号及规格	JSQ 减速器	名称	减速机箱体	工序名称	精镗孔	工艺文件编号
		图号	JSQ-001			
		材料牌号及名称	ZL107	毛坯外形尺寸		
		零件净重		硬度		
		零件毛重		设备名称	卧床镗床	
		设备型号	TX68	代号		
		专用工艺装备		每台件数		
		名称		切削液		
		单件工时定额	300min			
		机动时间 30min	技术等级			

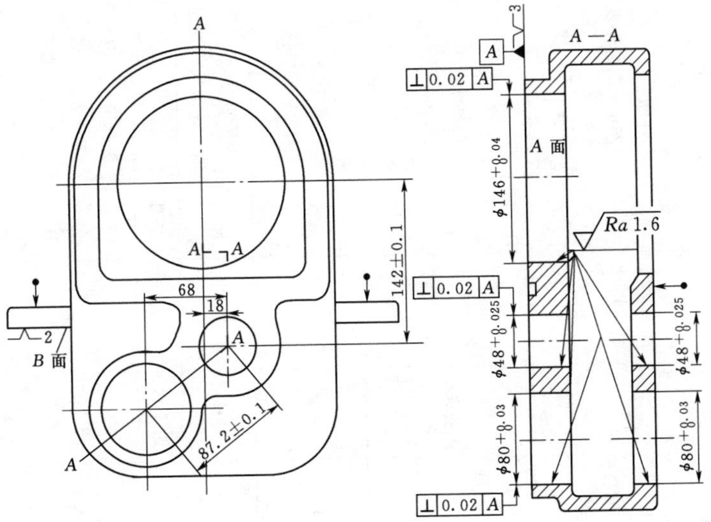

工序号	工步名称	工序及工步内容	刀具 名称规格	量检具	切削用量				
					切削深度 /(m/s)	切削速度 /(m/s)	工件速度 /(m/min)	转速 /(r/min)	
7	1	精镗 φ146⁺⁰·⁰⁴ 孔至要求	φ146 孔精镗刀	游标卡尺 0～200mm、样 板规内径千分 尺、塞尺、直 角尺	实测	50		0.5	
	2	精镗 2×φ48⁺⁰·⁰²⁵ 孔至要求	φ48 孔精镗刀		实测	50		0.3	
	3	精镗 2×φ80⁺⁰·⁰³ 孔至要求	φ80 孔精镗刀		实测	50		0.3	
编制		编写	校对	审核					
		日期	日期	日期			日期		

200

4.2.2 相关理论知识

1. 铣削要素

a_p——背吃刀量，mm。它是指平行于铣刀轴线测量的切削层尺寸。

a_e——侧吃刀量，mm。它是指垂直于铣刀轴线测量的切削层尺寸。

f——每转进给量，mm/r。

f_z——每齿进给量，mm/齿。

v_f——进给速度，mm/s。$v_f = fn_0 = f_z z n_0$。

z——铣刀的齿数。

n_0——铣刀的转速，r/s。

v——铣刀速度，m/s。$v = \dfrac{\pi d_0 n_0}{1000}$。

d_0——铣刀直径，mm。

2. 铣削用量的选择

选择铣削用量时，应首先确定铣刀的种类和尺寸，特别是铣刀直径的大小。铣刀确定之后，切削用量的选择顺序是：首先选择背吃刀量 a_p（对于面铣刀）或侧吃刀量 a_e（对于圆柱铣刀）；其次是选择进给量，最后才确定切削速度。

（1）确定背吃刀量 a_p 或侧吃刀量 a_e。对于圆柱铣刀是确定侧吃刀量 a_e，其背吃刀量 a_p 等于工件宽度。当加工余量小于 5mm 时，一般应使 a_e 等于加工余量；当加工余量大于 5mm 或需精加工时，可分两次进给，第二次进给的 a_e 可取 0.5～2mm。对于面铣刀是确定背吃刀量 a_p，而侧吃刀量 a_e 等于工件宽度。当加工余量小于 6mm 时，一般应使 a_p 等于加工余量；当加工余量大于 6mm 或需精加工时，可分多次进给，最后一次进给的 a_p 一般取 1mm。

（2）确定进给量。一般粗铣时，应首先选择每齿进给量 f_z，其数值可按表 4.7 和表 4.8 选取。然后用公式来计算进给速度 $v_f = f_z z n_0$，并按机床说明书选用接近值。对于半精铣和精铣，应根据工件表面粗糙度要求，按表 4.9 选取每转进给量，然后用公式 $v_f = f n_0$ 算出进给速度，并按机床说明书选用接近值。

表 4.7　　　　高速钢面铣刀、圆柱面铣刀和盘铣刀加工时的进给量

铣床功率 /kW	工艺系统刚性	粗齿和镶齿铣刀				细齿铣刀			
		面铣刀和盘铣刀		圆柱形铣刀		面铣刀和盘铣刀		圆柱形铣刀	
		每齿进给量/(mm/齿)							
		钢	铸铁及铜合金	钢	铸铁及铜合金	钢	铸铁及铜合金	钢	铸铁及铜合金
>10	上等	0.2～0.3	0.3～0.45	0.25～0.35	0.35～0.5				
	中等	0.15～0.25	0.25～0.4	0.2～0.3	0.3～0.4				
	下等	0.1～0.15	0.2～0.25	0.15～0.2	0.25～0.3				

铣床功率/kW	工艺系统刚性	粗齿和镶齿铣刀				细齿铣刀			
		面铣刀和盘铣刀		圆柱形铣刀		面铣刀和盘铣刀		圆柱形铣刀	
		每齿进给量/(mm/齿)							
		钢	铸铁及铜合金	钢	铸铁及铜合金	钢	铸铁及铜合金	钢	铸铁及铜合金
5~10	上等	0.12~0.2	0.25~0.35	0.15~0.25	0.25~0.35	0.08~0.12	0.2~0.35	0.1~0.15	0.12~0.2
	中等	0.08~0.15	0.2~0.3	0.12~0.2	0.2~0.3	0.06~0.1	0.15~0.3	0.06~0.1	0.1~0.15
	下等	0.06~0.1	0.15~0.25	0.1~0.15	0.12~0.2	0.04~0.08	0.1~0.2	0.06~0.08	0.08~0.15
	中等	0.08~0.15	0.2~0.3	0.12~0.2	0.2~0.3	0.06~0.1	0.15~0.3	0.06~0.1	0.1~0.15
	下等	0.06~0.1	0.15~0.25	0.1~0.15	0.12~0.2	0.04~0.08	0.1~0.2	0.06~0.08	0.08~0.15
>5	中等	0.04~0.06	0.15~0.3	0.1~0.15	0.1~0.15	0.04~0.06	0.12~0.2	0.05~0.08	0.06~0.12
	下等	0.04~0.06	0.1~0.2	0.06~0.1	0.1~0.15	0.04~0.06	0.08~0.15	0.03~0.06	0.05~0.1

注 1. 表中大进给量用于小的背吃刀量和侧吃刀量；小进给量用于大的背吃刀量和侧吃刀量。

　　2. 铣削耐热钢时进给量与铣削钢相同，但不大于 0.3mm/齿。

　　3. 上述进给量用于粗铣。

表 4.8　高速钢立铣刀、角铣刀、半圆铣刀、槽铣刀和切断铣刀加工钢时的进给量

铣刀直径/mm	铣刀类型	背吃刀量/mm								
		3	5	6	8	10	12	15	20	30
		每齿进给量/(mm/齿)								
16	立铣刀	0.08~0.05	0.06~0.05							
20	立铣刀	0.1~0.06	0.07~0.04							
25	立铣刀	0.12~0.07	0.09~0.05	0.08~0.04						
32	立铣刀	0.16~0.1	0.12~0.07	0.1~0.05						
	半圆铣刀和角铣刀	0.08~0.04	0.07~0.05	0.06~0.04						
40	立铣刀	0.2~0.12	0.14~0.08	0.12~0.07	0.08~0.05					
	半圆铣刀和角铣刀	0.09~0.05	0.07~0.05	0.06~0.03	0.06~0.03					
	槽铣刀	0.009~0.005	0.007~0.003	0.01~0.007						
50	立铣刀	0.25~0.15	0.15~0.1	0.13~0.08	0.1~0.07					
	半圆铣刀和角铣刀	0.1~0.06	0.08~0.05	0.07~0.04	0.06~0.03					
	槽铣刀	0.01~0.006	0.008~0.004	0.012~0.008	0.012~0.008					
63	半圆铣刀和角铣刀	0.1~0.06	0.08~0.05	0.07~0.04	0.06~0.04	0.05~0.03				
	槽铣刀	0.013~0.008	0.01~0.005	0.015~0.01	0.015~0.01	0.015~0.01				
	切断铣刀					0.02~0.01				

续表

铣刀直径/mm	铣刀类型	背吃刀量/mm								
		3	5	6	8	10	12	15	20	30
		每齿进给量/(mm/齿)								
80	半圆铣刀和角铣刀	0.12~0.08	0.1~0.06	0.09~0.05	0.07~0.05	0.06~0.04	0.06~0.03			
	槽铣刀		0.015~0.005	0.025~0.01	0.022~0.01	0.02~0.01	0.017~0.008	0.015~0.007		
	切断铣刀			0.03~0.05	0.027~0.012	0.025~0.01	0.022~0.01	0.02~0.01		
100	半圆铣刀和角铣刀	0.12~0.07	0.12~0.06	0.11~0.05	0.1~0.05	0.09~0.04	0.08~0.04	0.07~0.03	0.05~0.03	
	切断铣刀			0.03~0.02	0.028~0.016	0.027~0.015	0.023~0.015	0.022~0.012	0.023~0.013	
125	切断铣刀		0.03~0.025	0.03~0.02	0.03~0.02	0.025~0.02	0.025~0.02	0.025~0.015	0.02~0.01	
160								0.03~0.02	0.025~0.015	0.02~0.01

注 1. 铣削铸铁、铜及铝合金时，进给量可增加 30%～40%。

2. 表示半圆铣刀的进给量适用于凸半圆铣刀；对于凹半圆铣刀进给量应减少 40%。

3. 在侧吃刀量小于 5mm 时，切槽铣刀和切断铣刀采用细齿；侧吃刀量大于 5mm 时采用粗齿。

表 4.9　　　　　　高速钢面铣刀、圆形铣刀和盘铣刀半精铣时的每转进给量

表面粗糙度值/μm	镶齿面铣刀和盘铣刀	圆柱形铣刀					
		铣刀直径/mm					
		40~80	100~125	160~250	40~80	100~125	160~250
		钢及铸钢			铸铁、铜和铝合金		
		每转进给量/(mm/r)					
6.3	1.2~2.7						
3.2	0.5~1.2	1.0~2.7	1.7~3.8	2.3~5	1~2.3	1.4~3	1.9~3.7
1.6	0.23~0.5	0.6~1.5	1.0~2.1	1.3~2.8	0.6~1.8	0.8~1.7	1.1~2.1

（3）确定切削速度 v。切削速度可根据表 4.10 选择。

表 4.10　　　　　　　　铣削时的切削速度推荐值

刀具材料	工件材料	碳钢	合金钢	工具钢	灰铸铁	可锻铸铁	铝镁合金
	硬度/HBW	切削速度 v/(m/s)					
高速钢	≤140	0.417~0.7	0.35~0.6		0.4~0.6	0.7~0.83	3~5
	150~225	0.35~0.65	0.25~0.5	0.2~0.3	0.25~0.35	0.25~0.6	
	230~290	0.25~0.6	0.2~0.4	0.25~0.38	0.15~0.3	0.15~0.35	
	300~425	0.15~0.35	0.1~0.25				

注 1. 粗铣时切削负荷大，v 应选小值；精铣时为了降低表面粗糙度，v 应选大值。

2. 经实际铣削后，如发现铣刀寿命太低，应适当减小 v。

3. 铣刀结构及几何角度改进后，v 可以超过表列值。

4.2.3 习题

4.11 编制箱体零件工艺过程应遵循的原则有哪些？生产类型不同时又有哪些不同的要求？

4.12 划线工序在箱体加工中起什么作用？

4.13 编制图 4.51 所示箱体零件中批量生产的加工工艺过程。

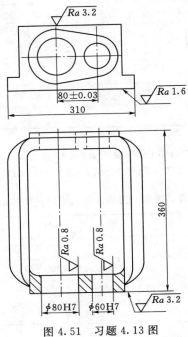

图 4.51 习题 4.13 图

项目5　圆柱齿轮类零件加工

【教学目标】

1. 终极目标

会编制圆柱齿轮类零件的机械加工工艺。

2. 项目目标

(1) 会分析圆柱齿轮类零件的工艺性能,并选定机械加工内容。

(2) 会选用圆柱齿轮类零件的毛坯,并确定加工方案。

(3) 会确定圆柱齿轮类零件的加工顺序及进给路线。

(4) 会确定圆柱齿轮类零件的切削用量。

(5) 会制定圆柱齿轮类零件的机械加工工艺文件。

【工作任务】

(1) 圆柱齿轮的机械加工工艺分析。

(2) 确定圆柱齿轮的机械加工工艺文件。

直齿圆柱齿轮零件图如图 5.1 所示。

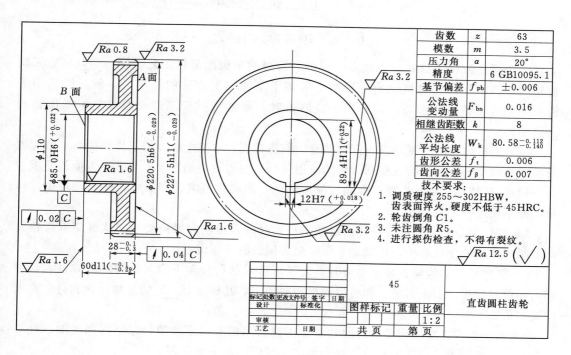

齿数	z	63
模数	m	3.5
压力角	α	20°
精度		6 GB10095.1
基节偏差	f_{pb}	±0.006
公法线变动量	F_{bn}	0.016
相继齿距数	k	8
公法线平均长度	W_k	$80.58^{-0.112}_{-0.140}$
齿形公差	f_t	0.006
齿向公差	f_β	0.007

技术要求

1. 调质硬度 255～302HBW,齿表面淬火。硬度不低于 45HRC。
2. 轮齿倒角 C1。
3. 未注圆角 R5。
4. 进行探伤检查,不得有裂纹。

图 5.1　直齿圆柱齿轮零件图

205

5.1　圆柱齿轮类零件的机械加工工艺的相关知识

5.1.1　相关实践知识

1. 圆柱齿轮类零件概述

圆柱齿轮是机械传动中应用极为广泛的零件之一，其功用是按规定的速比传递运动和动力。

（1）圆柱齿轮的结构特点。尽管由于齿轮在机器中的功用不同而被设计成不同的形状和尺寸，但总是可以把它们划分为齿圈和轮体两个部分。常见的圆柱齿轮的结构形式如图5.2 所示，包括盘类齿轮、套类齿轮、内齿轮、轴类齿轮、扇类齿轮、齿条（即齿圈半径无限大的圆柱齿轮）。其中盘类齿轮应用最广泛。

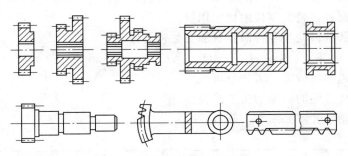

图 5.2　圆柱齿轮的结构形式

一个圆柱齿轮可以有一个或多个齿圈。普通的单齿圈齿轮工艺性好，而双联或三联齿轮的小齿圈往往会受到轴肩的影响，限制了某些加工方法的使用，一般只能采用插齿。如果齿轮精度要求高，需要剃齿或磨齿时，通常将多齿圈齿轮做成单齿圈齿轮的组合结构。

（2）圆柱齿轮的精度要求。齿轮本身的制造精度，对整个机器的工作性能、承载能力及使用寿命都有很大影响。根据齿轮的使用条件，对齿轮传动提出以下几个方面的要求。

1）运动精度。要求齿轮能准确地传递运动，传动比恒定，即要求齿轮在一转中，转角误差不超过一定范围。

2）工作平稳性。要求齿轮传递运动平稳，冲击、振动和噪声要小。这就要求齿轮转动时瞬时速比的变化要小，也就是要限制短周期内的转角误差。

3）接触精度。齿轮在传递动力时，为了不致因载荷分布不均匀使接触应力过大，引起齿面过早磨损，要求齿轮工作时齿面接触要均匀，并保证有一定的接触面积和符合要求的接触位置。

4）齿侧间隙。要求齿轮传动时，非工作齿面间留有一定间隙，以储存润滑油，补偿因温度、弹性变形所引起的尺寸变化和加工、装配时的一些误差。

2. 齿轮的材料、热处理和毛坯

（1）材料的选择。齿轮应按照使用的工作条件选用合适的材料。齿轮材料的选择对齿轮的加工性能和使用寿命都有直接的影响。

一般齿轮选用中碳钢（如 45 钢）和低、中碳钢合金，如 20Cr、40Cr、20CrMnTi 等。

要求较高的重要齿轮可选用 38CrMoAlA 渗氮钢，非传力齿轮也可使用铸铁、夹布胶木或尼龙等材料。

（2）齿轮的热处理。齿轮加工中根据不同的目的，安排以下两种热处理工序。

1）毛坯热处理。在齿坯加工前后安排预备热处理正火或调质，其主要目的是消除锻造及粗加工引起的残余应力、改善材料的可加工性和提高综合力学性能。

2）齿面热处理。齿形加工后，为提高齿面的硬度和耐磨性，常进行渗碳淬火、高频感应淬火、碳氮共渗等热处理工序。

（3）齿轮毛坯。齿轮的毛坯形式主要有棒料、锻件和铸件。棒料多用于小尺寸、结构简单且相对强度要求较低的齿轮。当齿轮要求强度高、耐磨和耐冲击时，多用锻件。直径大于 400～600mm 的齿轮，常用铸造毛坯。为了减轻机械加工量，对大尺寸、低精度齿轮，可以直接铸出轮齿；对于小尺寸、形状复杂的齿轮，可用精密铸造、压力铸造、精密锻造、粉末冶金、热轧和冷挤等新工艺制造出具有轮齿的齿坯，以提高生产率、节约原材料。

3. 齿轮毛坯的机械加工工艺

对于轴齿轮和套筒齿轮的齿坯，其加工过程和一般轴、套基本相似，现主要讨论盘类齿轮齿坯的加工过程。

齿坯的加工工艺方案主要取决于齿轮的轮体结构和生产类型。

（1）大批大量生产的齿坯加工。大批大量加工中等尺寸齿坯时，多采用"钻—拉—多车刀"的工艺方案。

1）以毛坯外圆及端面定位进行钻孔或扩孔。

2）拉孔。

3）以孔定位在多刀半自动车床上粗精车外圆、端面、切槽及倒角等。

这种工艺方案由于采用高效机床，可以组成流水线或自动线，所以生产效率高。

（2）成批生产的齿坯加工。成批生产齿坯时，常采用"车—拉—车"的工艺方案。

1）以齿坯外圆或轮毂定位，精车外圆、端面和内孔。

2）以端面支承拉孔（或内花键）。

3）以孔定位精车外圆及端面。

这种方案可由卧式车床或转塔车床及拉床实现。它的特点是加工质量稳定，生产效率较高。当齿坯孔有台阶或端面有槽时，可以充分利用转塔车床上的多刀来进行多工位加工，在转塔车床上一次完成齿坯的加工。

4. 圆柱齿轮的机械加工工艺过程

（1）圆柱齿轮的加工工艺过程一般应包括以下内容：齿轮毛坯的加工、齿面的加工、热处理工艺及齿面的精加工。在编制齿轮加工工艺时，常因齿轮结构、精度等级、生产批量及生产环境的不同，而采用各种不同的方案。齿轮加工工艺过程大致可划分为以下几个阶段。

1）齿轮毛坯的形成：锻造、铸造或选用棒料。

2）半精加工：车削和滚、插齿面。

3）半精加工：车削和滚、插齿面。

4）热处理：调质、渗碳、淬火、齿面高频感应淬火。

5）精加工：精修基准、精加工齿面（磨、剃、珩、研、抛光等）。

（2）定位基准的选择。齿轮定位基准的选择常因齿轮的结构不同而有所差异。连轴齿轮主要采用顶尖定位，有孔且孔径较大时则采用锥堵。带孔齿轮加工齿面常采用以下两种夹紧方式。

1）以内孔和端面定位。即以工件内孔和端面联合定位，确定齿轮中心和轴向位置，并采用面向定位端面的夹紧方式。这种方式可使定位基准、设计基准、装配基准和测量基准重合，定位精度高，适于批量生产，但对于夹具的制造精度要求较高。

2）以外圆和端面定位。若工件和夹具的配合间隙较大，则应用千分表找正外圆以确定中心的位置，同时辅以端面定位，从另一端面施以夹紧。这种方式因每个工件都要找正，故生产率低，此外它对齿坯的内、外圆同轴度要求高，而对夹具精度要求不高，故适于单件、小批量生产。

（3）齿轮毛坯的加工。齿面加工前的齿轮毛坯加工，在整个齿轮加工工艺过程中占有很重要的地位，因为齿面加工和检测所用的基准必须在此阶段加工出来。

在齿轮的技术要求中，应适当注意齿顶圆的尺寸精度要求，因为齿厚的检测是以齿顶圆为测量基准的，齿顶圆精度太低，必然使所测量出的齿厚值无法正确反映齿侧间隙的大小。所以，在加工过程中应注意下列几个问题。

1）当以齿顶圆直径作为测量基准时，应严格控制齿顶圆的尺寸精度。

2）保证定位端面和定位孔或外圆的垂直度，定位端面与定位孔或外圆应在一次装夹中加工出来。

3）提高齿轮内孔的制造精度，减少与夹具心轴的配合间隙。

4）选择基准重合、统一的定位方式。

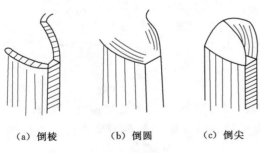

（a）倒棱　　　（b）倒圆　　　（c）倒尖

图 5.3　齿端加工

（4）齿端的加工。齿轮的齿端加工有倒圆、倒尖、倒棱和去毛刺等方式，如图 5.3 所示。倒圆、倒尖后的齿轮在换挡时容易进入啮合状态，减少撞击现象。倒棱可除去齿端尖边和毛刺。图 5.4 是用形齿轮铣刀对齿端进行倒圆的加工示意图。倒圆时，铣刀高速旋转，并沿圆弧做摆动，加工完一个齿后，工件退离铣刀，经分度后再快速向铣刀靠近加工下一个齿的齿端。齿端加工必须在齿轮淬火之前进行，通常都在滚（插）齿之后、剃齿之前安排齿端加工。

（5）齿轮加工过程的热处理要求。在齿轮加工工艺过程中，热处理工序的位置安排十分重要，它直接影响齿轮的力学性能及切削加工性。一般在齿轮加工中进行两种热处理工序，即毛坯热处理和齿形热处理。

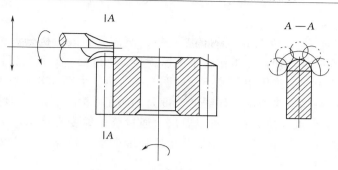

图5.4 齿端倒圆加工示意图

5.1.2 相关理论知识

齿形加工是整个齿轮加工的关键。按照加工原理，齿形加工可分为成型法和展成法两种。

指形齿轮铣刀铣齿、盘形铣刀铣齿、齿轮拉刀拉内齿等是成型法加工齿形的例子，而滚齿、剃齿、插齿等是展成法加工齿形的例子。现介绍几种用展成法加工齿形的方法。

5.1.2.1 滚齿

1. 滚齿的特点

滚齿是齿形加工中生产率较高、应用最广泛的一种加工方法。滚齿加工通用性好，可加工圆柱齿轮、涡轮等；可加工渐开线齿形、圆弧齿形、摆线齿形等。滚齿既可加工小模数、小直径齿轮，又可加工大模数、大直径齿轮，加工斜齿也很方便。

滚齿可直接加工 9～8 级精度齿轮，也可作为 7 级精度以上齿轮的粗加工和半精加工。滚齿可以获得较高的运动精度。因滚齿时齿面是由滚刀的刀齿包络而成，参加切削的刀齿数有限，故齿面的表面粗糙度值较大。为提高加工精度和齿面质量，宜将粗、精滚齿分开。

2. 滚齿加工质量分析

（1）影响传动准确性的加工误差分析。影响传动准确性的主要原因是，在加工中滚刀和被加工齿轮的相对位置和相对运动发生了变化。相对位置的变化（几何偏心）产生齿轮径向偏差，它以径向跳动 F_r 来评定；相对运动的变化（运动偏心）产生齿轮切向偏差，它以公法线变动 E_{bn} 来评定。下面分别加以讨论。

1）齿轮的径向偏差。齿轮的径向偏差是指滚齿时，由于齿坯的回转轴线与齿轮工作时的回转轴线不重合（出现几何偏心），使所切齿轮的轮齿发生径向位移而引起的齿距累积偏差，如图5.5所示。从图5.5可以看出，O 为切齿时的齿坯回转中心，O' 为齿坯基准孔的几何中心（即齿轮工作时的回转中心）。滚齿时，齿轮的基圆中心与工作台的回转中心重合于 O，这样切出的各齿形相对基圆中心 O 分布是均匀的（如图5.5中实线圆上的 $P_1 = P_2$），但齿轮工作时是绕基准孔中心 O' 转动的（假定安装时无偏心），这时各齿形相对分度圆心 O' 分布不均匀了（如图中双点画线圆上的 $P_1 \neq P_2$）。显然，这种齿距的变化是由于几何偏心使轮廓径向位移引起的，故又称为齿轮的径向偏差。

　　2）齿轮的切向偏差。齿轮的切向偏差是指：滚齿时因滚齿机分齿传动链误差，引起瞬时传动比产生不稳定，使机床工作台不等速旋转，工件回转时快时慢，所切齿轮的轮齿沿切向发生位移所引起的齿距累积偏差，如图 5.6 所示。由图 5.6 可以看出，当轮齿出现切向位移时，图中每隔一齿所测公法线的长度是不等的。如 2、8 齿间的公法线长度明显大于 4、6 齿间的公法线长度。据此可以看出，通过公法线变动量 E_{bn} 可以反映出齿轮齿距累积偏差（切向部分），因此在生产中公法线长度变动可以作为评定齿轮传递运动准确性的指标之一。

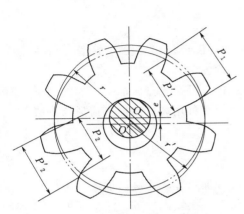

图 5.5　几何偏心引起的径向偏差
r —滚齿时的分度圆半径；r' —以孔轴心 O' 为
旋转中心时齿圈的分度圆半径

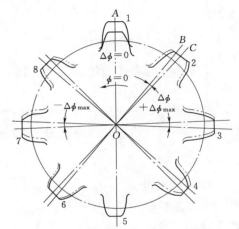

图 5.6　齿轮的切向误差

　　机床工作台的回转误差，主要取决于分齿形传动链的传动误差。在分齿传动链的各传动元件中，影响传动误差的最主要环节是工作台下面的分度涡轮。分度涡轮在制造和安装中产生的齿距累积误差，使工作台回转时发生转角误差，这些误差将直接地复映给齿坯使其产生齿距累积偏差。

　　影响传动误差的另一个重要环节是分齿交换齿轮，分齿交换齿轮的制造和安装误差，也会以较大的比例传递到工作台上。

　　为了减少齿轮的切向偏差，主要应提高机床分度涡轮的制造和安装精度。对高精度滚齿机还可通过校正装置区补偿涡轮的分度误差，使被加工齿轮获得较高的加工精度。

　　（2）影响齿轮工作平稳性的加工误差分析。影响齿轮工作平稳性的主要偏差是齿形偏差、基节偏差等。

　　1）齿形偏差。滚齿后常见的齿形偏差如图 5.7 所示。其中，齿面出棱、齿形不对称和根切等可直接看出来，而齿形角偏差和周期偏差需要通过仪器才能测出。应该指出，图 5.7 所示的偏差是齿形偏差的几种单独表现形式，实际齿形偏差通常是上述几种形式的叠加。

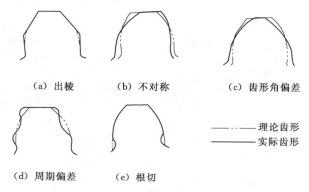

（a）出棱　　（b）不对称　　（c）齿形角偏差

——————　理论齿形
——————　实际齿形

（d）周期偏差　　（e）根切

图 5.7　常见的齿形偏差

齿形偏差产生的主要原因：首先滚刀在制造、刃磨和安装中存在误差；其次是机床工作台回转中存在小周期转角误差。下面分析这些误差对齿形偏差的影响。

a. 齿面出棱的主要原因。滚齿时齿面有时出棱，其主要原因是：滚刀刀齿沿圆周等分性不好和滚刀安装后存在较大的径向跳动和轴向圆跳动等，如图 5.8 所示。由图 5.8 可以看出，刀齿存在不等分误差时，各排刀齿相对准确位置有的超前有的滞后，这种超前与滞后使刀齿上的切削刃偏离滚刀基本蜗杆的螺纹表面。因而在滚切齿轮的过程中，就会出现"过切"或"空切"而产生齿形偏差。图 5.8（c）是从图 5.8（b）中取出 3 个刀齿位置加以放大的示意图。图中双点画线表示无等分误差的位置（和渐开线齿面相切）；实线表示有等分误差时，刀齿因之后而引起刃口"空切"和"过切"就越严重，齿面出棱越明显。刀齿等分性误差对不同曲率的渐开线齿形的影响是不同的，齿形曲率越大（即齿轮基圆越小）影响越大，这也就是齿数少的小齿轮为何齿面容易出棱的缘故。

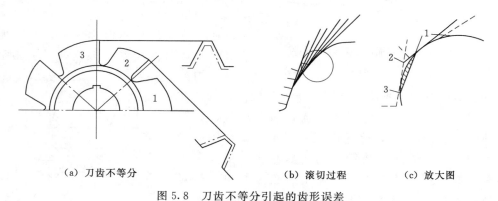

（a）刀齿不等分　　　　　　　（b）滚切过程　　　（c）放大图

图 5.8　刀齿不等分引起的齿形误差

滚刀安装后，如果存在较大的径向跳动或轴向窜动，滚刀到齿面同样会产生"过切"或"空切"使齿面出棱。

b. 产生齿形角偏差的主要原因。齿轮的齿形角偏差主要决定于滚刀刀齿的齿形角偏差。滚刀刀齿的齿形角偏差，由滚刀制造时铲磨刀齿产生的齿形角偏差和刃磨刀齿前刀面所产生的非径向性误差及非轴向性误差而引起的。

刀齿前刀面非径向性误差对齿形角偏差的影响如图 5.9 所示。

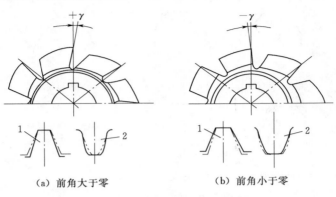

（a）前角大于零 （b）前角小于零

图5.9 刀齿前刀面非径向性误差对齿形角偏差的影响
1—刀具；2—被加工轮齿

精加工所用的滚刀的前角通常为0°（即刀齿前刀面在径向平面内），刃磨不好时会出现前角正或负。由于刀齿侧后面经铲磨后具有侧后角，因此刀齿前角误差必然引起齿形角变化。前角为正时，齿形角变小，切出的齿形齿顶变肥［图5.9（a）］；前角为负时，齿形角变大，切出的齿形齿顶变瘦［图5.9（b）］。

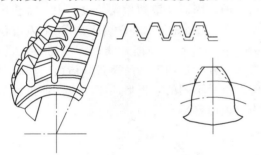

图5.10 刀齿前刀面的非轴向性误差
对齿形角偏差的影响

刀齿前刀面的非轴向性误差，是指直槽滚刀前刀面沿轴向对于孔轴线的平行度误差，如图5.10所示。这种误差使各刀齿可偏离正确的齿形位置，而且刀齿左右两侧刃偏离值不等，这样既产生轴向齿距偏差，又引起齿形歪斜。

c. 产生齿形不对称的主要原因。滚齿时，有时出现齿形不对称偏差，除了刀齿前刀面非轴向性误差的影响外，主要是滚齿时滚刀对中不好。滚刀对中是指滚齿时滚刀所处的轴向位置应使其一个刀齿（或齿槽）的对称线通过齿坯中线，如图5.11所示。滚刀中，切除的齿形就对称；反之则引起齿形不对称。滚刀包络齿面的刀齿数越少，工件齿形越大且齿面曲率越大时，齿形不对称就越严重。故对于模数较大且齿数较少的齿轮，滚齿前应认真使滚刀对中。

d. 产生齿形周期偏差的主要原因。滚刀安装后的径向跳动和轴向窜动、机床分度涡轮副中分度蜗杆的径向跳动和轴向窜动都是周期性误差，这些都会使滚齿时出现齿面凹凸不平的周期偏差。

e. 减少齿形偏差的措施。从上述分析可知，影响齿

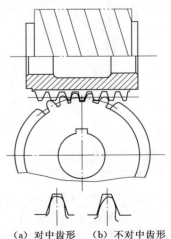

（a）对中齿形 （b）不对中齿形

图5.11 滚刀对中对齿形的影响

212

形偏差的主要因素是滚刀的制造误差、安装误差和机床分齿传动链中蜗杆的误差。为了保证齿形精度，除了根据齿轮的精度等级正确地选择滚刀和机床外，还要特别注意滚刀的重磨精度和安装精度。

2）基节偏差。在滚齿加工时，齿轮的基节应等于滚刀的基节。滚刀的基节按下式计算，即

$$p_{b0} = p_{n0}\cos\alpha_0 = p_{t0}\cos\lambda_0\cos\alpha_0 \approx p_{t0}\cos\alpha_0$$

式中　p_{b0}——滚刀的基节；

　　　p_{n0}——滚刀的法向齿距；

　　　p_{t0}——滚刀的轴向齿距；

　　　α_0——滚刀的法向齿形角；

　　　λ_0——滚刀的分度圆螺旋角，一般很小，故 $\cos\lambda_0 \approx 1$。

由此可看出，要减少基节偏差，滚刀制造时应严格控制轴向齿距及齿形角偏差；对影响齿形角偏差和轴向齿距偏差的刀齿前刀面的非径向性误差和非轴向性误差，也应加以控制。

（3）影响齿轮接触精度的加工误差分析。齿轮接触精度受到齿宽方向接触不良和齿高方向接触不良的影响。影响齿高方向接触不良的主要因素是齿形偏差 f_{fa} 和基节偏差 f_{fb}，影响齿宽方向接触不良的主要因素是齿轮的齿向偏差 F_β，此处只分析影响齿向偏差 F_β 的主要因素。

齿向偏差 F_β 是指在分度圆柱面上，齿宽工作部分范围内，包容实际齿线且距离为最小的两条设计齿线之间的端面距离。

滚齿加工中引起齿向偏差的主要因素如下。

1）滚齿机刀架导轨相对工作台回转轴线存在平行度误差时，齿轮会产生齿向偏差，如图 5.12 所示。

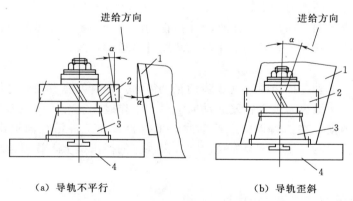

（a）导轨不平行　　　　　　　　　　（b）导轨歪斜

图 5.12　滚齿机刀架导轨误差对齿向偏差的影响
1—刀架导辊；2—齿坯；3—夹具底座；4—机床工作台

2）夹具支承端面对回转轴线的垂直度误差，或齿坯孔与定位端面的垂直度误差等工件的装夹误差均会造成被切齿轮的齿向偏差，如图 5.13 所示。

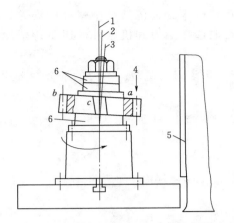

图 5.13　齿坯安装歪斜对齿向偏差的影响
1—工作回转轴线；2—心轴轴线；3—齿坯内孔轴线；
4—进给方向；5—刀架导轨；6—垫圈

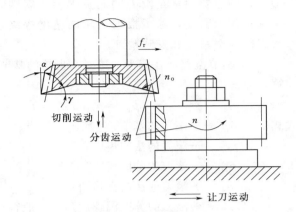

图 5.14　插齿时的运动

3）滚切斜齿轮时，除上述影响因素外，机床差动交换齿轮的误差，也会影响齿轮的齿形偏差。

5.1.2.2　插齿

插齿也是生产中普遍应用的一种切齿方法。

1. 插齿原理

从插齿原理上分析，插齿刀和工件相当于一对轴向相互平行的圆柱齿轮相啮合，插齿刀就像一个磨有前、后角具有切削刃的高精度齿轮。

2. 插齿的主要运动

插齿时的运动如图 5.14 所示。

（1）切削运动。插齿刀的上、下往复运动。

（2）分齿展成运动。插齿刀与工件应保持正确的啮合关系。插齿刀每往复一次，工件相对刀具在分度圆上转过的弧长为加工时的圆周进给运动，故刀具与工件的啮合过程也就是圆周进给过程。

（3）径向进给运动。插齿时，为逐步切至全齿深，插齿刀应有径向进给运动。

（4）让刀运动。插齿刀上下往复运动向下时的工作过程。为了避免刀具擦伤已加工的齿面并减少刀齿磨损，在插齿刀向上运动时，工作台带动工件沿径向退出切削区一段距离，插齿刀工作行程时，工件恢复原位。在较大规格的插齿机上，让刀运动由插齿刀刀架部件完成。

5.1.2.3　插齿和滚齿工艺特点的比较

插齿与滚齿同为常用的齿形加工方法，它们的加工精度和生产率也大体相当。但在精度指标、生产率和应用范围等方面又各自有其特点。现分析比较如下。

1. 插齿的加工质量

（1）插齿的齿形精度比滚齿高。这是因为插齿刀在制造时可通过高精度磨齿机获得精确的渐开线齿形。

（2）插齿后的齿面粗糙度值比滚齿小。其原因是插齿的圆周进给量通常较小，插齿过程中包络齿面的切屑刃数较滚齿多，因而插齿后的齿面粗糙度值小。

（3）插齿的运动精度比滚齿差。因为在滚齿时，一般只是滚刀某几圈的刀齿参加切削，工件上所有齿槽都是这些刀齿切出的；而插齿时，插齿刀上的各刀齿顺次切削工件各齿槽，因而，插齿刀上的齿距累积误差将直接传给被切齿轮。另外，机床传动链的误差使插齿刀旋转产生的转角误差，也使得插齿后齿轮有较大的运动误差。

（4）插齿的齿向偏差比滚齿大。插齿的齿向偏差主要决定于插齿机主轴往复运动轨迹对工作台回转轴线的平行度误差。插齿刀往复运动频率高，主轴与套筒的磨损大，因此插齿时齿向偏差常比滚齿大。

2. 插齿的生产率

切制模数较大的齿轮时，插齿速度要受插齿刀主轴往复运动惯性和机床惯性的制约，切削过程又有空程时间损失，故生产率比滚齿加工要低。但在加工小模数、多联齿、宽度小的齿轮时，插齿生产率会比滚齿高。

3. 插齿的应用范围

从上面分析可知，插齿适合于加工模数小、齿宽较小、工作平稳性要求较高而运动精度要求不太高的齿轮。尤其适用于加工内齿轮、多联齿轮中的小齿轮、齿条及扇形齿轮等。但加工斜齿轮需要螺旋导轨，不如滚齿方便。

5.1.3　习题

5.1　不同生产类型的条件下，齿坯加工是怎样进行的？如何保证齿坯内外圆同轴度及定位用的端面与内孔的垂直度？齿坯精度对齿轮加工的精度有什么影响？

5.2　编制图5.15所示的双联齿轮单件小批量生产的加工工艺过程。

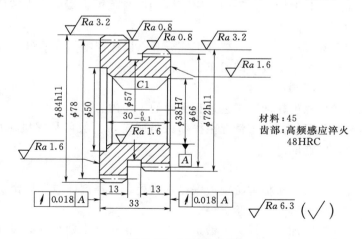

图5.15　习题5.2图

5.3　试从保证加工质量方面比较插齿和滚齿的工艺特点。

5.2　编制圆柱齿轮类零件的机械加工工艺

5.2.1　圆柱齿轮的机械加工工艺过程分析

1. 零件图分析

图 5.1 所示的直齿圆柱齿轮，由外圆柱面、内孔面、键槽、齿面和倒角等组成。根据工作要求，齿面、$\phi85$ 内圆柱面和左右两大端面为重要的加工表面。

2. 确定毛坯

根据齿轮工作要求和批量，毛坯选用锻造毛坯，尺寸取 $\phi(240 \times 65)$ mm，毛坯上预制通孔 $\phi80$。

3. 确定主要表面的加工方法

$\phi85$ 内圆柱面的公差等级为 IT6 级，表面粗糙度为 $Ra1.6\mu m$，较小，需要磨削加工。内孔表面的加工方案为：粗车→半精车→磨削。

左、右两端面对 $\phi85$ 内圆柱面的径向圆跳动公差分别为 0.020mm 和 0.014mm，表面粗糙度为 $Ra1.6\mu m$，精度很高，需要磨削加工。尤其是 A 面，要作为滚齿加工时的定位基准。加工方案为：粗车→半精车→磨削，A 面需在一次装夹中和内孔一起磨出，再以 A 面为基准在平面磨床上磨出 B 面，以保证对孔的径向圆跳动要求。

齿轮的精度等级为 6 级，基节偏差为 0.006mm，公法线变动量为 0.016mm，齿向公差为 0.007mm，齿形公差为 0.007mm，以上精度均较高，需要采用滚齿机滚齿并磨齿。

4. 确定定位基准

该齿轮零件需要采用车削、滚齿和磨削等加工方法。车削时采用自定心卡盘装夹，以外圆柱面为定位基准。其他加工过程均采用 $\phi85$ 内圆柱面配合端面作为定位基准。

5. 划分加工阶段

对精度要求较高的零件，其粗、精加工应分开，以保证零件的质量。该直齿圆柱齿轮的加工总体上应划分为 3 个阶段，即粗车、半精车和研磨。

6. 加工尺寸和切削用量

具体加工尺寸参见该齿轮加工工艺过程卡片的工序内容。

切削用量的选择，可根据加工情况由操作人员确定，一般可从《机械加工工艺手册》或《切削用量手册》中选取。

7. 拟定工艺过程

为保证齿轮加工质量，机械加工前应安排正火处理，磨削前应安排钳工去毛刺并进行淬火处理。全部加工完成后安排检验工序。

综上所述，该齿轮的加工路线为：锻造→正火→粗车→半精车→滚齿→倒角→去毛刺→淬火→插键槽→磨削→检验。

圆柱齿轮的机械加工工艺过程卡片见表 5.1。

圆柱齿轮工序的机械加工工序卡片见表 5.2。

表 5.1 圆柱齿轮机械加工工艺过程卡片

机械加工工艺过程卡片		产品型号		YG026		零部件图号		YG026-001		共1页	第1页
		产品名称		织物强力机		零部件名称		直齿圆柱齿轮			
材料牌号	40Cr	毛坯种类	锻钢	毛坯外形	ϕ240×65	每毛坯可制件数	1	每台件数	2		

工序	工序名称	工序内容	设备	工艺装备			工时	
				夹具	刀具	量具	准终	单件
1	锻毛坯	毛坯锻造 ϕ240×65						
2	热处理	正火						
3	车	(1) 夹 A 端，找正： 1) 粗车、半精车 B 端面，留余量 0.3mm，粗、精车 ϕ227 外圆柱面至尺寸，倒角。 2) 粗镗、半精镗内孔，留磨削余量 0.3～0.4mm。 (2) 调头夹 B 端，找正后： 1) 车 A 端面至总长 60.6mm。 2) 车 ϕ110 外圆柱面至尺寸，保证大端长度 28.3mm，倒角	车床	自定心卡盘	车刀	游标卡尺 0～300mm		
4	磨	夹 B 端，靠台肩，磨内孔及 A 面至尺寸	内圆磨床	自定心卡盘	砂轮	内径千分尺 0～100mm，百分表		
5	磨	以 A 面为基准，磨 B 面至总长	平圆磨床		砂轮	内径千分尺 0～300mm，百分表		
6	滚齿	以 A 面和内孔定位滚齿，留磨齿余量 0.3mm	滚齿机	专用夹具	齿轮滚刀	齿厚游标卡尺		
7	倒角	齿倒圆角，去毛刺	倒角机					
8	热处理	齿面高频感应淬火 52HRC						
9	磨齿	磨齿至图样要求	磨齿机	专用夹具	砂轮	公法线千分尺		
10	插键槽	插键槽至图样要求	插床		插刀	游标卡尺 0～125mm		
11	检验	检验						

编制		日期		编写		日期		校对		日期		审核		日期	

表 5.2

圆柱齿轮机械加工工序卡片

机械加工工艺过程卡片	产品型号及规格	YG026 织物强力机	名称	直齿圆柱齿轮	图号	YG026－0001	工序名称	插键槽	工艺文件编号

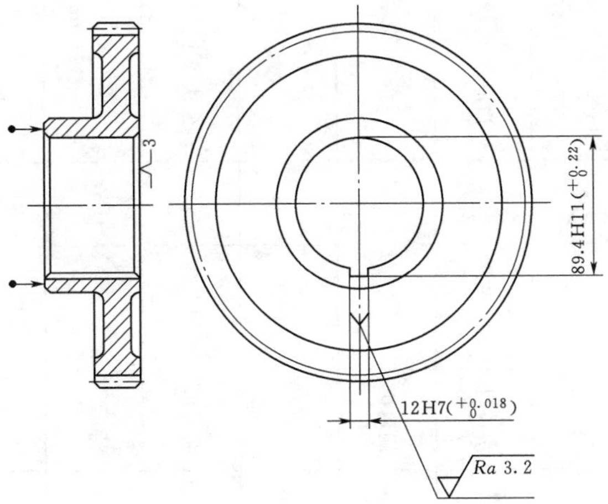

材料牌号及名称	40Cr		毛坯外形尺寸	
零件毛重		零件净重		硬度
设备型号	B5032		设备名称	卧式镗床
专用工艺装备			代号	
		名称	每台件数	
机动时间	15min	单件工时定额	60min	
	技术等级		切削液	
			切削液或植物油	

量检具	游标卡尺 0～150mm	

切削用量

	切削速度 /(m/s)	切削深度 /(m/s)	工件速度 /(m/min)	转速 /(r/min)
刀具 名称规格				
粗插刀	15	0.3		
精插刀	15	0.1		
校对	审核			

工序号	工序名称	工序及工步内容			
10	1	装夹、按线找正			
	2	粗插键槽至深度，两侧面留精加工量 1mm			
	3	精插至尺寸			

编制	日期	编写	日期		日期

5.2.2 相关理论知识

1. 齿轮齿向偏差的测量

将齿轮套在锥度为 1∶8000～1∶5000 的心轴上，两端支承在平台上的顶尖架或齿圈径跳仪（图 5.16）或摆偏仪上，测量时顶尖架可沿轴线往复移动，利用杠杆千分表在全齿高中部沿齿宽方向测量，其读数值为齿向偏差值 F_β。测量时要求沿齿圈上 3 个等分点测量，并要求测量两侧齿面，这样才能正确判断齿向偏差的情况。

图 5.16　齿圈径跳仪

直齿齿轮齿向偏差也可在万能齿形齿向仪、万能齿轮测量机等检查仪器上进行测量。

2. 齿轮齿形偏差的测量

齿形偏差（$f_{f\alpha}$）可在专用的渐开线检查仪上测量。图 5.17 为 3202B 型高精度单盘渐开线检查仪，该仪器是一种高精度单盘式齿形测量仪器，适用于工厂计量室和车间生产现场来测量高精度的圆柱齿轮、插齿刀、剃齿刀的渐开线齿形偏差。

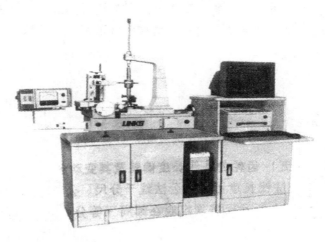

图 5.17　3202B 型高精度单盘渐开线检查仪

该仪器具有以下几种特点。

（1）长期、稳定的高精度。本仪器结构简单、紧凑、传动链短，所以具备很高的精度。

（2）新颖的结构。本仪器采用了高精度密珠轴系和合理的导轨布局，避免了基圆盘和直尺之间的"打滑"现象。

（3）方便、实用、经济。本仪器操作、维护方便，特别适合在车间生产现场使用。

（4）先进的计算机处理评值。由计算机进行数据处理和误差评值，测量结果由显示器、打印机输出，方便、直观。

（5）高可靠性。测量数据可通过计算机处理后打印出来。图 5.18 和图 5.19 为测量实例。

图 5.18　测量直齿轮

图 5.19　测量剃齿刀

3. 齿轮径向跳动偏差的测量

齿轮径向跳动偏差的测量如图 5.20 所示。

将齿轮套在锥度为 1∶8000～1∶5000 的心轴上，两端支承在平台上的顶尖架（或齿圈径跳仪、摆偏仪）上，百分表的测头与全齿高中部接触，读出百分表上的读数，如图 5.21 所示。转动齿轮，百分表测头与另一齿槽接触又可读出一读数，一圈齿中读数最大值为齿轮径向跳动偏差值 F_r。

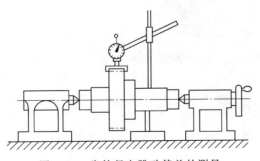

图 5.20　齿轮径向跳动偏差的测量

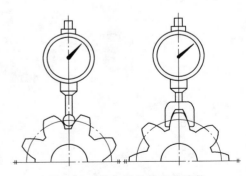

图 5.21　径向跳动偏差的读数

4. 齿轮齿距偏差的测量

齿距偏差可通过万能齿轮测量机等专用测量设备进行检测。

5. 齿轮公法线长度偏差及其变动量的测量

公法线长度可以用公法线千分尺、公法线量仪、万能测齿仪等测量。公法线千分尺测量如图 5.22 所示，按规定应在圆周三等分处测量，取平均值作为测量结果。测得的公法线实际长度与其公称值之差即为公法线长度偏差（E_{wm}），如图 5.23 所示。而同一齿轮测得的所有公法线中的最大值与最小值之差即为公法线变动量（E_{bn}）。

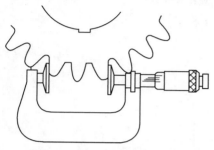

图 5.22 公法线千分尺测量

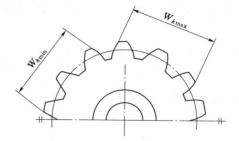

图 5.23 公法线长度变动量

参 考 文 献

[1] 张江华，吴小邦. 机械制造工艺 [M]. 北京：机械工业出版社，2011.

[2] 王雪红，罗永新. 机械制造工艺与装备 [M]. 北京：化学工业出版社，2008.

[3] 郭成操，李刚俊. 机械加工工艺基础 [M]. 北京：冶金工业出版社，2011.

[4] 郑喜朝. 机械加工设备 [M]. 北京：北京理工大学出版社，2013.